Le Temps en Question...s ?

Le Temps en Question...s ?

Richard Mattout

richardmattout@hotmail.com

Édition : BoD – Books on Demand, info@bod.fr
Impression : BoD – Books on Demand,
In de Tarpen 42, Norderstedt (Allemagne)
Impression à la demande
ISBN : 978-2-3220-3931-9
Dépôt légal : Mars 2023

Dédié à mes femmes :

Mia	à moi
Arielle	mon ciel
Irène	ma reine
Alice	ma princesse
Eden	mon paradis
Sarah	et
Séverine	mes filles-belles
Anna	mes yeux
Flavie	ma vie
Gerogette	ma maman

Le temps, celui qui passe, intrigue nombreux d'entre nous à plus d'un titre : les questions que nous nous posons d'ordre scientifique, historique, ou philosophique et religieux sur « ce que peut être » le temps sont relatives à sa consistance, à sa nature, s'il en a une, plutôt qu'à ses effets.

Comme il s'agit d'un simple questionnement

- Un chapitre introduit les questions les plus communes et usuelles sur le temps
- Avant de rapporter, dans un long chapitre des questions-réponses repères glanées à travers le temps et émises par des philosophes et des savants, approchant par là une évolution du concept temps dans l'histoire
- Et avant, pour finir par un essai de bilan, de proposer des réflexions interrogatives plutôt que des réponses définitives sur le temps, liées aux concepts d'action et de libre-arbitre.

Table des matières

Ouverture ou Les Sources

Introduction

De tout temps et comme beaucoup de monde, j'ai été, dès mon jeune âge, intrigué par la nature du temps. Pas vous ? Il est vrai que l'espace aurait dû et pouvait me soumettre au même type de questionnement. Mais j'avais vite résolu ce dernier problème en observant deux objets et en "voyant" l'intervalle qui les séparait: l'espace n'était simplement, en tous cas de façon apparente, qu'une extrapolation de cet entre-deux, tout en étant en même temps leur "contenant". Par contre l' "intervalle" entre deux instants, s'il fallait appréhender le temps de la même façon, était plus difficile à comprendre: la durée n'est pas "visible"; elle se situe toujours au moins en partie, soit dans le passé, mort, impalpable, soit dans un avenir à venir, incertain, et les instants, limites de la durée considérée, sont eux-mêmes évanescents!

Ainsi, bien longtemps après ces émois, j'ai pu me passionner pour tout ce qui était relatif au concept " temps"; j'ai lu, réfléchi, me suis heurté aux interrogations restées sans réponse et posées sans doute par quiconque. Ces "premières" questions sont transcrites, ici, dans la première partie.

Ici, parce qu' après avoir entendu une conférence d' **Etienne Klein** sur le sujet, je me suis en effet décidé à rassembler quelques-unes des pensées lues, émises par divers personnalités, dont   **E Klein** particulièrement, ou échangées avec **Rosine Cohen** sur le temps; c'est pourquoi vous trouverez, dans la courte ouverture de ce document, la liste des vrais auteurs de cet essai: par exemple j'ai bien profité du riche florilège de citations sur le temps rapporté par **de Wever** ainsi que de l'érudition religieuse de **Goldberg** ou de **Ouanounou** entre autres.

Mon rôle simple assigné était d'en faire une compilation, avec le souci d'un ordre chronologique, concept temps oblige, afin de tracer dans une deuxième partie une ébauche de l'évolution de cette notion dans l'histoire des hommes, me référant à la nature, la consistance du temps plutôt qu'à ses effets et à ses rapports avec l'humain en particulier.

J'ai voulu en tirer, ensuite et pour finir, quelques réflexions interrogatives ou réponses personnelles plutôt que des conclusions.

Le Temps est vraiment facétieux! Il a fallu que j'arrive quasiment à la fin de la mise en forme de mon texte, fin 2011, pour tomber sur un livre d'**E Klein** édité en 2007. Sa lecture à sa parution m'aurait dissuadé d'aller plus avant: le style clair et poétique, la compétence scientifique d'**E Klein** sont sans égal; la plupart des réponses recherchées sont là! Ma contribution reste néanmoins un point de vue : il n'y a dans ces réflexions aucune prétention de vérité absolue; seront sans doute relevées des erreurs et des lacunes par des historiens, des incompréhensions et des manques par des philosophes et des scientifiques; mais toute vérité comme toute faute est susceptible de susciter des questions (une faute peut-être plus qu'une vérité), et toute question, même non pertinente, appelle les réponses des experts compétents.

Alors, quelles sont donc ces questions sur ce temps en question ?

PS : En appendice on trouvera une annotation de certains passages du livre admirable de Daniel Sibony : *A la recherche de l'autre temps* édité en 2021 chez O Jacob afin d'aborder l'aspect temps vécu humain..

Tous les textes en italique sont des citations dont les **auteurs** sont nommés. On trouvera ci-après l'index des auteurs de référence. En caractères plus fins sont données dans le texte des indications utiles comme points de repère, ou qui s'avèreront utiles pour une meilleure compréhension de notions liées au temps. Les Notes sont rapportées en bas de page (^{2}).

Première version déposée à la Société Des Gens de Lettres
N° 2012-10-0224

Index des auteurs de référence

1. Abécassis A, Abécassis E
    2007   Le Livre des Passeurs;   Ed Pluriel
2. Aristote
            Physique; Du Ciel; De la génération et de la
    corruption; Les météorologiques   éd. Belles Lettres
    et in Koyré, Costa, Klein ·
3. Aspect A
    2006   La lumière dans tous ses états éd. Pour La Science
4.   Atlan H
    1979-89   Entre le cristal et la fumée   éd. Seuil
5. Attali J
    2006   Une brève histoire de l'avenir   éd. Fayard
6.   Bachelard G
    1934   Le nouvel esprit scientifique   éd. PUF
7. Barow JD
    1994   La grande théorie   éd. A Michel
8. Benda J
    1927-1975   La trahison des clercs   ed Grasset
9. Bergé P, Pomeau Y, Dubois-Gance
    1994 Des rythmes au chaos   éd. O Jacob
10. Bergia Silvio
    2002   Einstein le père du temps moderne   éd. Belin
11.   Bergson H
    1970   L'Évolution créatrice   éd. Puf
12. Bergson H
    1972   Durée et simultanéité in Mélanges   éd.Puf
13. Boutot A
    1993   L'invention des formes   éd. O Jacob
14. Brune M
    2006   La frontière classique-quantique éd. Pour La Science
15. Cassé M
    1999   Espace perdu, temps retrouvé   éd. Payot
16. Cassé M
    2001   Du vide et de la Création   éd. O Jacob
17. Charon J E

1962   du Temps de l'Espace et des   Hommes éd. le Seuil

18   Chetboun

18.   Chouraqui A
        1974 La Bible –Entête   éd. Desclée de Brouwer

19.   Cohen Rosine
        2002   Entretiens personnels

20.   Cohen-Tannoudji G, Spiro M
        1986   la Matière-Espace-Temps   éd. Fayard

21.   Comte-Sponville
        1994 l'Ëtre-Temps   in Klein Spiro

22.   Costa de Beauregard
        1967 La grandeur physique "temps"   in Piaget

23.   Couderc
        1969   La relativité   éd. Que sais-je

24.   Crozon   in Klein Spiro

25.   de Broglie
        1967   Les représentations concrètes en microphysique
                                    in Piaget

26.   De Wever :
        2002   Le temps mesuré par les sciences   éd. Vuibert

27.   Djebbar A
        2001   Une histoire de la science arabe   éd. Le Seuil

28.   d'Ormesson
        2010   C'est une chose étrange à la fin que le monde
                                    éd. R Laffont

29.   Doit-Volet
        2005 Le long apprentissage du temps
                                éd. Pour la Science fév.

30.   Durand S
        2003   La relativité animée   éd. Belin

31.   Einstein A
        1959   La relativité   éd. Petite Bibli. Payot

32.   Einstein A
        1972   Réflexions sur …la relativité   éd. Gauthier-Villars

33.   Einstein A, Infeld
        1983   L'évolution des idées en physique éd. Flammarion

34.   Einstein A
        1991 Oeuvres choisies par Merleau-Ponti et F Balibar
                                éd. CNRSle Seuil

35.   Eisenstaedt
        2002   Les chemins de l'espace-temps   éd.CNRS
36.   Felden
        1998   La physique et l'énigme du réel   éd. A Michel
37.   Fernandez B
        2006   De l'atome au noyau   éd. Ellipses
38.   Feynman R
        1970   La nature des lois physiques   éd. R Laffont
39.   Gell-Mann
        1995   Le quark et le jaguar   éd. A Michel
40.   Goldberg J
        2001   Science et tradition d'Israël   éd. A Michel
41.   Hadas-Lebel HL
        1992   L'hébreu: 3000ans d'histoire   éd. AMichel
42.   Halter M
        1999 Le judaïsme raconté à mes filleuls éd. Laffont Pocket
43.   Hawking S
        1989   Une brève histoire du temps   éd. Flammarion
44.   Hawking S Penrose R
        1996   La nature de l'espace et du temps   éd. Folio
45.   Heiddeger   Être et Temps
46.   Heisenberg H
        1962 La nature dans la physique contemporaine

                                              éd. Gallimard
47.   Hesse H
        1950   Siddharta   éd. Le livre de poche Grasset
48.   Horvileur D
        2013   En tenue d'Ève   ed Grasset
49.   Israel M
        2014   Philosopher avec la Thora   ed Eyrolles
50.   Jean-Baptiste P
        2011   Ed. Information juive
51.   Klein E
        1991 Conversations avec le Sphinx   éd AMichel
52.   Klein E , Spiro M
        1994   le Temps et sa flèche   éd. Frontières
53.   Klein E et al
        1999   Graines de sciences   éd. le Pommier
54.   Klein E

2002   Le temps existe-t-il?   ed. le Pommier

55.   Klein E
           2003 Les tactiques de Chronos   éd.Flammarion
56.   Klein E
           2004 Petit voyage dans le monde des quanta éd. Flammarion
57.   Klein E
           2007 Le facteur temps ne sonne jamais deux   fois
                                                    éd. Flammarion
58.   Klein E
           2010 Discours sur l'origine de l'univers   éd. Flammarion
59.   Koyré A
           1957 Du monde clos à l'univers infini   éd. Gallimard
60.   Lachieze –Rey   in Klein-Spiro et Luminet LR
61.   Landau L, Lifchitz E
           1970 Théorie des champs t2   éd. MIR
62.   Lassagne, Marchand
           2010   pourquoi le temps passe de plus en plus vite ? ed
SV
63.   Levinas
           1983   Le Temps et l'Autre   éd. PUF
64.   Levinas
           1979-85 Éthique et infini   éd. Fayard
65.   Lloyd S; Ng Y J
           2004   ed. Pour la Science
66.   Loeb A
           2007   L'Univers à l'âge des ténèbres   éd. Pour la Science
67.   Loeb J, Naslin P
           1989 La flèche du temps et l'inutile débat sur l réversibilité
                                            éd. La Jaune et la Rouge
68.   Luminet JP-
              Matière Espace Temps   in Klein Spiro
69.   Luminet; Lachieze-Rey
           2005   De l'infini   éd. Dunod
70.   Maïmonide
           1979 Le guide des égarés   éd. Verdier
71.   Mucchielli R
           1967 Philosophie de la connaissance   éd.Bordas
72.   Newton I

Principia Mathématica   in Heisenberg, Klein, Costa, Koyré

73.	Nottale L
	1998 La relativité dans tous ses états		éd. Hachette
74.	Ouaknin A
	2000 Zeugma				éd. le Seuil
75.	Ouaknin A
	2009 Les mystères de la Bible		éd. Information juive
76.	Omnès					in Costa
77.	Ouanounou
	2009 La clef des Temps			ed Kedma
78.	Paty					cf Klein- Spiro
79.	 Penrose
	1997 Les deux infinis et l'esprit humain éd. Flammarion
80.	 Pichot
	1991 La naissance de la science t1		éd. Folio
81.	 Pomian K
	1984 L'ordre du temps			éd. nrf Gallimard
82.	 Poulet G
	1952-1968 Etudes sur le temps humain		éd. Du rocher
83.	 Prigogine-Stengers
	1986 La nouvelle Alliance			éd. Folio
84.	 Reeves
	1988 Patience dans l'azur			éd. le Seuil
85.	 Ricard M- Thuan T.X
	2000 L'infini dans le creux de la main		éd. Fayard
86.	 Richet P
	1999 L'âge du monde			éd. le Seuil
87.	 Ricoeur P
	1984 Temps et Récit			éd. le Seuil
88.	 Rovelli Carlo
	2006 Qu'est-ce que le temps? Qu'est-ce que l'espace?
						der Gikson
89.	Rucker R
	1984 La quatrième dimension		éd. le Seuil
90.	 Saint Augustin
	La Cité de Dieu; Confessions		éd. Belles lettres
93.	 Sibony Daniel
	2006 Nom de Dieu				ed le Seuil

94.		Sibony M
		1986 Le jour dans le judaïsme				éd. IRB

95.		Singh S
		 2004 Le roman du Big Bang				éd. Lattes
96.		Slomka-Saguy
		2001 L'hébreu miroir de l'être				éd. Grancher
97.		S&V
		2005 Qu'y avait-il avant le Big Bang ?
98.		S&V
		2005 La datation; l'autre mesure du temps
99.		Van Eersel
		 2008 le monde s'est'il créé tout seul ?		ed A Michel
100.		Weinberg S
		1978 Les trois premières minutes de l'Universéd. le Seuil
101.		Wittgenstein
		2003 in Schmitz					der Belles lettres

Qu'est-ce que le *temps*?

Vous voulez définir un mot ? C'est une tâche difficile, car pour cela il faut utiliser d'autres mots… qui devraient aussi être définis…et cela indéfiniment! Définir c'est, en pratique, *expliquer* en employant des périphrases avec des synonymes, des mots qui ont le même sens à des nuances près; c'est aussi évaluer les qualificatifs, les propriétés qu'on peut adjoindre au mot, comme *son objet en lui-même*: en quoi il consiste; ou *son objet en devenir*: à quoi il sert. C'est énoncer les caractéristiques essentielles, les qualités propres de *ce* que le mot *représente* afin de le comprendre ou, en tous cas, d'éclairer de façon féconde sa signification.

Mais qu'en est-il lorsque les adjectifs adjoints au mot *temps* sont contraires ou opposés? Le temps est-il :

-absolu ou relatif ? indépendant de tout contexte ou lié à un environnement ?,

-global ou local ? défini au niveau de l'Univers, de notre Terre ou de chaque homme ?,

-subjectif ou objectif ?, qualitatif ou quantitatif?

-bien concret, c'est-à-dire bien physique et réel, substantiel, car lié au cosmos, au soleil ou à l'activité humaine, et donc ordinairement vécu, physiologique, biologique ou encore civil, marchandisé ou stocké? *Le temps, le temps, le temps n'est rien d'autre : le mien, le tien…* Aznavour. *Le temps, j'en ai toujours eu besoin pour faire ce que j'avais à faire : rien* Bobin in Wever. Ou bien le temps est-il abstrait: imaginaire, fictif,

impalpable, illusion, coordonnée   purement mathématique?
Une simple pensée ?
- Est-il bon temps ou temps dur ?, plein temps ou temps
partiel ? nouveau ou ancien? temps propre ou sale temps?
vrai ou irréel? temps mort ou temps libre?

Un instant est-il une partie, un élément du temps?
L'instantané, le simultané sont-ils qualitatifs du temps?

Une durée, un moment, une période, une époque,
un âge, un délai sont-ils considérés comme des synonymes
du temps? Avec quelles nuances?

Le temps est-il une chronologie, une suite de dates,
une Histoire, chronique des faits, des événements passés?

Est-il une   simple succession, énumération d'une
suite d'actions, un ordre d'antériorité ou de postérité sans
référence au présent, un ordre institué, un processus
séquentiel: dans un premier et un deuxième temps avant de
passer au troisième? *la valse à ...mille temps* Brel? Est-il une
cadence? une pulsation?

Est-il lié à la temporalité, au devenir quotidien qui
fait traverser le passé, le présent, le maintenant, pour aller au
futur et l'à-venir? Est-il une   évolution avec avant, début,
commencement, après et fin? *Est-il passage, transit du
présent, ...une dynamique incessante dont le moteur serait lié
à la subjectivité ?* Klein

Y-a-t-il liens entre temps et éternité, entre temporel
et intemporel, atemporel, perpétuel, périodique, cyclique?

Attendre, perdurer, s'attarder, garder, persister, …
tôt, tard, longtemps, bientôt, déjà, pendant, avant, ensuite,
permanent …, certains mots s'appliquent exclusivement au
temps ; précéder, arriver, poursuivre, cesser, s'arrêter,
continuer,   persévérer,   évoluer,….   s'appliquent

indifféremment au temps ou à l'espace; y-a-t-il ambiguïté, lien entre espace et temps?

*Le mot **temps** ne dit rien de la chose qu'il est censé exprimer ...... Le temps est une sorte d'évidence. Chacun comprend de quoi on parle quand on parle du temps* Klein. *La notion commune du temps résulte de l'expérience quotidienne* Paty, *mais il faut prendre garde au fait que les concepts les plus familiers sont souvent les plus mystérieux* Klein. *Si on ne me demande pas ce qu'est le temps, je le vois clairement; mais si l'on m'interroge, je ne sais plus* avouait **Saint Augustin**. Et vous ?

Lorsque nous voulons étudier un objet, nous commençons par nous mettre en retrait; lorsqu'il s'agit du temps la mise à distance n'est plus possible; en effet pouvons-nous nous extraire du temps? demande **E Klein**. Apparemment non! Même si je m'abstrais, la montre continue de tourner.

Et le temps est d'autant plus difficile à étudier qu'il est *évident et qu'il ne correspond à aucun de nos cinq sens* Klein; en effet est-il perceptible ? : a-t-il du goût? est-il visible? odorant? bruyant? saisissable ou indicible?   *Nous n'avons pas d'organe sensoriel de perception du temps* et néanmoins *nous avons une capacité d'estimation temporelle précise* Doit Volet. En effet *qu'est-ce qu'un être vivant perçoit d'essentiel dans la réalité extérieure à lui, dans ce qui forme "son univers" sans passer par l'intermédiaire de ses sens (en se bouchant nez, oreilles, yeux, bouche) ? : c'est le concept intuitif de durée, de temps "intérieur" fruit d'une mémoire des instants passés, d'une succession d'instants différents* Charon.

Penser ne...*commence*-t-il pas... *par une brusque conscience de la monotonie du temps* ? Levinas

En fait, ne faisons-nous pas de nombreuses confusions et ne perçoit-on pas, plus facilement et seulement, les phénomènes qui se passent dans le temps, les effets ou les œuvres du temps plutôt que le temps lui-même? Le temps contient les notions de transit, d'évolution, de succession, d'ordre, d'écoulement irréversible, de passage, de durée. Ces mots sont-ils des synonymes ou seulement des propriétés ou des effets du temps?

Le temps passe-t-il?

Les poètes chantent, comme **Ronsard**, l'inanité du temps qui passe; mais c'est nous, bien sûr, qui passons ! *Hâtons-nous; le temps fuit, et nous traîne; le moment où je vous parle est déjà loin de moi* Boileau. *Avec le temps, va, tout s'en va* dit la chanson Ferré; *même en cent ans, je n'aurais pas le temps, pas le temps* M Fugain. Et **P. Dac** d'ajouter: *Si active que soit la police elle n'arrivera jamais à arrêter le temps qui s'enfuit.*

C'est la fuite inexorable et rapide du temps, son écoulement irréversible. *Le temps emporte tout… : si le temps ne passait pas, je serais toujours là, maintenant, (à faire ce que je fais) …*Rucker. Alors le temps passe, et bien vite, dites-vous ?

Mais:

Si le temps passait autant qu'on le dit, il ne devrait plus être là à force de passer. Klein *Si le temps passait, quelle serait sa vitesse?* Ricard-Thuan Dans quelle réalité intemporelle le temps passerait-il? Que signifie le temps passe de plus en plus vite? (alors que la vitesse est la dérivée d'une grandeur par rapport au temps!). N'est-ce pas plutôt notre rythme de vie débridée qui s'accélère ?

Le passage du temps est insaisissable dans l'instant présent qui ne s'écoule pas et il n'a pas d'épaisseur pour avoir un début et une fin .Ev de Mathieu *Où va le présent quand il devient passé?* Wittgenstein

L'idée de "passage" présuppose l'idée de temporalité: c'est une métaphore du temps, et comme telle, elle est impuissante à rendre compte de sa véritable nature Klein. *Le temps est-il justement ce qui passe quand rien ne se passe?* Giono On parle aussi de *temps morts*, qui ne passent donc pas!

À moins que : *Vienne la nuit sonne l'heure/ Les jours s'en vont, je demeure* Appolinaire. Je serais hors temps et, seul, c'est le temps qui passerait ? D'ailleurs le présent, n'est-il pas un passage dynamique, un gué en transit incessant ?

Nous confondons presque toujours le temps avec sa manifestation première qui est le mouvement;   (d'où les horloges).... Une horloge montre un mouvement spatial de ses aiguilles censé indiquer le déploiement du temps. ...Une horloge donne l'heure: elle passe des heures à ne faire que ça; mais elle ne montre rien de ce qu'est le temps; lorsqu'elle tombe en panne ses aiguilles s'immobilisent sans empêcher le temps de continuer!" Klein

Pour les Aristotéliciens, il y a confusion entre matière et mouvement: tout serait mouvement!,   et le temps serait justement *le nombre du mouvement suivant l'avant et l'après*. Le temps n'existe pas sans un changement qui s'opère par un mouvement. Le temps serait l'image de quelque chose d'éternel appelé mouvement. *Le temps serait l'image mobile de l'éternité immobile* Platon *Or un objet immobile est temporel autant qu'un objet en mouvement!* Klein

Le temps serait une intuition qui repose sur ce passage, cette fuite au présent des instants, des jours, des saisons et des années. Ou alors pouvez-vous penser que *le passage du temps n'est qu'une illusion...*Rucker ? Le temps fait-il « passer » les événements, à moins que ce sont les événements qui font passer le temps ? Ce que E Klein dit autrement : *le temps accueille-t-il les événements ou en émane-t-il? Est-il substantiel ou relationnel?*

Vouloir être de son temps c'est être déjà dépassé Ionesco

Est-il écoulement?

Une autre métaphore est utilisée pour considérer le passage du   temps : il serait un fleuve fait d'événements qui s'écoulent.
Mais: *son écoulement est-il régulier, a-t-il des extrémités, peut-il changer de direction? a-t-il des ramifications*? Luminet

Les horloges biologiques, physiologiques, comme votre pouls, votre rythme respiratoire, le compte des pas d'un marcheur servent pour mesurer des courtes durées et les régularités cosmiques liées à l'évolution des positions des corps célestes sont des horloges à plus grande échelle. Elles sont toutes à l'origine de notre prise de conscience de l'écoulement du temps. Cette notion est intimement liée à celles de ses manifestations : l'histoire, les dates, la chronologie d'événements, l'ordre, la succession, le rythme d'apparition...
Le temps serait alors l'ordre de succession des choses et des événements dans le fleuve, sans référence au présent, comme un simple ordre de succession de cartes d'un

jeu de cartes préalablement brassées? Mais l'ordre de succession n'est pas quelconque.

La notion psychologique de temps est liée au "souvenir"... Une propriété importante de nos impressions sensibles comme de toutes nos expériences vécues, c'est leur succession dans le temps. Cette propriété chronologique conduit à une construction intellectuelle, celle du temps subjectif, c'est à dire un schéma qui confère un ordre à nos expériences Einstein. *Les notions de temps et durée (empiriques et individuelles) dépendent de notre mémoire; ....le temps subjectif est la variable qui situe grossièrement nos expériences intellectuelles dans le cours de notre vie, de notre histoire.* Couderc

*Le changement est sans doute le phénomène qui suggère le mieux l'idée du temps...*car *nous ne voyons autour de nous que des choses en devenir* Klein. Et l'histoire de notre vie s'est enrichie de l'histoire des autres, celle de l'humanité, puis de l'évolution géologique de notre Terre, de l'évolution des espèces et au-delà de l'évolution de l'Univers. *Le temps s'est imposé à nos esprits comme une caractéristique essentielle de la structuration du monde et de l'Univers avec la théorie de Darwin et le modèle du Big Bang.... Grâce à la datation, le monde est mis dans une histoire intégrale.* Klein

Un fleuve qui s'écoule part de sa source, a une origine et parcourt un long chemin avant de mourir (?) en se jetant dans la mer : un écoulement demande toujours de la durée, du temps.

Tout changement,   rythme,   devenir, histoire, mémoire: c'est toujours lié à l'écoulement du temps, mais ce n'est pas le temps ?!

"Ne me demandez pas mon âge; il change tout le temps" Allais

Et si le temps s'arrêtait? Et s'il se renversait?

Pouvons-nous changer de place dans le temps?
"Voyager dans le temps ": que recouvre cette expression au juste? S'agit-il simplement de rajeunir? S'agit-il de revivre en boucle les moments heureux, de retrouver des proches disparus?... de changer d'époque sans changer d'âge? de changer d'âge sans changer d'époque? de vivre une téléportation temporelle désolidarisant son temps personnel du temps de l'histoire? de tenter d'agir pour transformer la réalité historique? Ce sont des *incohérences qui sautent aux yeux : on ne part pas!* Klein

Le temps est-il divisible en parties égales?
Le temps subjectif est élastique c'est pourquoi nous portons une montre à notre poignée Klein. Mais la montre mesure bien le temps, et en parties égales, non ?

Le temps est-il pesant? plein? vide? Y-a-t-il du temps que de temps en temps? Y-a-t-il continuité? Linéarité ou cycle?
On dit en effet : *"le temps me pèse"*; *"le temps me semble vide"*.
La topologie du temps est en fait plus pauvre que celle de l'espace et le linéaire a prévalu, on le verra, sur le cyclique. Les notions de base pour un scientifique sont: champs, espace, temps, et sont (en général) des entités continues. Mais existe-t-il un véritable continu dans la réalité?

Peut-on produire, fabriquer, « prendre » du temps, l'accumuler et vendre celui dont on dispose? Personne ne sait le faire. Et pourtant *Qui prend son temps n'en manque jamais !* Boulgakov in Wever.

Et *l'éternité c'est long, surtout vers la fin* Marx G

O temps suspend ton vol chante **Lamartine**. Comment arrêter le temps ?
La fidélité est une machine à arrêter le temps… : les humains ont inventé la notion d'éternité pour se convaincre que la fidélité était pensable Arcand in Wever. *Imaginons qu'un jour le temps s'arrête… : le monde autour de nous serait immobile et invariable. Mais* (alors le monde) *se maintiendrait: il aurait donc du "temps"!?…. L'arrêt du temps signifie absolument la disparition de tout ce qui existe.* Klein

Y-a-t-il eu un commencement?

Rappelons d'abord que: *le commencement est la moitié du tout : autant dire que si ça commence mal, c'est parti pour longtemps* Guedj
Comment "Tout" a commencé? Que cette question taraude l'esprit humain, c'est évident! Vous, non ? Percer les mystères de la naissance du Monde, déchiffrer son fonctionnement, raconter ses premiers instants…et donc trouver comment le temps s'est mis en place? Il serait intéressant de dresser l'inventaire des récits de commencements élaborés par les pléthores de civilisations aux quatre coins de la Terre; on verra, plus loin, quelques éléments succincts de ces récits mais il existe des milliers de

légendes dont on trouvera de bons exemples dans le roman du Big Bang de **S Singh**.

Si on se place plusieurs siècles en arrière, l'idée du Big Bang, d'un commencement était absolument saugrenue. Le temps que nous observons est homogène: les secondes qui se suivent sont identiques. En ce sens l'idée d'une première seconde qui n'aurait pas de précédent est indéfendable... La Bible se discréditait dès son premier mot Ouanounou. Sans baguette magique, sans intervention 'divine', on sait que *rien ne peut passer du néant à l'être :...le temps est* donc *éternel car s'il s'était produit à partir d'un moment, il existerait après avoir été non existant! "* Aristote. L'hypothèse platonicienne d'un temps qui remonte indéfiniment dans le passé existe, que l'Univers ait existé ou pas. Un Temps absolu, plus qu'universel puisque, même sans Univers, il s'écoulerait! Maïmonide rapporte que certains rabbins pensent que si la Genèse parle d'un début dont on égraine le déroulement, et donc que l'on "mesure", c'est que le temps existe déjà, qu'il préexiste à la Création; la Bible laisse d'ailleurs entendre aussi que même la matière existait avant la Création: Dieu dit *"que la lumière soit"* et *"l'esprit divin planait à la surface des eaux "* avant de parler de la Création de la terre et des choses du monde!
Pour l'esprit aristotélicien ou platonicien et ces rabbins le temps pourrait donc être intemporel, sans commencement ni fin? Tout ne serait-il alors que néant, néant lié à l'éternel déploiement du temps ou à l'instant unique sans épaisseur?

Pour certains, en effet, *le temps n'a pas d'existence en soi* Lucrèce; pour **Schopenhauer**: *le temps tourne mais ne progresse pas; il n'y a pas d'histoire;...rien ne change* : alors, dans le néant éternel, pas besoin de parler de commencement!

Pour **Bouddha**: *La profonde méditation donne le moyen.... de considérer simultanés tout ce qui a été, tout ce qui est, tout ce qui sera la vie dans l'avenir*: tout en un! Les notions de début, de fin, d'histoire…n'ont aucun sens.

Pour les Stoïciens et d'autres *: le monde périt afin de se régénérer à l'identique.... il n'y a ...ni destin, ni liberté, l'histoire du monde est cyclique*! Mais, précise **E Klein**: *si au 2ᵉᵐᵉ passage du cycle, on se souvient du 1ᵉʳ, il ne s'agit pas alors d'une authentique répétition: chaque présent est nécessairement nouveau par rapport à tout présent devenu passé.* On arrive à une absurdité: la répétition ne peut pas être l'identique! D'ailleurs, même les stoïciens le reconnaissent: ce sont les phénomènes, l'histoire …qui sont cycliques; pas le temps.

En outre **Philon d'Alexandrie** ajoute*: il n'y avait pas d'avant la Création parce que le temps fait partie intégrante de l'ordre créé*, et **Maïmonide** précise: *comment peut-on parler de création du temps hors du temps? Le monde fut conçu, non dans le temps, mais simultanément au temps.* Le concept du temps n'a aucun sens avant la naissance de l'Univers.

Aristote ajoute : *le temps est quelque chose qui naît avec l'Univers ; avant l'Univers il n'existait pas même le concept "d'avant"!*

Pour les scientifiques, même si tout commencement, loin d'être un fondement, demande à être fondé, *une "origine" correspond à l'émergence d'une chose en l'absence de cette chose : c'est une singularité* Klein, ou une instabilité créatrice, comme le Big Bang. Et le Big Bang a, semble-t-il, bien eu lieu! Qu'y avait-il avant le Big Bang? Où cela s'est-il passé? *Il n'existe pas, par définition, de période avant le temps: c'est vide de sens! Décrire la notion d'origine des temps devrait conduire à se situer dans un "non-temps".* _{Couderc} Ainsi Science et Thora seraient d'accord sur l'existence d'un début des temps, tout en se posant des questions, non sur l'*avant*, mais sur la façon dont tout a commencé!

Existe-t-il?

Mais avant tout: le temps, qu'on l'écrive avec un petit *t* ou un *T* majuscule, est-ce qu'il existe? Vous avez dit: "*je n'ai pas le temps»* ; c'est donc qu'il **y a** du temps; mais est-ce que le temps **est,** est-ce qu'il **existe**?

Tuons le temps. Retrouvons le temps passé. Dépassons le temps et emparons-nous de l'éternité. Maintenant, il n'y a plus de temps. Maintenant, le temps n'existe plus _{Rucker}

Mais il doit bien exister puisque vous aussi vous dites: *"j'ai tué du temps";* encore que : n'est-ce pas le temps qui nous tue! Cioran ironise*: ma mission est de tuer le temps et la sienne de me tuer à son tour; on est à l'aise entre assassins.* Mais encore plus fort*: il préside aux choses du temps, a un joli nom, Saturne,* (dieu du temps) *mais c'est un dieu fort inquiétant. En allant son chemin morose pour se désennuyer un peu il joue à bousculer les roses: le Temps tue le Temps comme il peut.* _{Brassens} Chaque instant meurt pour laisser la place à un nouvel instant. *Il a tué son ancêtre ? Donc il n'existe pas ; donc il n'a pas pu tuer son ancêtre ; donc il existe ; donc il a tué son ancêtre ; donc il n'existe pas ; donc...* _{Barjavel in Wever}

illustration de D Povilaitis dans Rucker

L'avenir n'existe pas encore; donc il n'existe pas; le passé n'existe pas puisqu'il n'existe plus; puisque le passé n'est plus, puisque l'avenir n'est pas encore, puisque le présent lui-même a déjà fini d'être dès qu'il a commencé d'exister, comment pourrait-il y avoir un "être" Temps? Aristote
Ainsi ne devrions-nous pas éliminer le temps de notre vision, essayer de le réduire à autre chose?... d'autant plus que les choses ultimes (parmi lesquelles le Temps) sont intangibles; or *seul ce qui est approximatif, ombre imparfaite d'une réalité, le phénomène observé, montre une variabilité.* Platon.
L'existence du temps est un mystère. Sa réalité n'est pas nécessaire. Il n'est pas nécessaire que quelque chose arrive! JDBarow. Dans certaines conceptions scientifiques de l'Univers, Espace et Matière sont confondus et le Temps n'apparaît même pas! En outre, *du temps n'existent jamais que des instants* présents, *et l'instant, qui n'a aucune durée, n'est pas même une partie du temps; alors le temps ne peut certainement pas être* (et encore moins être) *éternel!* Leibniz
Qu'en est-il de ce temps...s'il n'est constitué que d'un néant (l'instant présent) *entre deux néants* (le passé et l'avenir)? Comte-Sponville

Le temps n'est que néant et, comme tout est dans le temps, tout n'est qu'apparence... le Temps n'est pas une réalité...et l'Espace qui semble exister entre le Monde et l'Éternité ...tout n'est qu'illusion. _{Boudah} D'ailleurs, ajoute Aristote, *s'il n'y avait point de créatures, il n'y aurait ni temps ni lieu,* et *est-ce que le temps, sans l'âme, existerait?* Même dans notre inconscient, en fait, le Temps n'existe pas; le temps est complètement brouillé dans nos rêves; *c'est un temps éclaté.* _{Atlan}

Néanmoins *si le temps est si important pour l'homme, c'est que, psychologiquement, il existe. Mais quel Temps?* DoitVolet *Le présent, pour être du temps, doit rejoindre le passé;* alors *comment pouvons-nous déclarer qu'il est, lui qui ne peut être qu'en cessant d'être?* .... *Ce qui nous autorise à affirmer que le temps est, c'est* justement *qu'il tend à n'être plus.* St Augustin

Existe-t-il? N'existe-t-il pas? Difficile à dire. Et pour répondre à ces questions ne faudrait-il pas expliquer d'abord ce qu'est: *exister* ? *être* ?

"Le temps ne fait rien à l'affaire; quand on est con, on est con" Brassens

De quoi est fait le temps?
Quelle est la consistance, la nature du temps qui s'écoule et qui est toujours là? ... Notre usage du mot temps en a fait une sorte d'être autonome: il existerait par lui-même indépendamment des choses et des processus. Klein Mais est-ce une chose différente parmi les autres? Est-ce une idée? une apparence? un principe actif? une substance ?

La discussion humaine sur le "temps" est du même niveau qu'un débat entre aveugles sur les couleurs Ouanounou

2ième Partie

L'histoire du Temps ou le temps dans l'Histoire

Puisque Histoire et Temps sont liés, sans être confondus, voyons d'abord comment les concepts de temps sont apparus dans l'Histoire et comment ils ont évolué…dans le temps.

Vers 1800, et en se référant à la Bible, on admettait l'existence du monde depuis 6000 ans environ et on savait alors tout juste mesurer 1 seconde. L'éventail de l'échelle des temps est passé ces 2 derniers siècles de 10^{12} à 10^{40} ou plus[1] : on sait aujourd'hui mesurer un temps aussi petit que la femto seconde (10^{-15}s), on se dirige vers l'atto seconde (10^{-18}s) et on sait évaluer des durées supérieures à 10^{10} années! Le domaine temporel à investiguer par l'homme sur Terre s'est considérablement élargi, et le domaine temporel, en considérant le Cosmos, est encore plus vaste.

---

[1] $10^3 = 1\ 000$ il y a 3 zéros après le chiffre 1 ; $10^{-4} = 0,\ 000\ 1$ le chiffre 1 est $4^{\text{ième}}$ chiffre après la virgule

Restons pour l'instant sur Terre.

Celle-ci, née il y a environ 4,5 milliards d'années, aurait une histoire précambrienne très longue, et ce n'est que 'récemment', de l'ordre d'un million d'années que l'animal « homme », un hominidé, serait apparu.

Avant que Newton, en 1640 de notre calendrier, n'utilise une notion de temps qui nous est familière et toujours en pratique, et sur laquelle on reviendra, quelle était la relation de nos ancêtres avec le temps? Avaient-ils conscience du temps qui s'écoulait? Le mesurait-il?

HISTOIRE DE LA TERRE

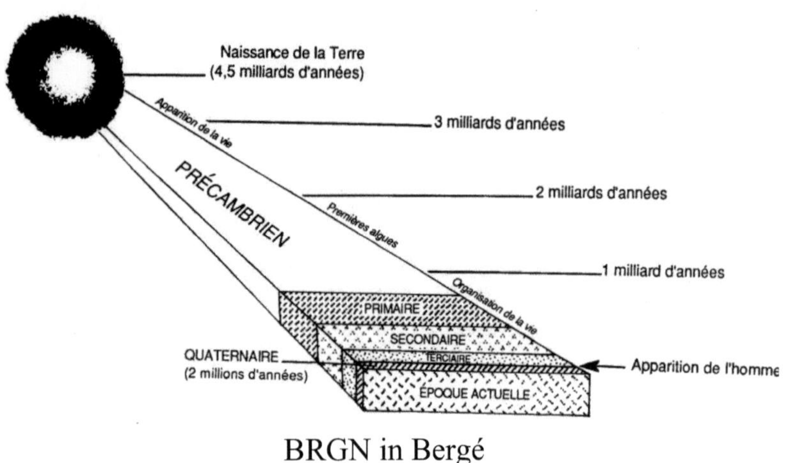

BRGN in Bergé

Les humains scrutent l'espace **depuis des milliers de générations*** [2] ; avaient-ils élaboré des mythes de création

---

[2]
•   -400 000 ans : les hommes connaissent le feu
•   -35 000 ans : peintures de la grotte Chauvet
•   -20 000 ans : le plus ancien instrument de mesure du temps retrouvé serait un os de rapace

de l'Univers (des cosmogonies) ou de véritables cosmologies (des constructions théoriques rationnelles explicatives de la création de l'Univers) où le temps intervenait? Comment, dans la préhistoire était organisé l'écoulement du temps; y avait-il des calendriers? Le plus ancien instrument de mesure du temps serait un os de rapace sur lequel un sorcier aurait gravé en -20 000 un calendrier lunaire à l'aide d'encoches?

La vision animiste de l'univers de l'époque est magique : tout événement naturel est la manifestation d'un esprit ; alors tout est, semble, normal, familier. « Ça arrive »: un point, c'est tout ! On vit dans l'immédiat.
- 	-15 000: peintures rupestres de la grotte de Lascaux
- 	De - 9 000 ans (premiers vestiges à Jéricho) à -6 000 ans les prémices du néolithique se font sentir en Mésopotamie et en Asie sud-ouest: c'est le Croissant fertile. Le passage du paléolithique au néolithique est caractérisé par le changement des sources de subsistance des groupes humains. Le néolithique débute avec l'arrivée de l'agriculture et se termine complètement par la venue de l'ère de la métallurgie du bronze. Toutefois ces deux événements ne se produisent pas partout au même moment dans le monde et s'étale de -6 000 à -1 000 ans. Cette ère se définit comme le passage à l'élevage et l'agriculture, à la conscience de l'assujettissement aux forces de la Nature, au concept de puissances surnaturelles, à la religion, aux idéalisations, y compris animistes, et à l'art stylisé.
- 	En -5 000 après le recul des glaces, la Terre a connu...un optimum climatique, une époque où le Sahara connaissait une agriculture prospère qui s'est terminée en -1000. Début du néolithique en Égypte et en Grèce.

- 	Entre -5 000 et -4 500 ans, à Varna, près de la Mer Noire, on a trouvé dans une nécropole des céramiques décorées au graphite, des bijoux et le premier or humain.
	invention de la roue.
- 	-3 500 ans : l'écriture cunéiforme apparaît en Sumer; le Sahara s'assèche.
- 	-30 siècles: le néolithique touche la Crète, le Maghreb, le sud de la France, le sud de l'Europe et de l'Asie;
	invention de la balance
La pensée mythique a pris place : les dieux à pouvoirs surhumains qu'on s'invente ont recours à des intermédiaires ; la conséquence des actions des dieux est que l'alliance homme-nature est rompue. « Ça arrive » parce que les dieux le voulaient : c'est le Destin !
- 	-2 000 à - 800: les âges du bronze s'étalent sur cette période; les âges du fer arrivent après -700

L'apparition d'un mode de transmission durable et collectif des connaissances acquises est d'une importance capitale pour trouver des éléments de réponses à ces questions. Il y a un peu plus de 5000 ans, *une invention de génie transforme la parole qui se perd dans les airs en une trace sur la pierre, sur l'argile, sur le papyrus: l'écriture,... sixième début (?) de notre longue histoire* d'Ormesson. *À la fin du 18ième siècle en Europe, les penseurs discutaient à perte de vue sur la langue des origines...* mais *toute histoire commence avec l'écriture* HadasLebel. *C'est plus en fonction des critères culturels que biologiques que l'on distingue différents groupes humains, et parmi ces critères la langue* écrite *a une importance fondamentale.* Pichot On le verra, *le temps historique est celui des premières langues de culture et de leurs évolutions.... Le temps biologique concerne la corrélation entre l'émergence de la lignée humaine et l'origine de la communication par un système de signes linguistiques* Hombert y compris 'artistiques'. Le temps géologique, lui, n'est accessible que dans la mesure où il a été fossilisé. Des techniques modernes à base d'analyses biochimiques ou d'ADN permettent de tirer des enseignements de plus en plus précis sur les humains de la préhistoire, mais c'est bien l'écriture sous sa forme plus ou moins évoluée qui fournit les plus sûrs éléments d'information de la saga humaine.

37 siècles avant Galilée on sait déjà relativement bien mesurer des durées, ce concept étant bien antérieur à l'élaboration du concept de temps; la durée est associée à des phénomènes visibles, vécus: des choses, des événements durent; mais, par exemple, même *la notion de durée d'une vie n'a pas encore sens: on constate des naissances, des morts...* Doit Volet.

On a alors conscience de la durée d'un jour, d'un cycle lunaire ou aussi d'un cycle des saisons et même des années (cycle solaire) mais sans savoir en fixer le nombre de jours.

 On utilise le gnomon, un stylet vertical planté sur un sol horizontal et dont la variation de la longueur de l'ombre fournit pour les courtes durées une indication très grossière du passage du temps; l'ombre indiquait aussi pour certaines populations une direction Nord-Sud quand cette ombre est la plus courte, à midi. Le gnomon est donc un outil associé au temps et à la position dans l'espace !

De -3000 à -500

De l'apparition de l'écriture à Cyrus.

Premières prises de conscience du temps dans les grandes civilisations.

L'histoire des constellations est présente dans toutes les civilisations car la voûte étoilée s'est toujours offerte à la contemplation des hommes. Basques, hébreux ou peuples sibériens ou amérindiens connaissent la Grande Ourse.

Ils voyaient les étoiles tourner autour du pôle nord céleste et le Soleil tourner autour de la Terre, s'élevant plus ou moins haut dans le ciel suivant les saisons et parcourant annuellement une route parmi les étoiles; ...ils voyaient errer quelques planètes... et observaient la Lune, sa course dans le ciel et ses différentes phases. Pichot *L'observation du mouvement des corps célestes mettait en évidence certains caractères de répétitivité pouvant permettre des repérages temporels* Felden *Ainsi les premiers concepts du temps sont associés à l'astronomie... qui, jusqu'à Kepler,... donnait les positions des objets célestes comme événements uniques formant dates* Paty.

Le Temps était écrit dans le ciel, la Terre était plate, immobile et avec des limites géographiques liées à l'horizon de chacun!

Civilisation égyptienne[3]

Au cours de cette longue période, après certains 'écrits' datant de -3200 et non déchiffrés, l'écriture par hiéroglyphes, est introduite dès -2500.

Elle nous apprend que l'année est répartie en 3 saisons (celles de l'inondation, des semailles et des récoltes); elle est composée de 12 lunaisons ou de 360 jours complétés arbitrairement par le pharaon. Le mois lunaire est de 3 fois 10 jours, les journées sont divisées en 12 pour la nuit et 12 pour le jour mais de façon inégale; le jour commence au lever du soleil et il n'existe pas d'unité fixe de mesure du temps.

Après le gnomon on utilise des clepsydres, horloges à eau à coulée directe pour avoir une évaluation des courtes durées En -1 290 Sethi 1[ier] introduit un calendrier lunaire.

---

[3]
• -3 100: Est-ce avec Ménès que commence la 1ère dynastie? Les premiers documents "écrits" apparaissent.

• -2 700 l'Égypte antique d'Héliopolis   Pyramide de Gizeh.

• -2 500: Apparition des hiéroglyphes; le nombre de signes pictographiques arrive jusqu'à 700;
On utilise des gnomons et des cadrans solaires à heures saisonnières à hauteur du soleil.

• -1 580 à -1 080   (18 à 20ème dynastie): C'est l'empire thébain de Thoutmosis à Akhenaton, Ramsès 2   (-1292) ...et à Ramsès 10;
On utilise des clepsydres, horloges à eau à coulée directe.

• -1 290 Sethi 1ier introduit un calendrier lunaire.
Il n'y a pas de réelle cosmogonie même s'il y a un dieu de la création (Amon).

• -1 000 à - 500 (21ème à 30ème dynastie: C'est le temps des dynasties étrangères libyennes, éthiopiennes, perses puis grecques).

• -525 : Les perses menés par Cambyse s'installent en Égypte; il y a plus de 5 000 signes pictographiques égyptiens à valeur idéographique, déterminative ou phonétique.

La chronologie, dite basse, de l'Égypte commence à -2785 environ, mais les égyptiens ont l'habitude de dater les événements par rapport au règne alors présent*: an 3 de Ramsès2.*

L'Égypte antique d'Héliopolis a construit une cosmogonie: issu de Noun, l'océan primordial, Atoum aurait créé, en se masturbant, Shou (l'air et la lumière) et Tefnout (l'humidité). Le symbole de la création du monde terrestre est constitué d'une crête de limon émergeant des flots avec un Dieu créateur initial, Neith: l'ordre émane du chaos.
Dans la liste longue des dieux issus des mythologies de Héliopolis et de Memphis, il n'y a pas de dieu Temps, mais des dieux Soleil (Rê, Amon), de la terre (Keb), des cieux. Le ciel était le corps de la belle déesse Nout dont les bijoux formaient les étoiles et le dieu soleil Rê traversait son corps pendant le jour pour revenir la nuit sur ses pas à travers les eaux souterraines de la Terre. C'est Thot qui fait ce décompte: l'écoulement cyclique du temps est constaté: jour, nuit, jour…
Au temps d'Alexandre les Égyptiens évaluaient l'âge du monde à 23 000 ans Pomian

La notion d'âme (le *ba*) associée au *ka* (ange gardien) et au corps, donne un être vivant, survivant à la mort; d'où la momification et les nombreux dieux de la mort.

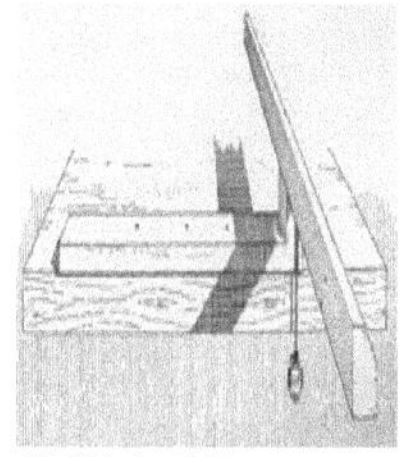

Clichés extraits deWilkipédia

93. LA REPRÉSENTATION ÉGYPTIENNE DU MONDE
(Réf. : Jéquier – © Éd. Payot, Paris)

La déesse du Ciel (Nouït) porte sur son dos la barque du Soleil. Elle est soutenue par le dieu de l'Air (Shou). Le dieu allongé au bas du dessin est Geb, le dieu de la Terre. Le dieu, debout à droite, est Thot à tête d'ibis, maître de la sagesse, des lois, de la Lune et du calcul du temps (c'est aussi le médecin de l'œil d'Horus).

figure tirée de Pichot

1. **LA STÈLE DE LA DAME TAPERET** (vers 900 avant notre ère) représente la lumière émise par le dieu soleil Horakhty comme un flux de fleurs de lys multicolores. On ne peut s'empêcher de penser au modèle corpusculaire de Newton (vers 1670) qui considérait la lumière blanche comme un flux de particules ayant chacune une couleur déterminée. (Illustration communiquée par J.-L. Basdevant.)

Soulignons le commentaire de cette illustration (La Recherche) concernant la conception de la lumière comme flux linéaire de particules!

En Mésopotamie[4]

Il y a eu plusieurs civilisations.

L'écriture sumérienne pictographique est la plus ancienne connue (-3500). L'écriture araméenne est issue de l'écriture phénicienne et détrône le cunéiforme qui a été créé en -2400; l'alphabet phénicien à 22 consonnes apparait en -1600. En -1400 l'alphabet cunéiforme a 32 signes ; dès -1000 existent les alphabets phéniciens et hébreux.

---

[4]
- -3 300: Il existe une écriture en signes pictographiques à Ourouk, Sumer et en Élam. Les nombres apparaissent en Mésopotamie 3000 ans avant notre ère.
- -2 400: L'écriture cunéiforme est née; on transcrit des pictogrammes; on utilise des gnomons et cadrans solaires à hauteur. Le cadran solaire est un stylet incliné en direction du pôle Nord.
- -2 300: invention du verre
- -2 300: Sargon d'Akkad ; adaptation de l'écriture à l'akkadien.   Sumer, Alep, Ebla sont des villes prospères
- -1 750: écriture du fameux code d'Hammourabi -1792_1750 Babylone, Mari se développent.   (les peuples d'Akkadie, Amori, Houri, Mitanni, Assyrie, Chaldée.. coexistent).
- 1 700: Dans les prières aux dieux de la nuit on mentionne quatre constellations. On utilise des polos.
- -1 700: ? déluge ?
- -1 600: Invention de l'écriture alphabétique (à 22 consonnes) par les Phéniciens (peuples du Levant, ainsi appelés par les grecs, et comprenant les Tyriens, les Sidoniens, les Israélites, les Edomites...*P Jean-Baptiste*;
- -1 400: L'alphabet cunéiforme de 32 signes apparaît (Ougarit Syrie); on utilise des cadrans solaires avec stylet orienté sur l'axe de la Terre
- -1 320 : Poème de la Création; Épopée de Gilgamesh
- -1 200 à - 600: Les tablettes mul.apin indiquent approxi-mativement la durée du jour et de la nuit en fonction de la saison, et fournissent une liste importante de constellations.
- -1 000: Les araméens s'installent en Syrie et le long de l'Euphrate; l'écriture araméenne est issue de l'écriture phénicienne et détrône le cunéiforme: alphabets phénicien complet et hébreu apparaissent
- -814: création de Carthage par les Phéniciens
- -612: destruction de Ninive
- -604_-562: Nabuchodonosor
- -539: Cyrus création de l'empire perse

Les gnomons et les cadrans solaires à hauteur sont utilisés pour mesurer des courtes durées. Puis on a inventé les **polos**, cavités hémisphériques creusées dont le centre est indiqué par la pointe d'un stylet ou une boule suspendue : l'ombre de ce point sur l'hémisphère reproduit la marche du soleil.

Les Babyloniens divisent la journée en 12 *kaspars* (est-ce là l'origine du système duodécimal?). Chez les Sumériens la journée est aussi divisée en 12 parties mais on utilise le système sexagésimal pour diviser l'heure en minutes ! L'unité de durée est le beru (environ 2h, et 1 beru = 30 guesh, soit il y a 360 guesh par jour). L'unité cananéenne est le sheti (environ 1 h). Les Akkadiens utilisent le *système décimal dans la vie courante, ce système s'imposant et laissant le système sexagésimal à la numération savante* .Pichot

En Mésopotamie on utilise un calendrier lunaire de 29, 30 ou 31 jours; tous les 5 ou 6 ans on ajoute un 13ème mois. Le jour commence au lever du soleil. On compte jour, nuit…; nouvelle lune, pleine lune,…; ce calendrier annonce le calendrier hébraïque avec la semaine de 7 jours, le septième jour étant ici jour "néfaste".
La chronologie était toujours relative à un grand événement.

Une version du déluge (datée environ de -1700 à -2700) est incluse au poème de Gilgamesh, écrit en -1320, donnant les descriptions des divinités anciennes. Gilgamesh est un héros en quête de salut et d'immortalité.
Lorsqu'en haut le ciel n'était pas nommé et qu'en bas la terre n'avait pas de nom, De l'Apsou primordial leur père et de la tumultueuse Tiamât leur mère à tous,   Les eaux se confondaient en Un.
Tiamât est la personnification du chaos primordial de l'océan des eaux salées et Apsou celui des eaux douces; Mardouk

viendra ensuite dépecer le cadavre de Tiamat_Anut pour créer la voûte céleste, les étoiles, la terre, les enfers, puis il créera les hommes.

Anut est la mère du monde qui se marie avec Apsu, puis avec son fils Anu pour donner naissance à Ea, Sin, Ishtar…; Shamash est le dieu du soleil. Enlil est le dieu du destin des hommes.

Les mésopotamiens étaient de bons astronomes et mathématiciens. Ils pouvaient prévoir approximativement la position des étoiles et planètes, et avaient une loi approchée du mouvement lunaire mais ne cherchaient pas à comprendre leur nature: les étoiles étaient des dieux.

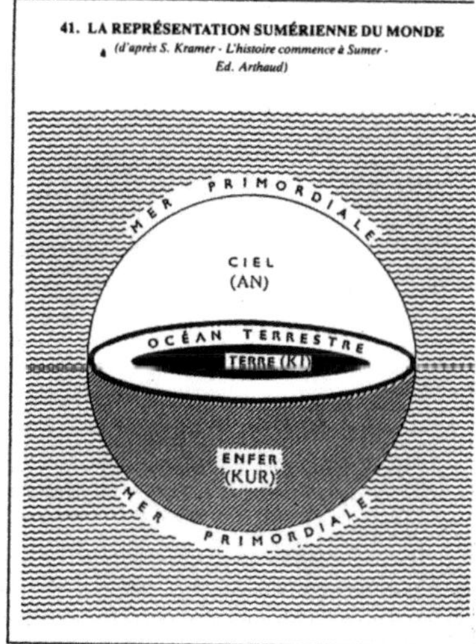

figure tirée de Pichot

En Chine[5]

L'écriture par pictogrammes a mis du temps pour s'établir et se perfectionner.

Les chinois font commencer le jour la veille; on utilise des cadrans solaires à hauteur et on compte les années et les heures en cycle sexagésimal !

La religion chinoise primitive a... pour but primordial d'assurer la concordance entre le cycle des saisons et le cycle de la vie agricole...entre le Ciel (Houang-t'ien, ou Chang-ti) ...et le roi investi (T'ien tseu) qui fixera le calendrier destiné à régler les travaux agricoles (printemps , automne) Grousset
Il n'y a jamais eu de mot pour le concept temps Klein et apparemment il en est de même à l'heure actuelle. Un calendrier lunaire a été introduit en -840 transformé en

---

[5] • - 4 000 à - 3 000 Cultures Yangshao et Hongshan dans les vallées du fleuve Jaune ; début du néolithique.

• - 3 000 à -2 200 Cultures Liangchu   on utilise des cadrans solaires à hauteur.

• - 2 637:   Numérotation pour compter les années et les heures en cycle sexagésimal

• - 2 000 : empereur Xia ? début de l'âge du bronze

• -1 523 à - 1 027: Les Chang ; il existe toute une bureaucratie céleste; premiers idéogrammes chinois.

• -1200: Apparition de l'écriture pictogramme élaborée (sur carapace de tortue gravée, os divinatoires). Les Chang étaient tournés vers l'avenir, inscrivaient les naissances, les éléments de vie des rois, les sacrifices humains.

• -1 045 Di Xin dernier roi Chang ; apogée de l'âge du bronze en Sibérie.

• 1 027 à - 245: les Tchou ou Zhou

• -840: Utilisation d'un calendrier lunaire.

• -600: Les chinois développent l'astrologie et l'astronomie. Cette cosmogonie ne sera bien connue qu'en +300!

• -551_- 479 : Confucius ; sa doctrine se présente comme une doctrine d'action, un enseignement comme une morale agissante,....un sentiment d'humanité envers autrui ...et de dignité envers soi-même.

• -480: Calendrier "Taichu" luni-solaire.

calendrier *Taïchu* luni-solaire en -480. *Le calendrier chinois traditionnel évalue l'âge du monde aujourd'hui à : 3 269 000 ans* Pomian.

Comment ne pas s'étonner que les Chinois ne se soient pas préoccupés du Début et de la Fin des choses? Ni du premier début ni de la fin dernière? Notre langage occidental *ne désigne jamais que des **étants**...la question de l'origine* devenan*t inévitable, tandis que la langue chinoise ne décrit que des processus, des phases, des évolutions continues, non des choses....En Chine l'idée de "substance" n'ayant pas pris corps, il est difficile de concevoir quelque chose de stable.... La notion d'identité.....se défait, devient incongrue. La vie et le monde sont en transition continue et ne peuvent être dits que sous l'angle d'un perpétuel devenir.* F Jullien in E Kein Les chinois connaissaient le moment, la durée, les époques, les phases …   pas le temps. Ils sont peu intéressés par les choses en soi mais plutôt par les seuls devenirs, ce qui expliquerait la pauvreté de leur cosmogonie. Dans la cosmogonie antique chinoise Pan Gu (ou Phan Ku) est un colosse surgi d'un œuf et dont le démembrement a créé l'Univers (-600).

…À côté du cycle des saisons, ...le cycle des ancêtres ...résidait dans des offrandes quotidiennes ou saisonnières qui continuaient à faire participer à la vie de la famille le défunt.... D'après une distribution analogue au calendrier agricole *toutes les choses seront réparties entre deux principes ou modalités: le principe **yin** qui correspond à l'ombre, au froid, à la rétractation, à l'humidité et au genre féminin, et le principe **yang** qui correspond à la chaleur, à l'expansion et au genre masculin; le tao est la voie médiane* Grousset *Pour les chinois...il y a. interaction des contraires, ,... impermanence des choses ;le taoïsme enseigne que l'éloignement implique le retour, a une vue holistique de l'univers, au contraire du réductionnisme de la science* Xuan Tran.

Il semble que, contrairement à une légende tenace, les connaissances scientifiques chinoises et indiennes n'aient pas la même ancienneté que celles de la Mésopotamie ou de l'Égypte; au mieux elles seraient contemporaines de celles de la Grèce Pichot

Civilisation mazdéenne[6]

Le jour commence au lever du soleil; l'année est solaire de 12 mois de 30 jours et 5 jours supplémentaires ajoutés au gré.

Zoroastre -628_-551 est un réformateur perse pour qui l'Univers fut créé en 6 'temps' inégaux.

---

[6]
- -3 000: Suse cité élamite; Ninive, Persépolis rayonnent.
- -1 700: déluge (Ziusudra)
- -1 300: les indo-européens aryens atteignent l'Indus
- - 800 à - 550 les Mèdes, les Achéménides ;
- Zoroastre -628_-551 (-1000_-400) ? fit créer l'Univers en 6 'temps' inégaux.
- Cyrus : -559_-530

Civilisations gallo-gréco-latines, [7]

Les écritures crétoises pictographiques très anciennes ne sont pas complètement compréhensibles à ce jour contrairement au grec et au latin. En -800 il y a véritable re-naissance de l'écriture: l'alphabet grec avec voyelles est

---

[7]   •-3 000 : Troie 2 sous Hissarlik

-2 700: Début de civilisation crétoise (métal, céramique peinte)

•   -2 200: Civilisation gauloise celte (le chaudron de Gundestrup): il semble exister une astrologie gauloise d'après César Les druides dissertent abondamment des astres et de leur mouvement, sur la grandeur du monde et la puissance des dieux.

Utilisation de cadrans de direction à stylet fixe parallèle à l'axe de la Terre.

•   -2 000: Civilisation crétoise à Cnossos ; Minos existe-il?, mythe du Minotaure à tête de taureau et corps d'homme (est-ce le dieu du ciel?)

•   -1 700 à −1 200: Développement des écritures crétoises pictographiques linéaire A; B

Utilisation de cadrans de direction à stylet mobile réglable.

•   -1 270: Guerre de Troie? civilisation mycélienne   (emprunt de mots à la langue ougaritique)

•   -1 100: Eudoxe astronome

•   -9ème siècle: Homère(?) écrit vers - 800 l'Iliade qui raconte quelques jours d'une guerre et l'Odyssée qui raconte les aventures d'Ulysse et qui se passent en -1200 environ.

Telles les générations des feuilles, telles celles des hommes. Les feuilles, il en est que le vent répand à terre...mais survient le printemps; de même les générations des hommes: l'un pousse, l'autre s'achève *in Richet*.

•   - 8ème siècle: Hésiode Théogonie.

•   - 8ème siècle: Civilisation étrusque en Italie ; fondation des Jeux Olympiques Jupiter est le dieu de la lumière et de la foudre.

•   - 753 : fondation de Rome

•   - 700: Création de Massalia (ou Matalia : nom levantin de Marseille), de cités-état comme Sparte et Athènes.

•   -7ème siècle: échafaudage   en Grèce de systèmes de cosmogonie. Utilisation de gnomons. On admet que la Terre est sphérique.

•   -Thalès - 625_ - 546 : L'eau est l'élément fondamental de l'Univers. Thalès soupçonne que la lune est éclairée par le soleil; il découvre la vertu des chiffres, ébauche la géométrie....la Terre semble ronde....tout change, tout passe.

•   -Anaximandre de Milet - 610 _- 546 :   Anaximandre introduit le concept assez flou d'un apeiron, illimité, éternel, indéterminé qui serait un 'espace' dans lequel le Monde fini, où se déroulent les phénomènes infinis, y baigne totalement.

élaboré (issu d'après **P Jean-Baptiste** *du phénicien et, par là de l'hébreu)*.

L'utilisation de cadrans de **direction** à stylet fixe parallèle à l'axe de la Terre est très ancienne, contrairement à celle des cadrans solaires introduits par Anaximandre.

Les poèmes homériques n'ont pas de mot pour désigner l'espace et le temps. Il n'est question que d' "emplacement" des objets. Anaximandre introduira le concept d'espace *apeiron*.

Chaque année comprend 12 mois lunaires de 3 décades et un 13ème mois de 20j était ajouté tous les 2 ans. Les jours commencent la veille pour les grecs et à minuit pour les romains.

La notion de durée se ramène à l'évolution des repérages astro-météorologiques, encore que les grecs ne connaissent que très peu les constellations à cette époque, un millier d'étoiles fixes. Les calendriers attique et macédonien différaient quelque peu et ont donné le calendrier romain. Les années étaient désignées dans ce dernier cas à partir de la fondation estimée de Rome (**-753**);

Vers -700 on construit en Grèce des systèmes explicatifs de cosmogonie basés sur l'existence d'éléments ou sur un principe physique. Parmi la panoplie des Divinités, Titans et dieux semi-humains, deux sont liés au temps: le

---

- - 600: création de Rome;
- - 590: Anaximandre introduit l'usage des cadrans solaires; le jour commence la veille.
- - 594: Solon; 1ère démocratie?
- - 6ième siècle: Les concepts abstraits apparaissent dans la civilisation gréco-latine.
- - 509: fin de la dynastie des Tarquins; début de la république romaine;
- - 500: guerres médiques

De -1 000 à -500 d'après *P Jean-Baptiste*, la Grèce, comme Homère, vivait dans un monde aussi "levantin" que le nôtre (l'actuel) est "judéo-chrétien »

Destin, inamovible, et Chronos. Ce dernier est une image de l'éternité qui persiste immobile **ou** marche sans fin suivant un nombre perpétuel. Chronos, avec sa faux et son sablier, rappelle aux hommes qu'il faudra mourir. Chronos est le fils Titan d' Ouranos et de Gaia (ciel et terre), eux-mêmes descendants du Vide primordial. *Au début il n'y avait que le vide obscur, un espace de chute, de vertige et sans fonds, un chaos. Chronos, aide Gaia à se défaire d'Ouranos: le retrait du père créa l'espace libre où un développement pouvait avoir lieu.* Chronos engendrera Zeus dieu du ciel et de la poudre.

Destin est une divinité qui représente les lois de ce qui arrive dans le monde, lois écrites de toute éternité, et Cronos (Saturne) dévorant ses enfants, sauf trois, est le dieu qui représente le Temps qui consomme avec avidité les années qui s'écoulent Bergé

En fait il y a trois concepts du temps :

Chronos, le temps qui s'écoule, le temps des saisons,

Kairos, le temps opportun, le bon moment, l'occasion à saisir ; d'où repérer le bon moment pour agir et l'inscrire ensuite dans le temps,

Krisis, ce qui crée un avant et un après, le jugement qui tranche LR HS 566

Après Thales pour qui *tout change, tout passe*, Anaximandre émet en -550 une première ébauche de cosmo**logie.** *Une théorie soutenant que le Soleil est un feu céleste entr'aperçu à travers des évents perçant le firmament...est différente du mythe grec expliquant ses mouvements ....par le dieu Hélios.* Singh

Civilisations pré-américaines[8]

La culture des Huaxtèques apparait en -1700 et dès -1200

Au Mexique une stèle est gravée avec des écritures (62 symboles idéo-pictographiques, 26 signes différents); c'est l'ancêtre de l'écriture maya. L'écriture zapotèque est plus récente (-500).

Un double calendrier est élaboré, solaire et divinatoire avec un temps cyclique. L'année maya a 260 jours et les années sont répertoriées sur un cycle de 52 années.

Les dieux aztèques (le Soleil, la Lune, le Sang…) ont créé plusieurs mondes successifs où les êtres humains sont passés de poissons, à animaux, bêtes sauvages et singes suivant le soleil qui existait alors; enfin après un **déluge** universel un seul couple réchappa. Au commencement tout était noir.

---

[8] •   -8 000 : Pré-Aztèques ; un puits est découvert à San Marcos (5m de profondeur), la gestion de l'eau a commencé tôt.
- -1700 : Civilisation Huaxtèque
- -1500 : Civilisations Mochicas, puis Chimus, Cupisniques, Lambayes, Incas au Pérou *PLS 481*
- - 1 200: Civilisation Olmèque (Mexique) Une stèle gravée est l'ancêtre de l'écriture maya.
- - 900: Culture Chavin au Pérou
- - 750 : Création, par les pré-Aztèques (sud Mexique), de systèmes d'irrigation en réseau, construits sans outils de métal, sans roue et sans animaux de trait!
- - 400 disparition de la civilisation Olmèque

Calendrier élaboré, pétroglyphes, 62 symboles gravés dont 26 différents écrits horizontalement   invention du zéro chez les Mayas
- 500: écriture zapotèque

Comme Yahvé, Na'pi, le Vieil Homme des indiens Blackfoot (du Montana)..., l'idée lui vint un beau matin de créer une femme....en ébauches de glaise.... La femme intervint: ...".si la pierre jetée coule, les hommes devront mourir, de telle sorte qu'ils puissent toujours éprouver de la pitié les uns pour les autres"....Elle avait ...désiré donner un sens à la compassion .in Richet

Aux Indes[9]

Les hiéroglyphes d l'Indus antérieurs à -2000 ne sont pas déchiffrés; le sanscrit apparaît plus tard ainsi que les langues et écritures dravidiennes.

Le brahmanisme et l'hindouisme se sont développés très tard après **le védisme**.

La "journée" de Brahma commence par la création d'un monde et se termine par la fin de ce monde. Le cycle de vic dc Brahma scrait dc plus dc 300 000 milliards d'annécs; il y aurait 4 ères, la première, celle des dieux, la dernière, la nôtre, celle du vice qui aurait débuté en -4 000   et durerait encore 200 000 ans environ avec des cycles de 60 années. Il

---

[9] •   -2 500 : les hiéroglyphes d l'Indus ne sont pas déchiffrés.

•   -2 000 à -1 500: Védisme primitif, Purucha, dans le RigVeda. Le monde est recréé sans cesse par la médiation du dieu Brahma;

•   -1 600: déluge (Ashrahasis 36)

•   -1 500 à -1 200: Invasions aryennes; le sanscrit apparaît ainsi que les langues et écritures dravidiennes?

Les brahmanes (prêtres), le système des castes sont mis en place.

•   -1 300 à - 700 : épopées du Mahabharata et Ramayana.

•   -1 000 à - 600 Le védisme développé donne naissance au brahmanisme puis, plus tard à l'hindouisme (-500 à +1 300) !

•   - 519 : Cyrus; introduction de l'écriture araméenne.

est intéressant de noter qu'une unité de temps, le "pranamu»,
dure 4s l'intervalle entre deux clignements d'yeux! Des noms
de mois lunaires et de jours existent.

Purucha, dans le RigVeda, a sa tête qui devient
Soleil, ses pieds qui deviennent Terre. Plusieurs divinités
existent mais il y a un *Unique*!

Veda: *Rien n'existait alors, ni visible, ni invisible....Rien
n'annonçait ni le jour ni la nuit. Lui seul respirait, ne
formant aucun souffle, renfermé en lui-même. Il n'existait que
lui.... L'Un respirait de son propre élan sans qu'il y ait de
souffle En dehors de cela il n'existait rien d'autre; à
l'origine les ténèbres étaient cachés par les ténèbres, car
l'univers n'était qu'Onde incertaine; alors par la puissance
de l'ardeur l'Un prit naissance.*

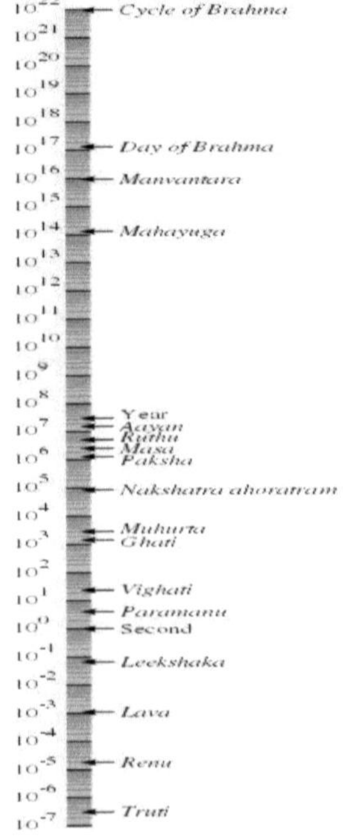

Après les invasions aryennes après -1500 Indra est dieu de la création, de la guerre et du soleil: l'éclair d'Indra ouvrit l'estomac du dieu serpent Vitra, relâchant les eaux, engendrant la vie et libérant le jour Enfin après -1000 Vishnou protège l'Univers et Shiva le détruit et le mène à sa renaissance.
invention du zéro en Inde

Chronologie mosaïque

Le calendrier hébreu est inspiré des calendriers babylonien, levantin et araméen (Gezer) mais cette fois on mesure ... la durée à partir de la Création (biblique) *; on utilise un calendrier hébraïque où la semaine est la base du comptage ; l'année comporte 12 mois lunaires de 28 jours + un 13ᵉᵐᵉ mois 7 fois tous les 19 ans ; le mois lunaire synodique a 29,5306 j ; l'heure « sha'ah » se rapportait au 1/12 de la durée entre lever et coucher du soleil ; c'est une heure saisonnière divisée en 1080 parties* halakim; *le jour commence la veille .*Sibony .
Les Hébreux commencèrent à compter les années depuis la sortie d'Égypte et cela pendant 1000 ans, puis seulement   en -300 à compter à partir d'Adam supposé né alors 3500 avant.
Le juif compte les durées avec 3 unités de base, une de l'ordre de 3s, une de l'heure et une de la demi-journée

Le mot *yom* a, comme en français, la signification de jour et de journée. *Ha-yom* : aujourd'hui est aussi : ce-jour-là : *le shabbat,* jour qui rythme la vie juive. Le mot a deux pluriels, un masculin *Yamim* signifie *des* jours, une petite période au moins une dizaine de jours mais aussi beaucoup, beaucoup plus ; l'autre pluriel *Yamot* ne s'emploie que pour les jours messianiques, l'ère à venir.
10

---

[10] •   - 3 750 ? (-3761? *in Ouaknin*): création de l'homme doué de conscience (6ième "jour" de la création du monde) fin du chalcolithique et début du bronze. Ce qui fait d'une créature un être humain, aux yeux de la Bible,   c'est sa capacité à un comportement... sciemment ordonné dans le temps...régi par un choix d'être ...qui induit une médiation *Ouanounou*

•   -2 600: d'après la Bible le premier forgeron a vécu il y a 4600 ans environ *in Ouanounou*

•   -2 348: ? Naissance de Noé qui aurait vécu un millier d'années

•   - 2 000: (- 1 815)? Naissance d'Abraham à Our en Chaldée; à 75 ans il part de Haran; Nemrod règne sur la Mésopotamie. Il existe une inscription babylonienne "Abreramu" qui signifie : le père exalté.

•   -1 900?: Le déluge biblique

•   -1 800 -1 700: arrivée d'Abraham en Canaan ? après un bref séjour en Égypte s'installe à Hébron

•   -15ième siècle: écriture: alphabet protosinaïtique; l'hébreu primaire

•   -14ième siècle: écriture: alphabet sémitique phénicien-araméen et ougaritique de 28 ou 22 consonnes; utilisation des cadrans solaires et des sabliers; les habiru sont cités sur un document de Tell Armana.

•   -1 305: (-1410) naissance de Moïse?; -1245 le Tabernacle

•   -1 220: Exode; stèle de Méneptah mentionnant le nom d'Israël

•   -1 200: installation des Peleset, des peuples de la mer, au sud de Canaan

•   -1 150: établissement des hébreux en Canaan; les juges

•   -1 030_-1 010: Saül; -1 010_ - 970 (ou- 871): David; - 962_- 931 ou (-965_- 925): Salomon. ; -725 Ezechias

•   -950: calendrier levantin, araméen ou hébreu de Gezer, le nom des mois est fixé.

•   -900: l'Ecclésiaste (-330) :

•   - 700: inscription en hébreu dans le tunnel de Siloè

•   Jérémie - 650_ - 580: (31,34-35

•   - 587: destruction du Temple par Nabuchodonosor (ou-423) exode en Babylonie

•   - 538: décision de reconstruire le temple par Zorobabel

*La tradition juive accorde importance à la notion de jour comme unité du temps vécu **localement** …   la fin du shabbat est en heure locale. Cette importance est concrétisée par le fait que toute une tribu, la tribu d'Issakhar, avait vocation de calculatrice du **temps**.* Sibony Dans *l'Ecclésiaste* on lit: *il n'y a rien de nouveau sous le soleil….il y a un temps (un instant "hets") pour naître et un temps (un instant) pour mourir;* ce qui peut se lire d'après **Ouanounou**: *un instant naît (lorsqu') un instant meurt.* (l'accent est mis sur le mot *Et* en général non traduit*)* " Au commencement, En tête…": *Ce n'est pas un hasard si le premier mot de la Bible est un mot temporel* Ouanounou .Tout est pensé ensemble au début: *terre ciel, eau, lumières ténèbres* E Klein. Ensuite *" Elohim dit":* c'est par le Verbe que s'établit la création, qu'est créé ce qui existera. La Bible lie Histoires du monde et de l'homme, en racontant l'histoire des générations: *le temps devient vectoriel avec la notion « berechit »* de Wever, point origine, notion introduite par le judaïsme. *La notion de temps occupe une place prépondérante dans la tradition juive à cause de sa très longue histoire et sa chronologie qui démarre depuis la Genèse* .Sibony.

Note sur l'hébreu et sa traduction[11]

-      - 500: Ezra; retour de Babylone; fin de l'écriture de la Bible (Pentateuque-Torah écrite)
-      - 458: Néhémie,   Ezra – 398 1ère lecture de la Thora

[11] *Les langues asianiques (sumérien, élamite, hourrite, protohittite) sont de type agglutinant: les racines des mots sont complétées en agglutinant un ou plusieurs affixes ou suffixes afin de rendre compte de divers statuts grammaticaux et diverses connotations modulant le sens de la racine….Les langues sémitiques sont caractérisées par …des racines inchangées mais qui sont complétées par des voyelles différentes selon le statut et le sens du mot dans la phrase….Les langues indo-européennes (dont le français) sont de type flexionnel:.. les affixes ne s'agglutinent pas… et la forme du mot indique à la fois le sens et la fonction dans la phrase Pichot*

  Les découvertes des langues ougarit (1929), amorrhite (1933) et éblaïte (1970) rendent caduque l'opposition entre langues indo-européennes et sémitiques; on parle plutôt de langues chamito-sémitiques HadasLebel

La racine hébraïque est une sorte de matière première SlomkaS. Elle possède *généralement 3 consonnes...*et *plusieurs groupes de racines ayant une idée de base commune possèdent en commun deux lettres HadasLebel* La forme, le nom et la signification des lettres hébraïques a donné lieu à de nombreuses interprétations. Il faut *traquer le sens des mots en hébreu, grâce aux lettres qui les composent SlomkaS* Ensuite *le mécanisme des formes propres à l'hébreu et aux langues de la même famille permet à chaque racine de développer ses virtualités HadasLebel. En hébreu, les mots disent une idée* ; encore que *l' hébreu est plutôt une langue d'images, d'objets, non de concepts Ouaknin* Les racines hébraïques ont souvent une dualité qui renforce la signification des mots; de nombreuses formes , passives, pronominales... fournissent de grandes nuances.. U*n même mot dans une même phrase veut dire en même temps deux choses différentes* un sens direct et un sens figuré *et ...on jouit sémantiquement l'un par l'autre ...*pour *donner à entendre en même temps le concret et l'abstrait ou des sens différents du mot ....La phrase est riche du contexte....Dans le texte biblique un mot est toujours plus qu'un mot...le texte n'est pas un objet clos Ouaknin*

La traduction s'en trouve plus difficile d'autant plus que les voyelles n'ont été introduites que très tardivement et peu souvent employées. Le mot *Bérechit,* par exemple, a de nombreuses traductions.

➢ Temps cyclique ou linéaire ? Un commencement ou pas ?

Les Babyloniens, les Égyptiens, les Chinois, les Indiens et les Grecs antiques se sont fait une idée du monde là où ils vivent. Tous ont inventé des histoires invraisemblables... où fables et visions se mêlent avec génie, où les forces de la nature dansent des sarabandes qui reflètent leurs angoisses ...   et leurs espérances. _{d'Ormesson} *Les mythes cosmogoniques témoignent de ce constant besoin éprouvé par les sociétés de donner un sens à la vie et à la mort, de fixer leurs origines, d'appréhender celles du monde* _{Richet.} Dans un monde immuable, vers - 500, les cosmogonies, et même la cosmologie d'Anaximandre, ne se préoccupent pas de la véritable origine de l'Univers ; elles admettent néanmoins, en général, la non préexistence d'un univers incréé et éternel: il y a toujours eu quelque chose d'incompréhensible qui s'est passé avant! Certaines constantes apparaissent dans ces mythologies: l'eau, l'humidité semblent avoir une importance capitale ; les ténèbres règnent au départ, accompagnés souvent du chaos et précédés du vide primordial : Tout part de quelque chose, du Père ou de la Mère originels qui viennent… de nulle part!

Les cosmogonies s'intéressent surtout au comment tout a commencé et la question du "quand?" n'est pratiquement jamais posée. Des dieux de la terre, du ciel, des eaux, du Nil, de la pluie, du feu, du tonnerre, de la guerre, de l'amour, de l'éloquence, de la poésie, de la beauté, de la musique, du vin, de la fertilité, de la mort, du soleil, de la lune, de la création, du mal ou des ténèbres, des enfers existent, *chaque mythologie étant un article de foi à l'intérieur de sa propre société* Singh, mais seul Chronos (Saturne) est un dieu lié plus ou moins au temps. La lumière, la matière, l'espace sont supposés créés depuis "avant", et la vie et l'homme sont ensuite arrivés pour exister jusqu'à la fin des temps. On ne se préoccupe pas d'un "vrai" début. Les récits mythiques *expliquent qu'au tout début il y avait ceci ou cela.....Un début qui fait suite à quelque chose...est-ce vraiment le début?* E Klein

Le temps, à cette époque, est vécu essentiellement comme cyclique ou comme durée par la perception des jours, des saisons, des années qui recommencent. En fait *le mythe est vide de temps* linéaire à sens unique *parce que la nature est avant tout gouvernée par des cycles: inexorablement, le jour et la nuit alternent, la Lune monte et descend et les saisons se succèdent. Nulle trace d'irréversibilité, nul début, nulle fin peuvent être discernés dans les cercles* Richet. Le temps circulaire est un élément essentiel du paganisme et il n'y a pas de **liberté** dans le temps circulaire : il n'y a qu'un Destin. Il y a *importance, dans l'Antiquité, de l'idée d'un temps circulaire, revenant périodiquement à ses origines* Prigogine.

On sait d'ailleurs, grâce à ces cycles, mesurer certaines durées. *L'histoire de notre physique a dépendu du fait que les forces d'interaction entre la Terre, la Lune et les autres planètes peuvent être négligées (ce qui a offert) aux hommes le spectacle des mouvements périodiques réguliers de nos astres* Prigogine. Dès la préhistoire le décompte des lunaisons était plus commode que celui des jours et, au niveau de la journée, l'ombre du gnomon ne pouvait être que difficilement utilisée. On est, on vit sur une phase, puis de nouvelles périodes arrivent mais sans liens entre elles. Tout recommence comme le printemps qui revient…Tout évolue, devient, revient.

Le concept Temps n'est, en fait, pas bien cerné sauf, peut-être, dans les civilisations indienne et hébraïque. Pour l'une, le brahmanisme en cours de développement, le cycle des temps est énorme et continuel et peut se décliner en cycles plus courts bien structurés. Pour l'autre, bien que des cycles soient toujours rattachés à la vie quotidienne, hebdomadaire et annuelle, il y a reconnaissance d'une linéarité du temps avec une origine fixe, et le temps prend sens car mis en relation avec la vie spirituelle et la succession irréversible des générations de l'homme; la Bible en est l" 'histoire racontée " en quelque sorte, même si des éléments mythiques persistent. Le temps orienté est source de transcendance, d'espérance et de liberté.

Et l'homme sort peu à peu de son existence au jour le jour pour entrer dans l'Histoire, son histoire. À la fin de cette époque, et particulièrement en Grèce, on s'écarte sensiblement de l'opinion vague et fluctuante, de la superstition: c'est l'entrée timide dans le monde des sciences. On a établi des "listes" d'observations et de résultats concrets ; la Nature offre un sujet de réflexion et de spéculation dont les dieux peuvent enfin, à certains égards, être un peu écartés

De -500 à -320:
Du Pentateuque à Aristote

Bouddah[12]**,** qui se place en début de cette époque, nous explique in Hesse : *Nous inclinons à croire que le temps est une chose vraiment existante; mais le Temps n'est pas une réalité.... et l'Espace qui semble exister entre le Monde et l'Éternité....n'est qu'illusion.*
La profonde méditation donne le moyen... de considérer simultanés tout ce qui a été, tout ce qui est, tout ce qui sera la vie dans l'avenir....Ceux qui atteignent le nirvana se libèrent du cycle des morts et renaissances.
Le Bouddhisme se situerait hors temps, hors espace.
Le taoïsme, avec **Lao Tseu**, se place sur un autre plan :*Avant le temps et de tout temps fut un Être existant de lui-même, éternel, infini, complet, omniprésent...non-sensible... néant de forme, mystère* in Grousset

Héraclite affirme qu'il y a confusion entre matière et mouvement et que tout est mouvement: *La seule chose qui ne change pas est la propriété qu'ont les choses et les êtres de changer.... Rien ne demeure identique.... Tout s'écoule;*

---

[12] •   Pythagore -580_-495:

L'Univers baigne dans la musique et seuls les nombres permettent d'en donner une signification...; tout est nombre. Le **comptage**, le calcul, prend son essor et la puissance reconnue du nombre fournit les éléments de quantification du monde qui nous entoure alors que la musique en permet la qualification.
Pythagore pensait que l'œil projetait une antenne qui permettait de voir.
•   Gautama le Bouddha -566_-480: (l'Éveillé) dit aussi Sidharta (celui qui a atteint son but). *in Hesse*
•   Héraclite: -550_-480 (Ephèse):   père de la dialectique *in Klein, Koyré*
•   -500: le zodiaque babylonien contient les douze constellations de l'année.

*vous ne vous baignez jamais dans la même eau du fleuve…
Le devenir est premier et l'identité est une illusion…;
l'intelligence, ou la pensée, est la condition de l'unité du
réel en devenir...* et *le temps est l'incarnation du
devenir.... Un être peut être cela et son contraire ... au
cours du temps.*

Tout évolue, même la matière; l'évolution la plus visible
est le mouvement mais le monde est là, immobile et
éternel. On ne peut pas imaginer de mouvement sans "quelque
chose", de la matière, qui se meut. Ces 'quelques choses', d'après
Leucipe[13]**, Démocrite et Anaxagore** sont des *atomes* qui sont
répartis dans le vide *kenon*. **Anaxagore** ajoute et prévoit : *Le ciel
contient un nombre infini de graines... ; il est constitué des mêmes
substances que la Terre* !!

 et *Au début de tout était une soupe cosmique illimitée,
compacte et immobile.*

Parménide revient sur la comparaison entre le
devenir et l'être, qu'il oppose. À partir de l'existence d'une
chose, le concept de la chose 'est' et sera toujours. Le
devenir et le temps sont des vues de l'esprit associés à la
succession des choses *:*
*L'Être, en permanence identique à lui-même, est
fondamental;... le devenir n'est qu'illusion .... L'être est.
Rien, en revanche, n'est pas...* impossible d'en parler.
L'Être est soustrait au devenir... est épargné par les

---

[13] •   -5ème siècle: Leucippe, Démocrite, Anaxagore sont « les atomistes ».
L'Univers est formé de petits corps insécables: *atomos* répartis dans le vide *kenon* un
espace infini, absolu où il y aurait pluralité de mondes.

•   Anaxagore: -500_ -428 :   Anaxagore avait avancé l'idée que le soleil
était une pierre chauffée à blanc et non une divinité...; or il était scandaleux de
prétendre que le Soleil et la Lune étaient des cailloux et non des dieux. *in Singh et
Luminet*

•   Parménide: -515_-440:   père de l'ontologie *in Klein, Koyré*. Être et
devenir sont opposés. Parménide est considéré comme le premier représentant du
finitisme cosmologique *Luminet*

*contingences temporelles..; il ne dure ni ne devient, il est;
... « il y a » est toujours là..... Derrière l'apparence des
choses, l'expérience singulière des sens, existe un Tout
universel, permanent.
Le mouvement n'est qu'une succession de positions fixes....
Il y a confusion d'espace et matière et il n'y a   pas de
temps.*

Héraclite et Parménide sont ainsi en complet désaccord mais **Hérodote**[14] et **Thucydide** œuvrent néanmoins à l'établissement de l'**Histoire** objective et **Méton** remarque en tant qu'astronome que 235 mois lunaires = 19 années solaires.

Pour **Platon** *les nombres du Temps* qui définissent jour, nuit, mois et année, sont définis par le Ciel, c'est à dire: le soleil, la lune et les cinq astres. Le temps est identifié au mouvement de ces corps célestes. *Le*

---

[14]
- •   Sophocle: - 495_-406 : tout est bien qui vient en son temps.
- •   - 432: l'astronome grec Méton
- •   Hérodote: - 490_-425 et Thucydide - 460_-400 Naissance de l'Histoire « objective ».   Chacun produit à l'appui de ses affirmations les témoignages que voici…: la connaissance est identifiée **uniquement à ce qui est perçu** et cela jusqu'au 15ième siècle!
- •   Démocrite - 460_-370: C'est par convention que le doux est doux, l'amer amer, le chaud, chaud,… la couleur, couleur; mais en réalité, il n'y a que les atomes et le vide.
- •   - 408:   Eudoxe établit une méthode de calcul intégral
- •   - 400:   établissement du zodiaque grec
- •   environ - 400: Lao Tseu: le taoisme .
- •   Socrate - 470_- 399 : pratique de la dialectique
- •   Platon - 428_- 347 : Timée *in Richet, Klein, Einstein* Pour Platon l'existant est divisé en deux: le **monde intemporel des Idées** et formes pures, et le **monde sensible perceptible.** Le mode platonicien est le monde des absolus: le divin, la beauté, les mathématiques, le nombre, le <u>discret</u>. Platon admet l'existence d'une longueur insécable. Pour lui l'Univers résulte d'une fécondation de la matière par les idées, assurée par la pensée directrice d'un être divin *in Richet*. L'univers est clos par une sphère ultime et …la *khora* est l'étendue ou espace en tant que réceptacle de la matière *in Luminet*

démiurge a créé une image mouvante de l'Éternité...qui se meut suivant la loi des nombres et que nous appellerons "temps".... Le Temps est né avec le Ciel... Le temps imite l'éternité en se déroulant en cercle suivant le Nombre. Platon développe le concept de la Grande Année Cosmique qui revient *au point initial et donne comme mesure commune à ces vitesses le cercle du Même qui possède un mouvement uniforme... Le temps est un aspect transcendant de la réalité, sans début ni fin concevables... Le temps est l'image mobile de l'éternité immobile.* Néanmoins *nous pourrions parler de corps se mouvant dans le temps.* D'ailleurs *nous devrions éliminer le temps de notre vision, essayer de le réduire à autre chose* car *les choses ultimes ne varient pas dans le temps; seules leurs approximations, les phénomènes observés n'étant que d'imparfaites ombres, montrent une variabilité.*

Platon précise les rapports entre être et devenir: *au moyen du corps...nous communiquons avec le devenir... et par l'entremise du raisonnement ... nous nous mettons en relation avec la réalité de l'existence.... La réalité est dissimulée derrière des apparences.... C'est à partir d'un principe que nécessairement, vient à l'existence tout ce qui commence d'exister.* Le monde matériel est comme une caverne sombre où nous ne voyons que les ombres projetées sur un mur. L'essence du réel se tient dans les idées, le monde intelligible est permanent, idéal.

Fig. 6. La caverne de Platon.

Aristote[15] propose dix catégories de concepts universels : la substance, la quantité, la qualité, la relation, **le lieu**, **le temps**, la position, la possession, l'action et la passion. Il considère le temps ainsi que le lieu comme absolus et quasi-continus bien que ces notions n'aient pas eu cours alors de façon précise; continus contrairement aux nombres entiers, discrets de Pythagore ou au discours de mots discrets de Platon, continus comme la ligne et le solide. Il les considère comme des phénomènes dérivés inextricablement lié aux caractéristiques de l'Univers.

Rien ne peut passer du néant à l'être... : le temps est éternel car s'il s'était produit à partir d'un moment, il existerait "après" avoir été "non existant". Ainsi, comme il n'a pas de commencement, le temps serait éternel. *(L'univers) est unique et éternel; sa durée totale n'a pas eu de commencement et n'aura pas de fin; au contraire, il*

---

[15] •   Aristote -384 _ -322:   la Physique, Du Ciel, De la génération et de la corruption *In Klein, Koyré, Einstein, Pomian....*
Aristote fut l'inventeur de la logique (philosophie concernant le raisonnement et le langage), de la physique (philosophie de la nature) et de l'éthique (philosophie morale). S'intéressant à l'origine, à la raison d'être des choses il émit l'hypothèse des quatre causes: matérielle (en quelle matière c'est fait), formelle (sous quelle forme), efficiente (par quelle procédure) et finale (pour quoi faire).
Il émit l'hypothèse de la sphéricité de la Terre.
Il admet la divisibilité sans fin et envisage <u>l'infini, pas en acte mais en puissance</u>. Pour lui la notion de **continuité** est essentielle, et définie pour un corps quand il y a une limite commune où ses parties se touchent.
La forme détermine la matière et la fait passer de "l'être en puissance" à " l'être en acte".
Aristote insistait sur le **"monde des événements"** observé comme la vraie réalité et sur l' " information" définie comme pouvoir d'organisation, d'action *in Costa*. Il admettait une vitesse infinie pour la lumière, l'événement et l'observation de l'événement étant simultanés mais faisait aussi une analogie vision-ouïe.

contient et embrasse en lui-même l'infinité du temps. Le temps est infini par addition (il s'ajoute indéfiniment) et par division (il est continu).

Or: *le passé n'existe pas puisqu'il n'existe plus; le réel ne se donne qu'au présent;*(mais on ne peut dénier au passé une certaine réalité car il a été 'présent').... *L'avenir n'existe pas encore ; donc il n'existe pas; il n'a d'existence que dans l'esprit (on l'attend)...* Et pour le présent: *la partie est une mesure du Tout et le Tout est composé de parties; or le temps ... est composé d'instants.* Donc si l'instant n'a pas de durée, le temps n'existe jamais! *Il n'a qu'une existence imparfaite....il a été et n'est plus...il va être et n'est pas encore...: ce n'est pas un "être".*

Par ailleurs: *Le temps est quelque chose qui naît avec l'Univers; avant l'Univers il n'existait pas, ni même le concept "d'avant".... Il n'y a ni lieu, ni vide, ni temps hors (de l'univers)* Donc il semblerait, au contraire, qu'il y a bien eu un commencement.

D'autre part le temps est lié à la vitesse et aux mouvements, bien que ces notions soient alors peu claires: *Nous mesurons le temps au moyen du mouvement et le mouvement au moyen du temps... : c'est une mesure du mouvement, entité abstraite; le corps est en mouvement parce qu'il a reçu son mouvement d'un autre corps. Et... une poussée constante est nécessaire pour avoir une vitesse constante.* Remarquons que pour décrire un mouvement on a besoin d'un autre corps servant de référence pour le premier et qu'il y a confusion sur le rôle de la vitesse dans le mouvement. La notion de force est liée plutôt à la puissance potentielle, au moteur. Reste que *quand nous percevons et distinguons un changement, nous disons qu'il s'est passé du temps.*

Le changement et le mouvement de chaque chose sont dans la chose... mais le temps est partout... Tout changement est rapide ou lent, le temps non; autrement dit in Pomian : *le changement est inhérent à un objet..., le temps est universel; le changement est localisé, le temps possède le privilège d'ubiquité; le changement est variable; le temps est uniforme.*

Le temps est le nombre du mouvement dans la perspective de l'avant et de l'après (ou *suivant l'antérieur et le postérieur* dans une autre traduction du grec).

L'instant est le même *quant à son sujet ...*et différent *en tant qu'il varie d'un instant à l'autre....* Commencement d'une partie du temps et fin d'une autre, il relie le passé au futur et fonde la continuité du temps.

Pour Aristote le monde est limité à la sphère des étoiles fixes, et donc fini mais de quelques 20 000 rayons terrestres soit 200 000 000 km! L'univers est conçu comme somme finie de tous les lieux (*topos*).

Pour lui l'Univers était composé de quatre éléments*: la terre, l'air, le feu et l'eau.*

Et il posait la question: *est-ce que le temps, sans l'âme, existerait?*

À peu près à la même époque la civilisation Maya (Guatemala) se développe avec une cosmogonie : le monde est créé par le fils du dieu Maïs.

➤ Temps abstrait ou réel ? Existe-t-il *ou* Est-il ?

Les Grecs de cette très courte mais fastueuse époque ont compris que *le cosmos... n'est pas une" chose" à laquelle nous aurions simplement affaire, mais une source de signification... d'ordre, harmonie, beauté... qui nous situe, et donne sens à notre existence* Prigogine Ils tiennent par exemple pour évident que la seule perfection du cercle pouvait donner son sens à celle des mouvements célestes. La notion de concept, inventée par les philosophes grecs, représente une économie de pensée (le cercle représente tous les cercles)

De nombreuses options et questions sur le temps sont alors ouvertes: le temps n'existe pas; il n'est qu'un concept humain; il incarne le changement, seule réalité; il est, et est absolu, éternel, existant y compris en dehors de l'Univers et même si celui-ci a un commencement; il ne peut pourtant pas y avoir d' "avant" avant le début de l'Univers de façon toute logique!… Mais il y a toujours un avant et un après… Tout et son contraire, un foisonnement d'idées, de questionnements, de perplexité! Toutes les questions, ou presque, sont posées.

En outre comment compter le temps? Sa mesure comme celle de l'espace reste médiocre. Comment concilier les périodes des astres que l'on observe mieux et accorder les périodes du jour, du mois lunaire et de l'année solaire? L'établissement d'un calendrier semble inextricable!

Mais des certitudes se dégagent:

- les notions d'espace et de temps existent, tout en restant mal démêlées.

- la Terre est ronde. Non, elle n'est pas posée sur le dos d'une tortue, elle ne flotte pas sur une fleur de lotus ni sur un océan soutenu par des géants et des anges enlacés, elle n'est pas un disque plat d'Ormesson. Mais cela sera remis à mal pendant bien longtemps !

- le temps est certainement lié à l'Histoire, au changement, et surtout au mouvement, le mouvement d'un objet n'existant que parce qu'il est poussé par un autre objet, lui-même poussé….!

Et la question fondamentale reste*: qu'est ce qui persiste à travers le changement? …qu'est-ce qui dure derrière ce qui passe?* d'Ormesson Devenir ou être? Continuité ou discrétisation? Immanence ou transcendance? Les composantes du monde seraient régies par des lois.

 La science est née de cette quête faite dans un milieu qui reste païen.

De -320 à 1642:
d'Aristote à Galilée et Descartes

Cette longue période peut être subdivisée en plusieurs parties, recouvrant la fin de l'antiquité, le passage au christianisme et à un sombre moyen âge, traversant une époque florissante de la civilisation arabe avant d'arriver à la Renaissance et, enfin, au concept scientifique de temps.

D'Aristote à Jésus

" *Cueille le jour*", "*ici et maintenant*"; carpe diem, hic et munc. Il s'agit, nous chante **Épicure**[16], de vivre le présent conformément à la nature dans un monde dont

---

[16] •   - 300 Euclide :

Sa géométrie construite à partir de simples postulats et quelques définitions permet une représentation de l'espace encore utilisée à ce jour. Néanmoins cette géométrie est alors <u>qualitative</u> dans le sens que si la position des objets est considérée comme déterminée, elle n'est pas encore bien quantifiée.

D'après le mythe d'Euclide il existerait des vérités premières, absolues, évidentes en soi et immuables, qui seraient des caractéristiques intrinsèques de la nature directement accessible à l'homme.

•   Épicure: -341_-270

•   - 275 Ératosthène: -284_-192:

Ératosthène établit une carte du monde ; il mesure la circonférence de la Terre (par l'expérience du puits de Syène en Égypte (*cf Singh*) et en déduit son rayon, celui de la Lune et établit aussi une bonne estimation des distances Terre-Lune et Terre-Soleil.

•   -270 : Aristarque de Samos

Aristarque précise la distance Terre-Soleil et calcule le diamètre du Soleil, propose que la Terre se déplace en translation devant le Soleil ou même émet l'hypothèse d'un univers héliocentrique, où seule la lune orbitait autour de la Terre; et où les étoiles formaient une toile de fond statique *Singh*. Mais le culte de l'immobilité absolue de la Terre est, quant à lui, bien établi et durera encore 15 siècles!

•   -200: Avec les lois de Manu la cosmogonie brahmanique est précisée.

Ératosthène établira bientôt une première carte à partir des éléments de géométrie d'**Euclide** et des calculs d'**Aristarque**.

Hipparque invente l'astrolabe; les méridiennes sont utilisées en Grèce. Hipparque fait commencer le jour à minuit (heure 0), compte les étoiles, découvre la précession des équinoxes (année tropique plus courte que l'année sidérale).

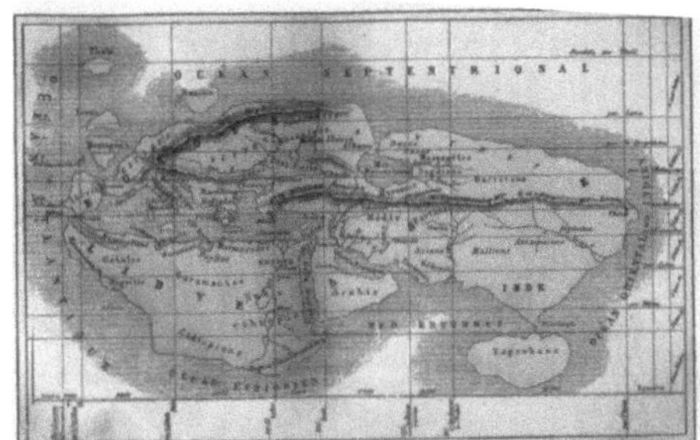

Carte du monde d'Erastothène

Lucrèce[17] s'intéresse à l'existence du temps ou plutôt à son inexistence : *Le temps n'a pas d'existence en soi. A personne... le temps ne se fait sentir indépendamment du mouvement des choses... Ce sont les choses et leur écoulement qui rendent sensibles le passé, le présent et l'avenir. ...Ne vois-tu pas que les pierres elles-mêmes subissent le triomphe du temps?... Les statues des dieux ... se dégradent sans que la divinité puisse ... faire obstacle aux lois de la nature.* in Koyré

La chronologie établie par **Diodore de Sicile** établit une histoire pour ne pas oublier le passé, mais non pour le comprendre. Ce dernier constate que : *Soit la Terre était de*

---

17 • Hipparque - 190_-120

• Lucrèce -98_-55

Les corps lumineux émettent des particules qui ont le même aspect que le corps : la lumière est de nature matérielle.

• Diodore de Sicile -90_ -30:   le Ciel et la Terre avaient dû se séparer à un certain moment

*toute éternité et les hommes l'avaient toujours habitée, ...
soit l'homme était apparu dans un univers créé qui se
trouvait périssable.*in Richet

Pour **Ovide** : à l'origine *l'Univers offrait un seul
et même aspect; on l'a appelé le chaos. Ce n'était qu'une
masse informe, un bloc confus, un rassemblement
d'éléments mal unis.*

Les calendriers s'appuyant sur l'idée de Méton
se développent: **rabbi Gamaliel l'ancien**[18] crée un calendrier
hébraïque et **Sosigène** établit le calendrier julien
qu'Alexandre le Grand va appliquer.

Sénèque nous conseille : *Ton temps jusqu'à
présent t'échappait; récupère-le et prends-en soin...
Substitue-le à la réalité présente des promesses d'avenir...
Seul le temps est à nous.... La vie se divise en trois
époques: le présent, le passé et l'avenir; de ces 3 époques,
le présent actuel est bref, l'avenir douteux et le passé
certain..., saint et consacré* in Klein.

À cette époque aux environs de l'*an 0* de
notre calendrier légal, **Strabon** est le premier géographe qui
reconnait la signification des fossiles comme témoins du
passé.
Le christianisme naissant s'intéresse au temps et **Paul de
Tarse** remarque que.... *La crucifixion marqua une rupture
avec la nature cyclique du temps... Une histoire formée
d'événements uniques... ne pouvait pas se répéter* in Richet

---

[18]
- -50: Gamaliel l'ancien
- -46: Le calendrier julien dû à Sosigène d'Alexandrie est mis en application.
- Ovide -43_+18:
- Strabon -64_+25:
- Sénèque -4_+65 *in Klein*
- +27: début de la prédication de Jésus

Du côté juif **Philon à Alexandrie**[19] souligne qu'*Il n'y avait pas d'avant (la Création) parce que le temps fait partie intégrante de l'ordre **créé**.... Il est tout à fait sot de croire que le monde est né en six jours ou en général dans le temps.... C'est au moyen du monde que le temps s'est constitué.*

Dans l'**Évangile de Mathieu** on lit: *Le passage du temps est insaisissable dans l'instant présent qui ne s'écoule pas et il n'a pas d'épaisseur pour avoir un début et une fin.* in Ricard Thuan et dans les **Évangiles de Luc et Jean** l'Univers évolue de façon linéaire et irréversible de son début, la Création, à sa fin, l'Apocalypse, selon la volonté divine.

De Jésus à Mahomet

Le nouveau monde est le système d'Univers proposé par **Ptolémée** qui permet d'expliquer les mouvements de rétrogradation des planètes. Ptolémée place la Terre, fixe, au centre de l'Univers. Il fait commencer le jour à midi.

Pour les **stoïciens**: *le monde périt afin de se régénérer à l'identique ; il n'y a ... ni destin, ni liberté, l'histoire du monde* (et non le temps) *est cyclique.* Et pour **Marc Aurèle** le temps est un fleuve fait d'événements.

Les maîtres de la Torah reconnaissent, eux, que le temps a lui-même été créé simultanément à l'espace: *Olam* est un terme à la fois spatial et temporel : il signifie lieu, le

---

[19] • Paul de Tarse -10_+63 Par une offrande unique le Christ a rendu parfaits pour toujours ceux qui sont sanctifiés *Richet*.

• Philon d'Alexandrie -13_+50

• +65: Evangile de Marc

• 80 à 90: Évangile de Mathieu

• 85 à 95: Évangiles de Luc et Jean. La Terre est placée au centre de l'Univers et tous les astres tournent autour d'elle.

monde, le cosmos, l'Univers mais aussi le temps: *lé-olam vared* signifie *pour toute éternité* in Goldberg Le Talmud comporte un traité entier consacré à l'organisation du temps. Pour **Simon Bar Yohaï** [20] voilà comment tout a commencé:

Ainsi, par un mystère des plus secrets, l'Infini frappa avec le son du Verbe le vide. Le son du Verbe fut le commencement de la matérialisation du vide... (qui fit) jaillir le point étincelant origine de la lumière.... Pour cette raison le Verbe est appelé Commencement, origine de toute la création. Pour que le Verbe puisse émettre un son il fallait que le vide soit déjà un support de propagation; donc l'origine remonte au Verbe, à l'action. Et Bar Yohaï ajoute : *Au moment de la création les éléments constitutifs n'étaient pas épurés... : tout manquait de forme.*

Mais pour **Plotin** il y a l'éternité d'un côté, le temps psychologique de l'autre et rien entre ; ce n'est que le mouvement de l'âme qui constitue le temps.

Néanmoins la durée va être mesurée plus précisément par la clepsydre à débit constant, invention de **Ctésibios,**   et **Hillel2** va instaurer le calendrier définitif

---

[20] •　　　Ptolémée 100_170 : dans Hémégalé Syntaxis qui deviendra en 827 l'Almageste (*cf Singh*).

•　　　Marc Aurèle 120_180:

•　　　les maîtres de la Torah ; rédaction des Talmud de Jérusalem et de Babylone (Zougot de −100 à +10 ; Tanaïm de 10 à 200; Amoraïm de 200 à 500)

•　　　rabbi Shimon Bar Yohaï 140_170: écrit le Zohar le livre clé de la Kabbale (1: l'acte de Création ; 2: le Char divin)   le Zohar est aussi attribué à M de Léon (1240_1305).

•　　　+200: Daniel est le dernier texte de la Bible.

•　　　Plotin 203_269 *in Pomian*

•　　　270: le physicien grec Ctésibios invente la clepsydre à niveau (et débit) constant.

•　　　Hillel 2 320_365:

hébraïque en s'appuyant sur les travaux de Samuel en 250; le calendrier comporte un cycle de 247 ans avec un mois moyen de   29j12h 44mn 3s _{Ouanounou.} Le calendrier hébraïque (toujours utilisé par Sibony en 2002 !) *est un calendrier détaillé pour fixer, sur une très longue durée, les années, le début des mois, les shabbat, les horaires de prières et d'activités de la journée dans le Temple. Il est fait tel que la fête de Pâque soit toujours située au printemps* .Sibony

Rabbi S Hahassid estime, quant à lui, l'âge du monde à 40 000 ans (974 générations d'avant Adam) et **Rabbi Y Ben Shimon** nous fait remarquer: *Il n'est pas dit "il fut soir, il fut matin" mais "'**et** il fut soir"; d'où nous déduisons qu'il y avait un système de temps antérieur.....et donc possibilité de plusieurs mondes créés et détruits!*

Quant à **Saint Augustin**[21] il reconnaissait :

Si on ne me demande pas ce qu'est le temps, je le vois clairement; mais si l'on m'interroge, je ne sais plus.
Le temps n'est que néant et comme tout est dans le temps tout n'est qu'apparence... Le passé n'est pas puisqu'il n'est plus, ni l'avenir puisqu'il n'est pas encore; quant au présent... il n'est qu'un point de temps, n'a pas de durée et n'est donc plus du temps;
donc le temps n'existe pas!
Et si le présent *était toujours présent....il serait l'éternité.*

---

[21] •   Saint Augustin 354_430:   la Cité de Dieu.

•   520: Aryabhata (Inde) énonce le principe de rotation de la Terre sur elle-même.

•   530: Philopon 490_570 (Alexandrie): La force est liée à un élan, à une puissance à se mouvoir. Le monde a été créé et <u>il a un âge fini.</u>

•   les maîtres de la Torah (500 à 800: les Savouraïm; 800 à 1200: les Gueounim et les Poskim; 1100-1500: les Richonim)

Mais *le monde fut conçu, non dans le temps, mais simultanément au temps*;
donc le temps est créé et aurait un début!
Le temps n'existe pas sans un changement qui s'opère par un mouvement.
Le temps est la vie de l'âme... Le temps ne s'écoule que dans l'âme, car l'objet de l'attente (le futur*) devient celui de l'attention (le* présent) *puis celui de la mémoire* (le passé*);*
donc le temps est celui de l'être humain!
Comment puis-je être dans le présent et prendre du recul pour le voir passer?
Il existe un présent du passé, un présent de l'avenir et un du présent.
En définitive*: Comprends ce que tu peux croire; crois ce que tu peux comprendre.*
Pour Saint Augustin, d'après Pomian, *il faut que quelque chose soit, qui, par son être même, confère la réalité au temps….*
Ni être, ni non-être le temps possède un statut ambigu.

Au 6ième siècle, <u>pour la première fois</u>, **Aryabhata** considère que la Terre tourne sur elle-même, **Philippon** d'Alexandrie estime que le monde a un âge fini et **Denys le Petit** compte le temps à partir de la naissance du Christ. En décembre 582 s'effectue la réforme du calendrier grégorien mis en place en France.PLS 48

De Mahomet à Maïmonide

On lit dans le **Coran**: *Un jour auprès de ton Seigneur équivaut à mille ans de ce que vous comptez.*

Vers Lui... un jour dont la durée est de cinquante mille ans.

le Coran[22]

Et plus tard les **les moutacalamites et moutazilites** précisent:
La 3ème proposition du Calam dit: le temps est composé d'instants, c'est à dire qu'il se compose de petits temps nombreux, qui, à cause de leur petite durée, ne se laissent point diviser... (comme l'étendue composée de parcelles)... Le temps serait une chose de position et d'ordre .in Maïmonide

Pour mesurer le temps on fait des progrès en mettant au point l'horloge à poids (en Chine) ou la clepsydre à flotteur (à Bagdad) et on se met à utiliser des chandelles (en Angleterre). De nombreux savants émergent un peu partout, en Indes, tel **Sinhind**, dans le monde arabo-perse,tels **Al Kindi**[23]**, Al Khwarizmi, Alhazen, Al**

---

[22] .   .

- Mahomet 570_632   622 : l'Hégire. L'Islam prendra ce point de départ pour son calendrier.
- 656 : achèvement du Coran
- 725 : invention de l'horloge à poids en Chine
- 750 à 850: les moutacalamites et moutazilites
- 773: Sinhind   tables astronomiques indiennes, Brahmagupta, Vittesvara…
- 807: le calife de Bagdad offre une clepsydre à flotteur à Charlemagne; premières véritables horloges à eau.
- 827 : édition de l'Almajeste   Les idées de Ptolémée furent préservées par les érudits musulmans du Moyen Orient *Singh*

[23]
- Al Kindi 800_870 : il n'y a pas d'éternité du monde.
- 850: Al Khwarizmi: invention de l'algèbre
- 870 : utilisation des chandelles pour mesurer le temps en Angleterre.
- Saadia Gaon   882_942 : La révélation et la raison ont même contenu et même visée.
- Alhazen 965_1039: étudie expérimentalement la réflexion et la réfraction de la lumière et démontre que le rayon lumineux va en ligne droite
- Avicenne ou Ibn Sina 980_1037 philosophe et médecin persan ; nécessité d'une inclination pour créer un mouvement ; il n'y a pas de vide.
- 997: Al Biruni étudie l'éclipse de l'année

Burini, Ibn al Haytam, Averroès, le grand sage juif **Saadia Gaon** ou le père **Bernard de Chartres**.

Quoiqu'il en soit **Avicenne** nous conseille : *Il y a deux jours dont il ne faudra jamais t'inquiéter: le jour qui n'est pas venu et celui qui est passé; alors tu vivras heureux.*

Avicenne attribue aux mouvements trois sources possibles: la force naturelle (la gravité), la force acquise et la force psychique. Il s'intéresse à la formation des montagnes et des roches ainsi qu'aux fossiles.

Au 10ième *siècle* 10 jours sont enlevés purement et simplement dans le calendrier grégorien. Et le calendrier de Denys le petit est enfin connu en Europe.

Dans la chronosophie chrétienne du haut moyen âge le temps est linéaire et irréversible... la sixième époque, celle de l'humanité présente, doit déboucher sur la fin du monde Pomian *Pour le chrétien du moyen âge le sentiment de son existence actuelle ne précédait pas celui de sa propre durée ; il ne se découvrait pas d'abord dans le moment présent, pour se concevoir ensuite existant dans le temps. Bien au contraire, se sentir exister, c'était pour lui se sentir être, et se sentir être, c'était se sentir non pas changer, non pas devenir, non pas se succéder à soi-même, mais se sentir subsister.... (Durer :) ne pas cesser d'être apte à recevoir de Dieu son existence.* Poulet

Le temps est pensé comme ambivalent: facteur destructeur, il rend possible une accumulation.

Abraham Ezra remarque, au niveau de l'exégèse juive de la genèse : *Dans le mot* **bérechit** *il y a deux racines possibles: 1* **bara'** *et 2* **barah** *; avec....1 l'être surgit du néant; avec... 2 l'Univers est placé à l'extérieur* .

Le début de la Genèse pourrait être traduit ainsi*: en faisant*

surgir l'existence du néant Dieu créa le ciel et la terre, ou: *en les plaçant à son extérieur Dieu créa le ciel et la terre.*
_{in A Abecassis}

Au 11ième siècle *la linéarité du temps commence à se dessiner.... Il y a apparition de cette perspective d'un avenir... L'écriture rend visible l'invisible : le passé*
_{Pomian}

Un peu plus tard **Averroès** précise : *Percevoir le temps, ce n'est pas percevoir quelque mouvement saisi par l'un de nos sens car nous avons la sensation du temps même dans l'obscurité.*

Maïmonide[24] reprenant les écrits des moutacalmites analyse qu'*Ils n'ont nullement approfondi la véritable nature du temps (car ce concept nécessite) la croyance de l'existence du vide (entre deux atomes, deux instants, ce qui) serait extraordinaire, absurde.*

Il précise *: Sans matière, parler de temps n'a pas de sens. Il n'a pas pu (y) avoir un commencement dans le temps, le temps faisant lui-même partie des choses créées.*

L'opinion, embrassée par tous ceux qui admettent la Loi de Moïse est: l'Univers, dans sa totalité, hormis D., c'est D. qui l'a produit à partir du néant pur et absolu.... par sa libre volonté..., que le temps lui-même fait partie des choses créées, et *...si l'on dit: "D. fut **avant** de créer le*

---

[24]
•   Bernard de Chartres: nous sommes comme des nains assis sur les épaules des géants (ceux du passé).
•   1039: Ibn al Haytam: critique de Ptolémée
•   P Abélard 1079_1142 Le réel s'appréhende par la raison et le langage
•   Abu al Barakat al Bagdadi 1080_1165 médecin juif ; possibilité de l'existence du vide et de l'infini spatial et temporel ; superposition de plusieurs inclinations pour créer le mouvement.
•   Abraham Ezra 1089_1164
•   Averroès Ibn Roschd 1126_1198
•   Maïmonide 1135_1204 : Maïmonide évalue à 8700 ans de marche, 40 lieues par jour, le rayon de l'Univers.
•   Fakhr al din al Razi 1149_1209 critique du monde clos et du géocentrisme

monde"... il n'y a dans cela que supposition ou imagination de temps et non réalité de temps.

Le temps accompagne le mouvement, lequel est un accident de la chose mue... Le temps est un accident d'accident.

La production du monde par D. n'a pas pu avoir un commencement temporel, le temps faisant partie des choses créées.

*Dans notre langue (l'hébreu) le mot qui désigne l'antériorité est **te'hilla** (premier, antérieur dans le temps); ce qui désigne le principe (dans le sens le cœur est le" principe" de l'animal) est **réchit**, dérivé de **roch**, tête; la véritable traduction de **bé-rechit** est celle-ci:' dans le principe'...*

(Ceux qui croient que le temps existait avant la création), c'est qu'ils rencontraient les expressions " un jour", "deuxième jour" ... alors qu'il n'y avait pas encore de soleil:... par quelle chose donc aurait été mesuré le 1ᵉʳ jour?

De Maïmonide à Buridan[25]

---

[25] • 1220: As Saati écrit le livre des horloges.

• 1224_1275 Saint Thomas d'Aquin: La succession dans la formation des choses est due au défaut de la matière qui originellement n'est pas convenablement disposée à recevoir la forme ; mais quand elle est disposée, elle reçoit la forme instantanément.

• Nahmanide   Si, sur une journée, tu n'as pas une heure complètement à toi, tu es un esclave.

• Bahia Ben Acher 1250_1350

• Rabbi Behayyé 1260_1340

• 1270 : la Kabbale: Sefer Hatemouna par M de Leon

Saint Thomas d'Aquinintroduit sur le temps deux notions : le *tempus* qui recouvre tout le devenir, toutes les modifications du réel; et l'*aevum* pour les changements qui n'affectent pas la 'substance' des êtres, semblable à l'éternité Il disait : *Le temps a beau être réel il l'est pour l'homme seul* in Pomian

*Il ne pouvait y avoir **du temps** que s'il y avait une raison qui s'opposât à ce que l'action divine fît passer sans transition l'être de la puissance à l'acte (car) changer c'est passer de la puissance à l'acte .... La succession interne de ses pensées pouvait lui donner (à l'homme) l'idée du temps* in Poulet

Les maîtres de la Torah reviennent souvent sur l'évaluation de l'âge du monde. **B BenAcher** indique que *L'Univers a 7 fois 7 cycles de 49 000 années plus ou moins longues ou 18 000 grands jubilés, soit 900 000 000 d'années* in Goldberg. La nouvelle **Kabbale** prévoit que L'Univers a 2 500 millions d'années. **Rabbi Ben Shmouiel**, lui, va plus loin et propose 17,5 milliards d'années !

Rabbi Béhayyé souligne : *Bien que le temps ait été créé et qu'avant la création il n'y avait pas de temps....* in Golberg,

Moïse de Leon, maitre de la Kabbale s'intéresse à la Création, au commencement. *Roch, **Tête** c'est le Point suprême: la lumière primitive a sa source en ce point suprême,.... L'étincelle que Dieu fit jaillir au moment où il frappa le vide est l'origine de l'Univers.* Et **Gersonide**[26] re-

---

[26]
- 1277: l'evêque Tempier condamne les 219 thèses aristotéliciennes
- G d'Ocam 1285_1349 Les hypothèses les plus simples sont les plus vraisemblables.
- 1300: rabbi Isaac Ben Schmouel de Akko
- Moise de Leon : 1240_1305: (La Kabbale le Sepher Hazohar)
- Maître Eckhart 1260_1327:
- Gersonide: 1289_1344: (Bagnols sur Cèzes)

précise : *Les "jours" de la genèse n'indiquent qu'un ordre naturel, un rang dans l'existence des choses, un processus de cause à effet, une "madrega": chaque jour est au suivant ce que la matière est à la forme.*

Le dominicain allemand **Eckhart** *confond toute durée en un moment éternellement répété où la genèse de Dieu et celle du monde s'accomplissent une par l'autre, simultanément* in Poulet *Dieu crée le monde et toutes choses en un actuel présent, et le temps qui s'est écoulé voici mille ans est maintenant aussi présent et aussi proche que le temps de maintenant.*

Alors que la science, dans ses premiers balbutiements, reconnaît avec **Buridan** des cycles terrestres de centaines de milliers d'années, **H Crescas** envisage que *l'univers est infini, qu'il y a possibilité d'une pluralité des mondes, et existence d'un vide spatial .*in Luminet Et pour **Ibn Khaldoun** *le temps est local ni régressif ni progressif... le temps du monde viendra à son terme sans qu'on puisse déterminer d'avance sa durée* in Pomian

De Buridan à Montaigne

- **1300** : introduction des sabliers et des premières horloges mécaniques pour la mesure du temps.

  1370 : toutes les horloges de France se règlent sur le palais royal; la journée est de   24h de 60 mn de 60 s (théorique car on ne savait pas les mesurer).

- Ibn al Shatir 1304_1375   prémodèle de Copernic
- Hasdai Crescas 1340_1412

Les minutes et secondes n'ont été introduites qu'au 14ème *siècle en Europe!* Luminet. Les horloges sont installées dans les beffrois

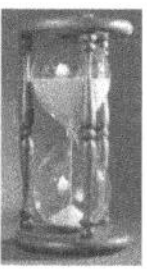

Le temps est quantifié en tant que paramètre de la variation d'un mouvement par **Buridan**[27] *et* **Oresme**, *la vitesse du mouvement étant portée sur la verticale et les différents moments du temps 'en succession' sur une ligne droite.* in Paty

Les humanistes du 14ième siècle annoncent "un retour, un renouveau, une réforme, une renaissance" un cycle dans les civilisations.

Le concept de relativité des choses est considéré par **N de Cuse** avec courage, en particulier au niveau de la perception de l'espace et du mouvement: *l'image du monde formée par un observateur étant déterminée par le lieu qu'il occupe dans l'Univers, ne peut prétendre à une valeur privilégié; nous pouvons admettre la possibilité de l'existence de différentes et équivalentes images du monde. Pour nous il est clair que cette terre se meut véritablement bien que ce mouvement ne soit pas apparent... Si quelqu'un, étant dans un navire, ne savait pas que l'eau*

---

[27] • 1350: Buridan 1292_1363 Buridan invente le concept d'impulsion;

• 1380: Oresme 1320_1382 : La théorie d'un univers géocentrique n'a jamais été prouvée

• 1382 Ibn Khaldoun 1332_1406: il existe un cycle naturel de trois générations,

N de Cuse 1401_1464

s'écoule et ne voyait pas les rives, comment saurait-il que le navire se meut? in Koyré

N de Cues constate l'impossibilité d'assigner des limites au monde.

Quant à la temporalité, pour **Pic de la Mirandole**[28], elle *apparait comme champ d'action.... L'homme se sentait créateur sinon de son être, au moins de son destin* in Poulet

Pour le chrétien du 15ième siècle tout ce qu'il y avait de naturellement spontané et instantané dans la vie spirituelle, l'acte de comprendre, de sentir, de vouloir ou de jouir, tout cela ne s'accomplissait en l'homme qu'à travers le temps, qu'à l'aide du temps, que porté par le temps vers son achèvement. Mais dans la mesure où cet acte se rapprochait de son point de perfection, à mesure qu'il s'accomplissait dans le temps, il tendait à se dégager du temps Poulet

Le monde sub-lunaire soumis au changement, n'est ni en croissance, ni décroissance: ces notions n'ont pas encore cours; toute évolution converge toujours vers un "état" adulte final; la notion d'espérance de vie n'apparaît que timidement.

Au commencement nous dit le **Rav Sforno**: *au début du temps qui correspond au premier instant indivisible, parce qu'il n'y a pas eu de temps avant cet instant.... Au tout premier moment, le temps n'existant pas avant la Création, rien ne fut créé avant ou après, ce qui n'a aucun sens puisque le temps est lui-même créé..... L'instant*

---

28 •

- Pic de la Mirandole 1463_1494
- La minéralogie prend essor.
- Rav O Sforno: 1470_1550:

*origine, tout à fait particulier et unique... n'a pas de durée..... L'expression **chechet yemé hamassé** les six jours de la Création (donne) l'impression de donner une durée (ce qui serait) réduire la Création à un aménagement de quelque chose qui existait déjà préalablement.*

Copernic[29] rejette la thèse d'Aristote sur le monde parce qu'il *semble étrange que quelque chose puisse être contenu dans rien .... Le monde (fini) est non mesurable parce qu'il est si grand que la Terre est comme un point.* in Koyré.

Le monde copernicien a un diamètre au moins 2000 fois plus grand qu'au Moyen Age. Copernic renonce au système de Ptolémée: la Terre tourne autour d'elle-même et du Soleil; l'héliocentrisme s'impose difficilement.

Depuis 1543 où Copernic a fait perdre la place centrale de la Terre dans l'Univers, l'homme n'a cessé de se rapetisser au sein de l'univers.

---

[29] • 1514: Copernic N 1471_1543

Copernic émet sept axiomes:

1 Les corps célestes n'ont pas de centre en commun. 2 Le centre de la Terre n'est pas le centre de l'Univers. 3 Celui-ci est près du Soleil. 4 La distance Terre-Soleil est très petite devant celle des étoiles. 5 Le mouvement apparent des étoiles résulte de la rotation de la Terre sur son axe. 6 La Terre et les planètes tournent autour du Soleil. 7 Le mouvement rétrograde apparent des planètes est expliqué.

• 1534: Palingénius

Le monde est partagé en 3 : la partie céleste, celle qui est sous les cieux et la troisième qui n'a point de bornes et qui est au-delà du Ciel *in Koyré*

• 1535 : première traduction en français de la Bible par Olivétan *in Ouaknin*

• 1543: publication de la thèse de Copernic De revolutionibus

• Isaac Louria 1534_1572: La notion du Tsimtsoun est introduite : Dieu a dû se replier sur soi pour laisser place à l'Univers.

• G Bruno 1548-17/2/1600

Si le monde est fini, réfléchit **G Bruno**, *et si en dehors du monde il n'y a rien, où est le monde? Aristote répond: en lui-même.... Que conclure pour les choses hors du monde? Si tu dis qu'il n'y en a aucune, alors, le monde ne serait nulle part dans le néant... Dans un monde fini, qu'arriverait-il si quelqu'un passe sa main à travers la surface des cieux?* (argument de Lucrèce).... . *Le vide c'est plus difficile à imaginer que de penser que l'univers est infini... L'univers est infini parce qu'il n'a ni borne ni surface... chacune de ses parties que nous pouvons prendre est finie* in Koyré

Vivre à propos : c'est le résumé de la philosophie de **Montaigne.**[30]

*Je vis du jour à la journée...*dit-il mais *nous sommes toujours au-delà. La crainte, le doute, le désir, l'espérance nous élance vers l'avenir... ; à chaque minute il me semble que je m'échappe... je ne peins pas l'être, je peins le passage c'est-à-dire le mouvement même par lequel l'être quitte l'être, par lequel il se dérobe à soi, par lequel il se sent mourir... Il n'y a pas de peinture du passage qui ne doive être simultanément <u>peinture de ce qui passe et peinture de ce qui fait passer</u>... Dans un instant qui est instant de passage, et qui dès lors est moins un instant que le passage de l'instant à l'instant, il y a une infinité de changements. ... Tandis que le temps fuit je lui dérobe ce qui devient moi... La durée n'existe d'abord que sous la conscience momentanée que le moi a de lui-même* inPoulet

Du devenir à l'être: étant hors de l'être nous n'avons aucune communication avec ce qui est.

Nous ne devenons pas à partir d'un être qui serait déjà là, nous sommes d'abord devenir, ...êtres de transition, qui transitent en permanence, et quand nous pensons être, ce

---

[30] •　　Montaigne 1533_1592

n'est qu'une atomisation ponctuelle du devenir sous une forme qui sitôt réalisée, disparaît. in Benmakhlouf
L'être véritable n'est pas une entité métaphysique, mais l'action continue d'une pensée sur les choses et sur la durée. in Poulet
On dit que la lumière du Soleil n'est pas d'une pièce continue, mais qu'il nous arrive, si dru et sans cesse, de nouveaux rayons les uns sur les autres que nous ne pouvons en apercevoir l'entre-deux.

- **1582:** Introduction de l'année bissextile dans le calendrier grégorien

.

Pour les humanistes du 16ième siècle, *le Temps n'était plus l'espèce la plus basse de la durée par laquelle existent tant bien que mal les choses...*Pour les catholiques, *Dieu fait qu'en chaque moment chaque créature existe...* Pour les Réformateurs *il y avait eu un temps où la nature et l'homme avaient participé au pouvoir créateur... Mais ce temps n'était plus... ;(lui) avait succédé le temps de la nature déchue... : Dieu s'était retiré..., (et) d'immanente l'activité créatrice était devenue transcendante.... L'être déchu ne se sent vivre que d'instant en instant et par miracle.* Poulet

Jusque-là il ne venait jamais à l'esprit de toute personne scientifique de faire figurer le temps dans une loi physique. La durée est pourtant dès lors un peu mieux mesuré : l'aiguille des minutes est enfin introduite dans les horloges et on se réfère au temps sidéral. Les passages d'une étoile au même méridien se font à intervalles réguliers; on sait que si le Soleil passe au méridien "en même temps" qu'une étoile, il y passera le lendemain 4 minutes après elle. Les astronomes, à cette époque, utilisent ce temps comme unité.

La non coïncidence de la connaissance avec ce qui est simplement perçu est enfin admise; on commence à utiliser les traces et des techniques de recherche critique à fin de justification du discours.

On ne trouve dans la Nature *aucun facteur capable de forcer l'avenir à être une répétition du passé lointain. Ne restent alors que deux possibilités: un état stationnaire ou une évolution linéaire, progressive ou régressive* Pomian

De Montaigne à Galilée

Kepler[31] énonce les lois de mouvement des planètes. Les trajectoires ne sont plus des cercles mais des ellipses; la vitesse des planètes varie!
La 2ième loi de Kepler faisait de chaque planète une horloge valable pour subdiviser le temps d'une de ses révolutions et la 3ième loi déclarait solidaires toutes ces horloges (y compris celle de la Terre) Costa

Isaac de la Peyrère inaugure la critique des textes bibliques, en particulier des datations prises comme faits scientifiques.

Gassendi réfléchit à la manière de situer le présent par rapport au passé; *le temps est linéaire et cumulatif: chaque présent successif profite des acquis du passé et ajoute les siens.... Linéaire et cumulatif le temps de la science et de l'érudition n'est pas tenu d'être irréversible:*

---

[31] • F Bacon 1561_1626 L'objectivité vient de l'observation des faits et de l'induction qui sera vérifiée expérimentalement.

• Kepler 1571_1630 *in Costa, Koyré* Assistant de Tycho Brahé
Aucun nombre fini de corps finis n'implique l'existence d'un espace infini... Dieu... n'a pas commencé par créer le néant... S'il n'y avait pas de corps, il n'y aurait pas d'espace.

• 1610; 1619 les lois empiriques de Kepler

• I de la Peyrère 1594_1676 :

considéré comme un temps local, il coexiste avec des temps cycliques (ceux ...des arts,... de la politique) in Pomian

Galilée[32] *est le 1ᵉʳ à introduire le temps comme une dimension fondamentale* RicardTuan, à utiliser le paramètre temps (ou plutôt un paramètre lié à la durée) dans les équations du mouvement, à définir la vitesse comme distance parcourue par unité de durée; il est aussi à l'origine de la relativité scientifique. Soulignons que la vitesse est une longueur de l'espace divisée par une durée.

En observant un candélabre qui se balançait sous la voûte de la cathédrale de Pise, il observa ...(en

---

[32] • Galilée 1564_1642 Galiléo Galiléi:

Il fut brillant théoricien, maître expérimentateur, observateur minutieux et inventeur d'une rare ingéniosité *Singh* Il est à l'origine de la relativité scientifique.

De même il perfectionna la lunette astronomique: le télescope était né et utilisé pour mieux explorer la Lune, et les lunes de Jupiter.

1610: Galilée reconnaît, officieusement, l'héliocentrisme. De ce fait il y a renonciation de la distinction aristotélicienne entre monde local...imparfait et corruptible...et monde ...parfait et incorruptible. *E Klein*

Par ailleurs Galilée, (dans *Deux nouvelles sciences*) s'est intéressé à la lumière; voici une discussion entre trois personnages:

Sagrédo: cette vitesse de la lumière, de quel genre et de quelle grandeur est-elle?

Simplicio. l'expérience journalière montre que la propagation de la lumière est instantanée; car, quand nous voyons tirer un coup de canon à distance, l'éclair atteint nos yeux sans le moindre intervalle de temps, tandis que le son arrive à notre oreille après un intervalle appréciable.

Salviati:...la seule chose que je puisse inférer...est que le son...se déplace plus lentement que la lumière; elle ne me renseigne pas si sa propagation...nécessite quand même un certain temps.

Galilée a aussi montré que la masse inerte est la même que la masse pesante par son expérience où il faisait tomber du haut d'une tour des masses différentes: il constata que la durée de chute était toujours le même et que le mouvement est indépendant de sa masse... car... $\quad m.\, \Delta V / \Delta t = F = m\, .G.$

1633: Galilée est excommunié.

1624 Gassendi 15932_1665 a réfléchi à la manière de situer le présent par rapport au passé

1637: von Guericke O montre que le son ne se propage pas dans le vide, mais la lumière oui.

1638: Galilée imagine une méthode pour mesurer la vitesse de la lumière, mais ne réalisera pas l'expérience *utilisant son propre pouls) que la période d'un cycle complet restait constante....Des résultats de ses expériences, il élabora ensuite...une théorie expliquant comment la période d'une oscillation est indépendante de son angle et du poids du balancier mais dépend uniquement de la longueur du pendule...et (collabore ensuite)... à l'invention... d'un simple pendule dont le balancement régulier permettait de servir à mesurer le temps (la durée)* Singh.   Galilée reconnaît, officieusement, l'héliocentrisme.

❖ Première relativité de Galilée
Voir annexe 1 pour des compléments

Le positionnement, la vitesse, le mouvement et d'autres notions sont *relatives*. Cela signifie qu'un objet, une personne, un événement,... n'a une position, vitesse ou mouvement que par rapport à un autre objet.
*Imaginons un simple point isolé dans un espace totalement vide il n'y a aucun moyen de repérer sa **position*** Nottale
De même un **déplacement** ne peut se concevoir que relativement à un repère *supposé fixe*.
 La <u>dame, fixe au sol</u>, dans les figures suivantes, voit un changement de position du cochon sur lequel est monté son enfant (par un <u>mouvement de rotation du manège</u>); le <u>bonhomme fixe sur l'axe</u> du manège voit toujours le même cochon fixe devant lui et voit la dame bouger.

La dame qui regarde son enfant sur le manège le voit <u>tourner sur une circonférence</u> plane et voit le bonhomme <u>marcher sur une sorte de spirale</u> alors que lui-même voit sa <u>trajectoire toute droite</u>. Tout dépend du « point de vue ».

Prenons un corps, un objet quelconque, positionné dans un repère supposé au repos et soumettons-le à un déplacement; géométriquement il passe en une nouvelle position. Dans la réalité pendant son déplacement, à chaque position du corps correspond une valeur d'une *variable appelée **temps***: l'instant où le corps est dans cette position. En fait il s'agit de la durée à partir d'un top départ. Le vélo qui, au temps initial t_0 se trouve en x_0, avance sur sa trajectoire en ligne droite et est pointé en x_1 à Δt_1 après son départ, en x_2 à Δt_2 etc…

x

Galilée a utilisé des clepsydres pour mesurer le temps, et en particulier des clepsydres à sable avant d'utiliser des pendules.

La description des processus se déroulant dans la nature exige un référentiel constitué ensemble, du système de coordonnées K pour repérer la position dans l'espace, et d'une horloge pour donner le temps. Landau Lifschit

 Dans le cas d'un corps qui se déplace, celui-ci suit une **trajectoire**, ensemble de ses positions successives dans le repère spatial, paramétrée en temps

La **vitesse** comme le **mouvement,** et sa **trajectoire** sont aussi relatives.

Je suis au volant de ma voiture qui roule à 100 km/h: ma vitesse personnelle n'est de 100km/h que par rapport au sol; par rapport à ma voiture ma vitesse est nulle.

Une pierre lâchée du haut d'un mât d'un navire, à quai ou en vitesse de croisière, tombe à l'aplomb du mât: sa trajectoire pour le marin qui a lâché la pierre est une droite. Pour un observateur resté à quai la pierre décrit une parabole en tombant.

Galilée étudiant expérimentalement divers mouvements énonce (avec des mots de maintenant) le **principe d'inertie** suivant:
Une vitesse quelconque imprimée à un corps se conserve rigoureusement aussi longtemps que les causes extérieures d'accélération ou de ralentissement sont écartées Einstein

Le repère lié à ce corps est dit: repère galiléen (ou inertiel pour Einstein).

:

Dans un bateau ou dans un avion en régime de croisière tout se passe de la même façon qu'à quai ou à l'arrêt: une balle qui est lancée verticalement retombe dans la main, on boit sa tasse de café de la même manière... Galilée constate que le mouvement du galion en croisière "*est comme nul* " puisqu'on ne peut pas mettre en évidence ses effets.(cf un extrait du Dialogue de Galilée dans **Singh**). *Tant qu'on se déplace à vitesse constante en ligne droite, il n'y a aucun moyen de savoir à quelle vitesse on se déplace, ni même si on se déplace. Et ce parce que tout ce qui nous environne se déplace à la même vitesse.* Singh

Alors le **1er principe de relativité de Galilée** s'exprime:

dans tout repère galiléen tout se passe comme si le mouvement du repère est nul.

En d'autres termes les lois de la physique doivent être les mêmes, s'exprimer par les mêmes formules dans tous ces repères

L'absence de sensations ne prouve pas qu'on soit immobile: on peut, sans s'en apercevoir, être animé d'un mouvement à vitesse constante. En se déplaçant avec un repère galiléen, le principe de relativité implique qu'il est impossible de savoir si on est immobile ou en mouvement.

Par contre si on se place dans des repères galiléens, on aboutit au **principe de l'addition des vitesses :**

Si le train en vitesse de croisière va en ligne droite à100 km/h et que je me déplace à 5km/h à l'intérieur du train ma vitesse par rapport au sol est de 95 ou 105km/h suivant

que j'opte pour aller dans le même sens ou inverse que le train.

Principe très simple à admettre et pourtant remis en question par Einstein.

La physique de Galilée renvoie au fait que nous vivons dans un milieu où les forces de frottements sont souvent faibles ; elle décrit le monde éternel de la dynamique des corps sans frottement..... (Pour Galilée) le mouvement articulait l'instant et l'éternité. En chaque instant, le système dynamique était défini par un état qui contenait la vérité de son passé comme de son futur. Prigogine

De Galilée à Newton

L'archevêque **J Ussher** date la Création de façon précise dans la nuit du 23 octobre -4404 av JC.

Descartes[33], plus positivement, constate qu'*Il n'y a point de substance qui ne cesse d'exister lorsqu'elle cesse de durer... Le temps n'est qu'une certaine façon de penser à cette durée... S'il n'y avait pas de monde il n'y aurait pas*

---

[33] • Descartes 1596_1650 : René du Perron Descartes a proposé une théorie de l'Univers formés de tourbillons, sièges de systèmes solaires...où le cercle disparaît comme mouvement naturel *Richet*

Descartes a par ailleurs étudié les propriétés géométriques de la lumière, inventé les lois de réflexion et de réfraction de la lumière conçue comme des corpuscules qui rebondissent sur un miroir. Descartes croit à une propagation instantanée de la lumière. Il admet la conservation de la quantité de mouvement et de la matière.

Le projet cartésien est réductionniste: on décompose l'objet complexe à étudier en ses parties plus simples; d'où une description locale différentielle qui, après intégration, permet d'appréhender les propriétés globales.

de temps non plus…Si nous rapportons une durée… à la succession des pensées divines ce sera une erreur de l'intellect…. …Introduire le temps en Dieu c'est en faire un être temporel…. qui lui fait perdre sa transcendance, en devenant immanent au monde. in Koyré

Il ne s'ensuit pas que je doive être encore après, si je ne suis créé de nouveau à chaque moment par quelque chose : rien ne nous garantit que quelque chose ne fasse le pont entre cet instant et le suivant….au bout de cette chose sans bout qu'est un instant, il n'y a peut-être plus rien, plus rien qu'un trou où l'on tombe in Poulet

Descartes défend l'idée de la pluralité dans la durée, de l'ordre pour un temps calculable, et du choix qui engage sa suite.

Introduction des coordonnées cartésiennes d'espace. Un point est de dimension 0; une ligne, par exemple une droite, est de dimension 1; une surface, un plan par exemple, est de dimension 2; et un corps quelconque de l'espace de dimension 3.

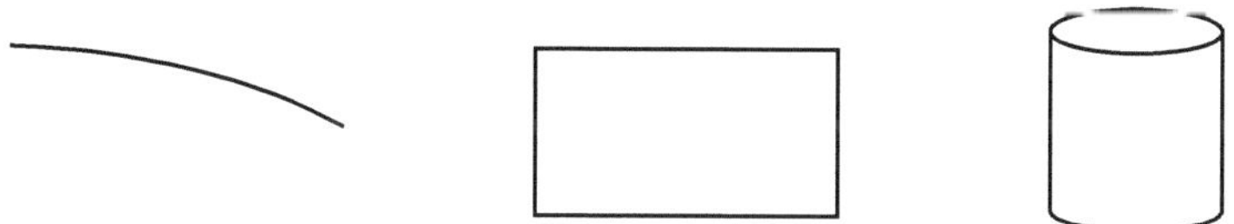

A chaque corps on peut en général associer un repère orthonormé de coordonnées K(x,y,z). La géométrie euclidienne est quantifiée et la distance mesurant l'intervalle spatial entre deux points appartenant à un corps rigide est indépendante de la position des corps dans l'espace[34].

---

[34] La quantité distance entre P et P' au carré
$$\text{dist}(PP')^2 = (x-x')^2 + (y-y')^2 + (z-z')^2$$
est constante quel que soit le repère utilisé pour positionner les deux points.

L'introduction d'un système universel de coordonnées qui quadrille entièrement l'espace ...traduit ...l'unification de l'univers dans son contenu physique et dans ses lois géométriques Luminet

L'étendue qu'on attribue aux choses incorporelles convient en puissance et non en substance;... un corps est.... une substance étendue en longueur, largeur et profondeur et réciproquement' : Il y a identification cartésienne entre matière et étendue; d'où négation du vide.

Le monde cartésien est un monde mathématique rigoureusement uniforme, de géométrie réifiée, il ne contient que matière et mouvement, ou plutôt qu'étendue et mouvement Koyré

Fermat introduit une première notion d'***action*** et de moindre action: *la nature agit toujours par les voies les plus courtes.* Nous verrons plus tard l'importance de cette notion.

Pour **Pascal**[35] *Il n'y a rien de plus faible que le discours de ceux qui veulent définir ces mots primitifs :... le temps...l'espace... Le temps... qui le pourra définir ? Et pourquoi l'entreprendre, puisque tous les hommes conçoivent ce qu'on veut dire en parlant du temps... Ce n'est pas la nature de ces choses (primitives) que je dis qui est connue de tous : ce n'est simplement que le rapport entre le nom et la chose.*

Il y a le temps des animaux constitué de *moments successifs que rien ne relie... : être situé, non dans la*

---

[35] • Fermat 1601_1657
• Pascal B 1623_1662
• Spinoza B 1632_1677
• Barrow I 1630_1677
• La Bruyère 1645_1696
• Bossuet : 1627_1704
• Racine 1639_1699:

durée continue, mais dans la nouveauté radicale de l'instant, et il y a le *temps rationnel, temps des sciences… dépendant de la raison et donc de la mémoire…où il se fait une conservation continue des faits et des idées …* Mais le vrai *temps n'est pas dans la science, il est dans la vie… C'est dans l'acte par lequel notre âme veut et désire, que nous devons saisir le principe de la durée… durée affective qui aboutit à la formation continue du présent rempli du passé qui s'y projette et du futur qui l'aspire.* in
Poulet

L'âme s'effraye… en voyant que chaque instant lui arrache la jouissance de son bien ; ce qui lui est le plus cher s'écoule à tout moment…Que chacun examine ses pensées, il les trouvera toutes occupées au passé ou à l'avenir; …   nous ne nous tenons jamais au temps présent ; …. On est toujours en état de vivre à l'avenir et jamais de vivre maintenant….le passé et le présent sont nos moyens ; seul l'avenir est notre fin ; ainsi nous ne vivons jamais, nous espérons vivre dans *… le silence éternel de ces espaces infinis.*

Spinoza, plus pragmatique nous dit *: Pour déterminer la durée, nous la comparons à la durée des choses qui ont un mouvement invariable et déterminé, et cette comparaison s'appelle le temps. Ainsi le temps n'est pas une affection des choses, mais seulement un mode de penser ou… un être de raison: c'est un mode de penser servant à l'explication de la durée.*
Ce qu'est la durée: elle est l'attribut sous lequel nous concevons l'existence des choses créées en tant qu'elles persévèrent dans leur existence actuelle.
La durée est conçue comme plus grande ou plus petite, comme composée de parties, et enfin elle est attribut de l'existence, mais non de l'essence.

Dès que l'on a conçu la durée abstraitement et que, la confondant avec le temps, on aura commencé à la diviser en parties, il deviendra impossible de comprendre en quelle manière une heure, par exemple, peut "passer"(la moitié de la moitié de la moitié...devra d'abord passer); c'est pour cela que certains... ont osé prétendre que la durée était composée d'instants.... il revient au même de composer la durée d'instants et de vouloir former un nombre non nul en ajoutant seulement des zéros!

Mais là, Spinoza n'avait pas assimilé Leibniz et le calcul infinitésimal ou n'avait pas pensé qu'un instant pourrait avoir une durée!

Voici d'autres réflexions glanées à cette époque :

 I **Barrow** : *Bien que le temps soit pensé comme durée, on peut concevoir des instants comme on se représente des points sur une droite .*in Paty

La Bruyère: *Le temps bien ménagé est beaucoup plus long que n'imaginent ceux qui ne savent guère que le perdre.*

Bossuet: *L'Empire de Dieu a, des temps, précédé la naissance.*

Racine: *Dieu n'a dû produire le monde que dans le temps.*

➢ Temps humains et temps physiques

Dans cette longue période de près de deux millénaires, et contrairement à certains préjugés concernant le Moyen Age, les réflexions sur le temps sont nombreuses, intéressantes à plus d'un titre.

Pour certains le temps n'existe pas réellement puisqu'il n'a même pas d'épaisseur; ce serait une illusion, un concept abstrait lié aux mouvements, au fleuve qui s'écoule; encore faudrait-il savoir ce qu'est un écoulement ou plus généralement un mouvement! Et concernant le mouvement, on admet encore que toutes les choses tendent et finissent par le repos. Mais les éléments de la "mécanique" rationnelle vont se mettre en place petit à petit.

D'Aristote à Descartes… le temps est conçu par la mesure des durées perçues Paty; durée et temps sont déjà reconnus comme deux concepts différents; la durée est liée à la représentation de l'existence des choses, qu'elle soit continue pour les uns ou formée de durées discrètes élémentaires pour d'autres et le temps ne serait qu'un mode de pensée servant à expliquer, expliciter la durée, la mesurer. *Le temps était vu …comme devant se déduire des positions et du mouvement* Nottale Avant le 16ième siècle … les clepsydres, cadrans solaires ne donnaient que des indications approximatives sur des durées assez courtes. Jusqu'au 13, 14ième siècles les horloges donnaient une heure "temporelle", douzième de la longueur effective du jour entre lever et coucher du soleil, donc des heures de durée différente.

Le temps aurait, soit commencé avec l'univers, comme l'affirment les sages de la Torah, soit serait absolu et donc éternel, ce qui a la préférence de certains chrétiens. Néanmoins tout le monde, en dehors des fondamentalistes religieux, s'accorde à ce que l'Univers ait un âge et, en général, un âge plus que respectable!

Certaines idées sont d'avant-garde: temps et espace seraient liés dans un même concept (*olam*), temps et matière ne peuvent que coexister (Maïmonide); temps et âme humaine seraient corrélés par l'attente, l'attention et la mémoire; le temps est une entité continue linéaire; la notion d'espérance de vie apparaît; l'espace euclidien cartésien semble enfin dominé (cette époque est partie d'Euclide et finit avec Descartes); enfin avec le trio Copernic-Kepler-Galilée (qui terminent l'époque initiée par Ptolémée) *: l'homme ...est déchu de son trône au centre de l'Univers...il n'est plus qu'un détail parmi d'autres* d'Ormesson La Terre n'est plus le centre du Monde. Il n'y a plus dichotomie entre Ciel et Terre.

En fait, voilà une longue période de réflexions, de tentatives de réponse aux questions nombreuses et pertinentes posées par l'époque précédente. Aux philosophes gréco-latins mêlés aux sages de la Torah succède une période de plus ou moins d'obscurantisme dans le monde chrétien alors que la civilisation arabo-musulmane voit une ère de lumières grâce aux transcriptions faites en arabe des grecs antiques ; ces textes seront ensuite traduit pour le monde occidental par des juifs connaissant bien l'arabe avant que les occidentaux relisent directement les textes grecs; alors la science peut commencer à se développer vraiment; et voici Galilée avec sa relativité des mouvements, avec ses variables temps-durée et espace-longueurs mises sur un même plan d'où la notion de vitesse, et voilà le cadre posé pour établir une "mécanique": Newton peut arriver!

De 1642 à 1890...:

Le Temps de Newton

Huygens met au point une horloge mécanique puis invente l'horloge à échappement dont la précision permet de constater que les journées solaires n'ont pas la même durée d'un jour sur l'autre. **Siensen** jette les bases de la géologie et de la stratigraphie qui permettront les datations plus longues.

Pour **Gassendi** : *le temps n'est ni substance, ni accident mais existe en soi indépendant des choses du mouvement et du repos, infini mais pas éternel, quantitatif, non perceptible...il est attribut de Dieu.* in Pomian

En 1666 **Newton**[36] fait l'expérience de la décomposition de la lumière blanche et émet la loi de la gravitation; il a 23 ans! Cette loi explique en particulier le mouvement des planètes. Newton régna sur le Cosmos plus de 250 ans!

Dix ans plus tard **Römer** mesure une vitesse finie de propagation de la lumière de 215 000km/s (pas mal !) Et **Berkeley** nous assure qu'*en soi la matière n'existe pas ; aucune matière perceptible par les sens n'existe hors d'un esprit pour la percevoir.*

Newton écrit en 1687: *Le temps absolu, vrai et mathématique....coule uniformément sans relation à rien*

---

[36]
- 1642 : naissance de Isaac Newton le 24/12/42; 1642_1727
- Huygens 1629_1695
- 1650: N Stensen jette les bases de la géologie et de la stratigraphie (qui permettra des datations)
- 1656: Huygens invente l'horloge à échappement.
- 1666: Newton fait l'expérience de la décomposition de la lumière blanche
- 1670: Newton établit une théorie corpusculaire de la lumière: la lumière est transportée par des particules très petites et très nombreuses

d'extérieur, et est appelé Durée......il est très possible qu'il n'y ait point de mouvement parfaitement égal, qui puisse servir de mesure exacte du temps: car tous les mouvements peuvent être accélérés ou retardés, mais le temps absolu doit couler toujours de la même manière. in Pomian

C'est au cours de ce 17ième siècle que les horloges mécaniques sont apparues et que le calendrier chrétien s'est imposé partout dans le monde occidental. Là, *la conscience humaine se trouve réduite à une existence sans durée : elle est toujours au moment présent.... Dans le moment nu où je découvre que je pense, je découvre en même temps le rapport immédiat qui unit ce moment où je pense et l'éternité qui fait que je suis là en ce moment-là....; (d'où) l'idée de création continuée.... Au lieu de conférer continuellement aux créatures une existence qui est une durée, elle ne leur confère plus maintenant qu'une existence qui se confine à l'instant et qui a donc perpétuellement besoin d'être prolongée d'instant en instant....la durée est un chapelet d'instants* Poulet

Le porte-parole de Newton, **D S Clarke**[37] explique *: L'espace destitué des corps est une propriété d'une, ou plusieurs, substance immatérielle... Dieu n'existe pas dans l'espace ni dans le temps mais son existence est la Cause de l'espace et du temps;.... l'espace infini et le temps sont des suites nécessaires de son existence... La distance, ou l'intervalle ou la quantité de temps ou*

---

[37]
- 1676: Olaüs Römer, en étudiant avec précision l'émersion du satellite Io de Jupiter, mesure la vitesse de la lumière c à l'observatoire de Paris; la propagation des ondes lumineuses s'effectue à une vitesse finie (de l'ordre de 215 000 km/s)!
- G Berkeley 1685_1753
- en 1704 : Dc S Clarke

d'espace   sont différents des notions d'ordre   ou de situation. in Koyré, Pomian

Alors qu'en 1710 **Berkeley** insiste : *En tant que durée abstraite le temps est complètement incompréhensible; il n'existe que le temps psychologique constitué par une succession d'idées.* in Pomian

Et cinq ans plus tard on trouve dans la correspondance **Clarke _ Leibniz**: *Le monde a-t-il été créé en un instant donné, ou le temps est-il relatif à l'existence du monde? Les énergies cinétique et potentielle diminuent-elles d'elles-mêmes ou bien se conservent-elles?...Chaque action donne un nouveau mouvement qui n'existait pas auparavant et ne peut être compris à partir de la conservation de la cause dans l'effet.*

❖ Le temps absolu de Newton

Voir Annexe 2 pour des compléments

Temps apparent et temps vrai

*Je (**Newton**) ne définis pas le temps, l'espace, le lieu et le mouvement... comme étant évidents pour tous. Je m'aperçois seulement que le commun des mortels conçoit ces entités comme il conçoit sa relation qui le lie aux objets sensibles ; d'où certains préjugés.... Il faut remarquer que pour n'avoir considéré ces quantités que par leurs relations à des choses sensibles, on est tombé dans plusieurs erreurs; pour les éviter il faut distinguer... les sens absolus et relatifs, vrais et apparents, mathématiques et vulgaires.*

Newton reconnaît qu'*il est très possible qu'il n'y ait point de mouvement parfaitement égal, qui puisse servir de mesure exacte du temps.... mais le temps absolu doit toujours couler de la même manière... il faut bien distinguer le temps de ses mesures sensibles.. L'espace absolu demeurant par nature toujours similaire et immobile....le temps absolu, vrai et mathématique, sans relation à rien d'extérieur, coule uniformément et s'appelle la durée.*

"Le temps commun *d'un système au repos"* est l'indication de montres accordées, **synchrones**. Et, *du fait qu'en principe rien n'empêche de synchroniser **toutes** les horloges, la mécanique galiléo-newtonienne conclut que le temps s'écoule uniformément, qu'il est universel, absolu, immuable, indépendant du repère* Luminet. Partout, *le temps des montres synchrones est le même.*

L'espace considéré par Newton, lieu du mouvement des corps, est celui d'Euclide, à 3 dimensions, tel que Descartes le conçoit: lui aussi *absolu, infini, immatériel.* C'est un cadre où se passe la mécanique; le temps newtonien en constitue un. Le principe de relativité de Galilée est admis: *les relations spatiales entre divers événements dépendent du référentiel dans lequel ils sont décrits* deuxième cadre.

Postulats et lois de Newton:

- La physique ne définit pas le temps, elle le mesure.
- La loi d'inertie (1^{ière} loi de Galilée-Newton) est admise; elle fournit un moyen de mesurer ce temps idéal: en disant qu'un mobile libre parcourt des espaces égaux en des

temps égaux, on donne une définition des temps égaux (la mesure de longueurs égales étant facile).

- Le temps est universel, le même où que l'on soit dans l'Univers,

- il est absolu au sens où la mesure d'une durée est la même quelle que soit la vitesse de l'observateur par rapport au phénomène dont on mesure la durée.

- Le temps s'écoule uniformément et est continu;

- il s'écoule du passé vers l'avenir ; en physique classique la linéarité du temps implique qu'on ne peut pas rejoindre le passé en allant vers l'avenir.

Mais les équations de Newton sont telles qu'on peut explorer avec les mêmes méthodes mathématiques le passé et l'avenir (il suffit d'aller dans le sens de t croissants ou dans le sens des t décroissants!). *La mécanique newtonienne permet de prévoir aussi bien les éclipses futures que de retrouver celles du passé* LoebJ

La mécanique newtonienne, essentiellement celle du point matériel, introduit ainsi de nombreux concepts, en particulier ceux de forces, de masse inertielle et de masse gravimétrique, de dérivées temporelles, etc…Les **lois de la Physique classique de Newton** sont des lois de conservation : de la quantité de mouvement, de l'énergie et de la masse.

Le temps étant postulé "universel et absolu", il implique que deux événements séparés par un intervalle de temps restent séparés par cette même durée quel que soit le repère où se passent ces événements. Si cet intervalle est nul, les événements sont **simultanés,** et ils restent simultanés dans tous les repères.

Le temps t est instantané, l'instant sans extension....Le temps détermine les phénomènes (les positions) ; non

l'inverse...Le paramètre t qui figure dans les équations de la mécanique est ce temps uniforme idéal abstrait absolu affranchi des vicissitudes du temps terrestre _{Paty EKlein}.

Le temps et les coordonnées d'espace apparaissent ainsi comme des paramètres purement mathématiques et alors *c'est* seulement *l'inscription de l'espace et du temps dans l'équation du mouvement (d'un mobile) qui assure un caractère physique à ces 2 concepts, espace et temps, séparés l'un de l'autre, indépendants, impensables sans les corps en mouvement, sans être affectés par eux et qui introduit le* **principe de causalité** . _{Paty EKlein}:

Le temps newtonien a été généralisé et *légalisé* en 1900 en temps universel (T.U.) comme grandeur monodimensionnelle, linéaire, continue. L'abscisse sur l'axe des temps est appelée *instant.* Pour tout phénomène, on choisit un instant pour origine des temps; la *date* est l'intervalle qui sépare un instant donné de l'instant origine; une *durée* est un intervalle entre deux instants; le temps s'exprime en secondes en MKS et tous les événements sont datés par rapport à cette origine.

Remarquons qu'il existe donc deux types d'intervalle: l'intervalle spatial, la distance entre deux points ou objets, et l'intervalle temporel entre deux instants. Ces deux intervalles sont complètement indépendants.

Critique du temps newtonien

Un temps absolu impose à l'Univers des propriétés draconiennes telles:

1 des propagations instantanées.

2 l'existence d'une vitesse infinie;

3 l'uniformité du temps et l'existence d'un 'avant' se limitant au cycle des planètes, non à leur création

4 l'existence de la simultanéité:

5 l'indépendance des forces par rapport au temps

6 La primauté des systèmes galiléens

7 Par ailleurs *l'accélération... n'est pensable et intelligible que par rapport à l'espace dans sa totalité*
D'après Einstein *les grandeurs géométriques observables et leur cours dans le temps ne définissent pas le mouvement* et *le "quelque chose"* (les forces) *qui existe en dehors des masses et de leurs distances dans le temps ... est (justement) le rapport à l'espace absolu ... qui doit posséder une certaine réalité physique de même nature que celles des points matériels et de leurs distances.*
 Des points à approfondir et élucider!
Le temps construit de Newton permettant de définir la trajectoire d'un mobile représentée sous forme d'une équation différentielle.... efface l'histoire du vécu attaché à chaque élément de durée, à l'instant, ... efface l'épaisseur du temps vécu Paty. **C'est un temps mathématique.**

De Newton à Boltzmann en passant par Leibniz, Kant et Maxwell

Du temps même de Newton il y eu de très vives réticences à ses théories, mêmes si celles-ci se sont imposées jusqu'à nos jours et s'imposent encore avec raison mais restrictions!

Ainsi sa théorie de la gravitation a été très critiquée. **Huygens** s'insurgeait sur *la qualité occulte de l'attraction newtonienne*. Il ajoutait: *il n'existe pas d'espace absolu; tout comme le mouvement, l'espace est relatif ; il n'est rien d'autre que l'ordre de coexistence des corps.... et le temps rien d'autre que l'ordre de succession des choses et des événements.... Le mouvement est un **changement** et non **un état**.... il n'y a pas de mouvement, quand il n'y a pas de changement observable.*

En outre Huygens introduit, à l'encontre de l'optique corpusculaire de Newton, une théorie ondulatoire de la lumière et émet l'hypothèse de l'éther, support des ondes qui se propagent dans le temps.

Le concept d'ondes sera très prometteur.

Leibniz[38] précise la notion de succession dans le temps:

Le temps est de l'ordre des existences successives. C'est une idée qui résulte en nous de la comparaison entre l'état successif et celui de coexistence. Au temps sont associées les notions de succession mais aussi d'existence et d'ordre ! *L'ordre a sa quantité: il y a ce qui précède et ce qui suit.* in Koyré,

Par ailleurs pour lui *l'analogie du temps et de l'espace fera bien juger, que l'un est aussi idéal que l'autre.*

---

[38] Leibniz: 1646_1716 *in Koyré, Klein,* Leibniz et les monades: atomes d'énergie imperceptibles et indestructibles.
- 1700: théorème de Varignon
- Or Ha Hayim: 1696_1743 *in Ouanounou*
- 1739: Hume 1711_1736 *in Pomian*
- 1744 Vico 1668_18744

En outre *l'espace fini n'est pas l'étendue des corps, comme le temps n'est pas la durée. Les choses gardent leur étendue, mais point toujours leur espace;* une chose *a sa propre étendue et sa propre durée; mais n'a point son propre temps et son propre espace.* Ainsi à l'idéalité des concepts temps et espace il faut ajouter la distinction faite entre durée et temps "propre"! Au sujet des qualités propres au temps soulignons le *caractère fictif de l'espace vide et du temps "vide".*

Et *on ne peut point dire qu'une... durée est éternelle; mais on peut dire que les choses qui durent toujours sont éternelles, en gagnant toujours une durée nouvelle. ...Du temps n'existent jamais que des instants, et l'instant n'est pas même une partie du temps; (alors le temps ne peut pas être éternel).*

Pourquoi il y a quelque chose plutôt que rien?

Pour Leibniz *ni le temps ni l'espace n'avaient d'existence réelle en dehors des objets qu'ils permettent de relier   et formaient un...simple tissu des relations entre les choses... un arrière fond des phénomènes* Klein

Par ailleurs on doit à Leibniz la spécification du **principe de causalité**: *si l'apparition d'un phénomène " a" entraîne nécessairement celle d'un phénomène " b", on dit que " a" est la cause de " b" ....*complété par le **principe de raison suffisante** : *il y a équivalence entre la cause pleine et l'effet entier.* Si on accepte que le temps existe avant les choses, est absolu, des conséquences s'ensuivent qui sont contraires au principe de la raison suffisante. *Rien n'arrive sans qu'il y ait une raison.* Ceci est un   principe de conservation, de symétrie.

En vertu de la causalité... la place de tout événement est fixée dans le temps et l'ordre dans lequel se déroulent les phénomènes n'est pas toujours arbitraire.

Néanmoins d'après Prigogine *ce principe unissait la définition locale (la cause pleine et l'effet entier) et la symétrie du temps (relation d'équivalence cause-effet)... . Il implique réversibilité entre ce qui se perd et ce qui se crée!*

En 1700 **Varignon** *introduit la définition de la vitesse et de l'accélération comme dérivées temporelles première et seconde de la distance parcourue.*

Or HaHayim, un sage maître de la Thora, traduit le début de la genèse par *: au commencement l'Éternel créa le ciel de A à Z et la terre de A à Z* (importance des mots hébreux *Ets).* Tout est créé "d'un coup" y compris le temps.

Hume reprend les idées de Berkeley en les nuançant :

Le temps n'est rien d'autre qu'une idée de notre esprit forgée à partir de la succession des idées et impressions in Pomian.

Pour **Vico :** *Le temps cyclique est propre à l'histoire des nations païennes de la Grèce et Rome... Le temps linéaire et cumulatif caractérise l'histoire des Hébreux et des peuples chrétiens .... Le temps global* est *le temps de l'histoire prise comme un tout... .Au lieu de tourner en rond* les époques *se développent suivant une spirale .*in Pomian

En 1748 **Maupertuis**[39] énonce le principe suivant concernant la notion physique d'action qui prendra une grande importance:

---

[39]
- 1748: principe de Maupertuis 1698-1759
- 1759: J Harrisson invente la première montre marine

L'*action* prend toujours une valeur minimale le long d'un chemin. *Lorsqu'un objet va d'un point à un autre, la trajectoire fixée par les lois de la mécanique est telle que l'action calculée le long de cette trajectoire est plus petite que celle calculée pour tout autre chemin imaginable.* Fernandez

Onze ans plus tard **J Harrisson** invente la première montre marine (retard de *5 s* sur *5 mois* de traversée). Puis un an plus tard il créée le premier chronomètre (32kg)

Le principe de causalité, d'après **Lagrange**, *impose l'antériorité systématique de la cause sur l'effet, interdit les voyages dans le temps et impose un temps linéaire.* Il introduit en 1788 les variables lagrangiennes dans sa mécanique analytique, utilise le principe de moindre action, développe la mécanique newtonienne de façon remarquable et introduit la notation $t + dt$.
Le temps devient un paramètre complètement "mathématisé"… la variable temps est banalisée.

Pour **Diderot**[40] *Tout s'anéantit, tout périt, tout passe: il n'y a que le monde qui reste; il n'y a que le temps qui dure.*

Mais **Buffon** persévère : *Le temps n'a d'autre mesure que la succession de nos idées.*

---

[40]
- 1760: D'Alembert 1717_1783: principe des travaux virtuels
- 1760: Harrisson crée le premier chronomètre (32 kg)
- Diderot D: 1710_1783
- Lagrange: 1736_1813
- Buffon 1707_1788
- Lavoisier A-L 1743_1794 met en évidence l'élément chimique: un élément est un corps auquel on aboutit en décomposant les autres corps et qui est lui-même indécomposable en constituants spécifiquement distincts de lui.
- Gaon de Vilna 1720_1798

En mesurant les durées de refroidissement de sphères portées au rouge, Buffon évalue l'âge de l'Univers à 75 000 ans puis par une autre méthode à 3 000 000 d'années in Pomian

Les maîtres de la Torah, quant à eux, pensent le temps en fonction de la Loi, et donc de la relation Dieu-hommes. Pour eux, et particulièrement le **Gaon de Vilna,** *L'homme féconde le temps dans le monde avec la Loi; l'âme sensible* (rouah) *éprouve les sensations dans le présent: l'âme intelligente* (néchama) *apprend les leçons du passé; l'âme vivante* (nefech) *animant la matière de notre corps a dans son inconscient le futur.* Ainsi l'âme humaine recouvrant différents aspects serait à l'origine d'une approche multiple du temps intrinsèquement liée à l'être humain.

L'astronomie entre désormais dans l'âge moderne grâce à **W Herschel** qui découvre Uranus.

Pour **Kant**[41] *l'espace et le temps sont des **formes** a priori de la sensibilité, ...une **form**e étant une loi de la pensée permettant de percevoir et de comprendre les informations fournies par les sens* Felden *Espace et temps sont des catégories a priori de l'entendement; leurs unités*

---

[41] • 1763: principe de Bayes En calcul de probabilités il y a une dissymétrie essentielle entre problèmes de prédiction et problèmes de rétro-diction statistique (problème de probabilité des causes).
• 1781: Herschel W 1738- 1842 améliore les télescopes, en particulier leur ouverture.
• Kant: 1724_1804   Critique de la raison pure *in Klein, Pechot, Costa.,* Pomian

sont arbitraires..... Les concepts d'espace et de temps relèvent de nos rapports avec la nature.

Le temps, tout subjectif qu'il soit, n'est pas dépendant des phénomènes; il rend possible leur succession; il est *une condition formelle a priori de tous les phénomènes .... L'espace ne se compose que d'espace, et le temps que de temps* (il s'agit d'un temps pseudo-newtonien mais "intérieur" à l'individu) mais *le temps est lui-même immuable et fixe ... Il ne s'écoule pas mais en lui s'écoule l'existence du changeant.*

On a l'intuition pure du temps et de l'espace... Ce n'est là qu'une *idéalité transcendantale du temps, intuition pure et non concept....   L'espace et le temps ne sont ni des substances, ni des accidents, ni de simples rapports, ce sont des intuitions pures provenant de l'esprit et constituant les conditions nécessaires à l'exercice de la perfection sensible .... Le temps est une condition a priori de tout phénomène en général, la condition immédiate des phénomènes internes (liés à notre âme) et la condition médiate de tous les phénomènes externes.*

Admettons que le temps ait un commencement; comme ce commencement est précédé d'un temps où la chose n'est pas, il y a un temps où le monde n'était pas, un temps vide; or là il n'y a pas possibilité de naissance de quelque chose. Le temps est sous-tendu par le rapport de causalité et en devient un facteur complémentaire... ; la causalité *... tisse le fil des séquences où s'enchaînent les événements* .in Klein

On peut faire l'*hypothèse d'un temps qui remonte indéfiniment dans le passé, que l'Univers ait existé ou pas... ;* en fait *il ne peut* pas *exister de concept d'Univers, car celui-ci ne peut faire l'objet d'aucune expérience.* Et *l'éternité ne suffit pas à englober les manifestations de*

l'Être suprême si elle n'est pas liée à l'infinité de l'espace... Alors le monde est-il fini ou infini ? : (c'est là la 4ième antinomie de sa philosophie; Kant se contredit quelques fois) impossible de choisir entre ces deux thèses.
L'idéalisme platonicien n'est qu'une illusion.

• **1789:** adoption d'un mètre étalon.
Il suffit de conserver un objet linéaire quelconque pour obtenir une unité de longueur. Le choix du mètre se fait en 1789....Avant on faisait référence aux dimensions du corps : pouce, pied, coudée... ou en 1670 (Huygens) à la longueur du pendule qui bat la seconde à la latitude de 45° Ouanounou *(mais la seconde n'était pas bien définie)!*

Aux 17 et 18ième siècles l'Église catholique fondait toujours la linéarité et l'irréversibilité du temps de l'histoire sacrée sur les interventions de Dieu Pomian *Mais Dieu n'est plus le gouverneur... du monde ; il n'en est plus tout juste que l'auteur initial. Le monde....est si bien agencé qu'une fois la machine en marche, tout s'y continue par la seule vertu de l'interaction des rouages.
Il y a au 18ième siècle deux formes distinctes de temporalité interne : l'intensité de la sensation fonde l'instant ; la multiplicité des sensations fonde la durée.... La grande découverte est celle du phénomène de la mémoire. Par le souvenir l'homme échappe au momentané... au néant qui se retrouve entre tous les moments de l'existence.....
Exister, c'est être son présent, mais aussi être son passé et ses souvenirs* Poulet

L'essor des sciences de la Terre, cristallographie, géologie, hydrogéologie, montre, fin du 18ième que la Terre et la vie sur Terre ont un âge certain. Dans un autre domaine scientifique dès le début du 19ième siècle **T Young**[42] et **A Fresnel** établissent un modèle ondulatoire pour expliquer les phénomènes de diffraction, d'interférences de la lumière et Young introduit le concept général d'*énergie.* Par ailleurs **Herschel W** élabore une carte des cieux et constate que la voie lactée est une concentration d'étoiles trop éloignées pour être visibles à l'œil nu. *Lorsque nous voyons... une de ces très nombreuses nébuleuses.... les rayons lumineux qui portent son image à l'œil ont été en chemin durant....presque 2 millions d'années et ainsi.... il y a tant d'années cet objet devait avoir une existence dans le ciel.... Et si ces corps lointains avaient cessé d'exister, on pourrait encore les voir car la lumière voyage encore après que le corps ait disparu.*

Il écrit en 1814: *j'ai regardé plus loin dans l'espace qu'aucun être humain ne le fit avant moi. J'ai observé des étoiles dont on peut prouver que la lumière a mis plus de millions d'années à atteindre cette Terre.*

    Hayym de Volozin insiste sur la relativité des choses:
Rien dans l'univers ne peut se définir exclusivement que par rapport à lui-même. Et **Rabi Nahman** ne tient aucun compte de la notion de durée...il va jusqu'à l'exclure de la création première. Selon lui *Dieu aurait tout donné à l'homme sauf le temps* .*in Ouanouou*

Alors que nous sommes entrés au temps du déterminisme en pleine gloire !

---

[42] •   T Young 1773-1829
•   A Fresnel 1788_1827
•   Hayym de Volozin: 1749-1821
•   Rabbi Nahman de Bratslav: 1772_1810
•   1802: Herschel W 1738_1822
•   1803: Dalton   émet ses lois reconnaissant la réalité des molécules et des atomes

En effet **Laplace**[43] écrit en 1814: *Le temps est pour nous l'impression que laisse dans notre mémoire une suite d'événements dont nous sommes certains que l'existence a été successive.... Nous devons envisager l'état présent de l'univers comme l'effet de son état antérieur, et comme cause de celui qui va suivre. Une intelligence qui pour un instant donné connaîtrait toutes les forces dont la nature est animée et la situation respective des êtres qui la composent, si d'ailleurs elle était assez vaste pour soumettre ses données à l'analyse, embrasserait dans la même formule les mouvements des plus grands corps de l'univers et ceux du plus léger atome: rien ne serait incertain pour elle, et l'avenir, comme le passé, seraient présents à ses yeux. L'esprit humain ... est parvenu à ramener à des lois générales les phénomènes observés, et à prévoir ceux que des circonstances données doivent faire éclore.*

Voilà un déterminisme qui va perdurer: *Dieu est une hypothèse dont j'ai cru pouvoir me passer* conclura Laplace.

Hamilton développe considérablement la mécanique classique des systèmes et introduit l'effet des liaisons. *Tout système conservatif   avec trajectoire qui minimalise l'action...*entraîne   *l'équation   d'onde   réversible   de*

---

[43] •   Laplace S : 1749_1827

Laplace émet l'hypothèse du trou noir : corps tellement condensé, au champ gravitationnel si intense, qu'il empêche toute matière et tout rayonnement de s'échapper et donc invisible.

•   Hamilton: 1805_1865   Un système dynamique est représenté par les positions q et les moments p des éléments du système au temps t; l'hamiltonien Ha sous sa forme $Ha(p(t),q(t))$, ou sous sa forme privilégiée $Ha(J=p)$, est la grandeur qui détermine son évolution temporelle.

Hamilton-Jacobi.... Avec des liaisons holonomes variant dans le temps le système n'est plus conservatif... et n'est pas réversible LoebJ . La mécanique classique des systèmes à liaisons dépendant du temps fournit ainsi des modèles **irréversibles** !

Rav Malbim nous rappelle que : *Le Verbe se manifeste pour la première fois quand la matière, ou lumière matérielle, est créée.... Le temporel et le spatial sont... séparément inconcevables.*

Et **Pie VII** reconnait: *les 'jours' de la genèse ne sont que des périodes de temps indéterminées.*

Carnot[44] étudie le cycle *réversible* de sa machine c'est à dire étudie la *possibilité pour sa machine de retrouver un état équivalent à celui du passé, et non pas le passé en tant que tel* Klein

Et **Clausius** complète le principe de Carnot : *Le concept "énergie" prend toute sa valeur: plus grande est l'entropie, plus faible est la capacité du corps à se transformer et plus élevé est son niveau de désorganisation.... La variation d'entropie mesure le degré d'irréversibilité de l'évolution du système....Tout*

---

[44] • Malbim: 1809_1879

• 1824: Carnot :1796_1832 principe de Carnot (2ième loi de la thermodynamique)

• 1836: Bessel mesure la distance Terre_ Cygni une étoile de l'ordre de 100 milliards de km!

• 1839: Daguerre invente le daguerréotype.

• 1840: Pie VII

• 1842: Doppler : met en évidence et étudie l'effet Doppler.

• 1850: Clausius 1822_1888 retrouve le principe de Carnot et l'énonce comme principe d'entropie.

• 1851: Fizeau 1819_1896

système fermé évolue vers un état où toute transformation devient impossible.... t n'intervient pas ! in Klein

En 1851 **Fizeau** montre que *les vitesses ne s'ajoutent pas* dans son expérience sur la vitesse de la lumière dans un courant de benzène. Quelques années plus tard **Darwin** explique que : *Toutes les espèces vivantes descendent d'un ancêtre commun... et l'homme sort d'un processus sans volonté extérieure et sans cause, sans aucune finalité.*
Pour la première fois la théorie darwinienne de l'évolution réunit la botanique, la paléontologie, l'embryologie et la zoologie dans la biologie. On reconnait à cette époque quatre temps géologiques : cénozoïque, mésozoïque, paléozoïque, et cryptozoïque.
*L'évolution se fonde... sur "l'historicité du temps" se manifestant dans l'ouverture du futur et dans l'effectivité du passé; la "force" de l'évolution est le "flux du temps"*in Von Wiezackier .
Le temps subjectif (est) celui qui correspond à la façon de réagir à l'évolution.

Khirchoff précise que *: La théorie des ondes ... utilise des équations qui n'introduisent aucune dissymétrie relative au temps..., (mais) les solutions retardées et avancées.....respectivement spécifiées par des conditions aux limites initiales et finales (ne sont pas les mêmes)... (Il y a donc)....irréversibilité temporelle entre émission et absorption des ondes* in Costa

Maxwell[45] démontre que: *Les ondes électromagnétiques ont une vitesse de propagation finie dans les milieux qu'ils traversent; elles ont les propriétés de la lumière.*

Le concept de champ introduit est étendu et sera très fructueux.

D'après Einstein:

La théorie de Faraday-Maxwell et les confirmations expérimentales de Hertz montrèrent qu'il existe des phénomènes électromagnétiques qui ne sont pas liés à la matière pondérable: les ondes. Les ondes, dans l'espace vide, consistent en des "champs".... Le champ finit par jouer le rôle du point matériel en mécanique ....

La théorie de Maxwell... constate que les actions réciproques exercés entre les corps par des corps électriques ou magnétiques ne dépendent pas des corps agissant à distance et instantanément mais sont provoqués par des opérations se propageant à travers l'espace à une vitesse finie.... La description quantitative ou mathématique des lois du champ se trouve résumée dans les équations de Maxwell... qui sont des lois de la structure du champ...

*Une fois créé, le champ électromagnétique existe, agit et varie conformément aux lois de Maxwell.... Tout l'espace est la scène de ces lois et non pas, comme pour les lois mécaniques, les points seulement où la matière et les charges sont présentes.... (Elles) nous mettent en l'état de suivre l'histoire du champ...; le champ **ici et maintenant***

---

[45] •   1859: Darwin 1809_1882 Le temps de l'évolution ; De l'origine des espèces.

•   1859: Khirchoff : étudie les phénomènes d'émission et d'absorption de la lumière par la matière, les spectres de matière.

•   Théories du spectromètre.

•   1863: Maxwell JC: 1832_1879:

La lumière blanche du soleil est poly-chromatique; un rayon monochrome a une célérité c, une longueur d'onde λ et une fréquence v telle que : $\lambda = c/v$

Rayons incident et réfléchi sont dans le même plan et vérifient les lois de Descartes; l'indice de réfraction est le rapport de la célérité dans le vide à la célérité dans le milieu traversé; les ondes sont soumises au phénomène d'interférence ; y a-t'il propagation de l'onde dans un éther?

Les phénomènes d'interférences et de diffraction sont expliqués *dépend du champ **immédiatement voisin à un instant immédiatement antérieur.***

L'action est déterminée par le champ   .... Le champ est un réservoir d'énergie.

C'est en 1865 que **Claudius** énonce que : *L'entropie croît à chaque événement* ; **Boltzmann**[46] précise: *L'entropie est un défaut d'information sur l'état fin d'un système.*

Et **Riemann** dénie à l'espace la rigidité et l'homogénéité (donc lui dénie d'être susceptible d'aucun changement, et d'aucun état): l'espace peut donc participer aux événements physiques!

Le théorème H de **Boltzmann** émis en 1872 nous dit : dans un gaz *il y a   équilibre statistique des collisions de particules* .... mais *la trajectoire de chaque particule est réversible ; donc il n'y a aucune différence entre l'avenir et le passé* (paradoxe de Loschmidt).

Le temps de la dynamique (classique) n'affirme pas seulement l'enchaînement déterministe des causes et des effets, mais aussi l'équivalence entre les deux directions du temps, celle... qui définit notre avenir, et celle... qui remonte vers le passé.... L'interprétation probabiliste de Boltzmann renvoie l'irréversibilité que nous observons au caractère grossier 'macroscopique' de nos observations... Le temps n'est que la traduction de la disparition progressive de cet écart à l'équilibre... dû à une fluctuation ...., ce qui entraîne que notre monde est condamné à la mort thermique... . Depuis Ludwig Boltzmann la vérité du temps physique doit être définie au

---

46
- 1865: R Clausius   L'entropie croît à chaque événement.
- Riemann: 1826_1866
- Boltzmann L: 1844_1906 établit la théorie probabiliste statistique sur la cinétique des gaz et la relation entre entropie et nombre de configurations possibles d'un système.

niveau des théories fondamentales, et c'est de ces théories que doit découler le statut du temps de nos descriptions phénoménologiques ; donc il faut expliquer l'irréversibilité du temps *comme une   ouverture à un monde en devenir.* Prigogine

- **1878 :** création du méridien de Greenwich
- **1880:** 1ère montre bracelet.

Les expériences de **Micholson-Morlay**[47] démontrent que la vitesse de la lumière est une constante.

Pour **C Peirce** il faut *restituer la singularité de tout instant.... Les lois ne s'actualiseraient que lorsque les objets auxquels elles s'appliquent deviendraient présents.... Chaque maintenant pourrait .... être distingué de tous les maintenants qui l'ont précédé et de tous ceux qui le suivront* in Klein. Ce qui semble en contradiction avec le théorème de récurrence de Poincaré :

Tout système classique évoluant suivant les lois déterministes finit par repasser par un état proche de son état initial;....mais le temps de récurrence, fini, est très grand... d'où (l') irréversibilité à notre échelle in Klein

---

[47]
- 1868 Janssen 1821_1907 : découverte de l'hélium dans le soleil.
- 1868 Huggins: Sirius s'éloigne de la Terre et du Soleil.
- 1869: classification des éléments de Mendeleïev.1834_1907
- 1872: théorème H de Boltzmann
- 1878 : création du méridien de Greenwich
  1880: 1ère montre bracelet
  1881-87: expériences de Michelson - Morlay : Il n'y a pas de vent d'éther. Il n'y a pas d'écart de vitesse de la lumière quand les rayons se propagent dans différentes directions par rapport à la rotation de la terre. *c* est une constante.
  1883 Mach édite la Mécanique
- 1890 C Peirce 1832_1914
- 1890 Théorème de récurrence de Poincaré

La notion d'énergie ayant pris une importance capitale dans le monde, certains, comme **Ostwald** ont créé l'*énergétisme* :

C'est dans l'énergie que s'incarne le réel. Elle est ce qui agit... elle permet d'indiquer le contenu de l'événement in Klein

* L'heure commune du méridien de Greenwich est adoptée à la fin du 19ième siècle.

En ce siècle l'identification du temps de l'histoire au temps linéaire, cumulatif et irréversible justifie l'européo-centrisme. Pomian *À côté du* **romantisme** *du souvenir et du pressentiment, il y a le romantisme de la continuité sentie.* Pour les uns *exister c'était vivre en même temps deux vies : la vie vécue au jour le jour, et d'autre part une vie qui s'étend sur la durée... Se souvenir ce n'est plus abolir l'intervalle, unir le présent au passé ; c'est au contraire prendre la conscience la plus aiguë de cet intervalle... (d'où la) tristesse du passé, à laquelle s'ajoute l'angoisse du futur...*Pour les autres *l'esprit relie d'un trait mouvant les divers éléments temporels d'une même existence.... Dans l'expérience la plus intime, celle de la continuité personnelle, se découvre une analogie inattendue entre le temps humain et le temps cosmique.* Poulet
Le temps et l'espace deviennent le lieu des pensées comme celui des corps.... Grâce à la transmission de la lumière, la vie passée des mondes et des êtres se conserve visible dans l'espace... Tel est le rêve de **Nerval** *et* **Gautier***: chaque regard jeté sur la profondeur de l'espace devient un regard jeté sur la profondeur du temps...; l'étendue*

apparaît à **Hugo** *comme un gouffre ... à la fois spatial et temporel.* Poulet

La vraie intuition du devenir consiste en ce mouvement de l'esprit par lequel celui-ci, s'étant ramené à un moment initial, y surprend à la fois la genèse (cosmique) du temps et des choses... Le temps est un devenir qui est toujours futur..., conçu comme une immense chaîne causale.

Derrière le déroulement concret des choses, derrière la genèse interne de la vie, en deçà même de la durée et de son commencement, il y a la présence intemporelle des lois elles-mêmes... la loi génératrice, principe de la durée, mais sans durée. Poulet

➢ Temps : paramètre temporel absolu, mais réversible, continu, sans réalité physique ?

En 300 ans, à nouveau, une explosion d'idées sur le temps!
-       Celles, anciennes, reprises, commentées, et précisées sur l'aspect abstrait de cette notion, sur la qualité *absolue* du temps, devenu temps mathématique, cadre, avec l'espace absolu, de tous les mouvements, de tous les événements. Tout se passe dans un espace infini représentable par un système de coordonnées à trois variables continues et infinies, et se déroule uniformément au cours d'un système à une variable continue et infinie, le temps, ces deux repères ayant des origines arbitraires.
La mesure plus précise du temps à cette époque a rendu possible l'élaboration des premières lois de la Physique. La

modélisation des mouvements a permis leur détermination complète *a priori* dans un monde éternel de la dynamique des corps sans frottement. La mécanique newtonienne s'est développée par les apports de Lagrange et Hamilton, entre autres, et s'est imposée.

Fin du 18^{ième}siècle l'Univers est supposé composé de 4 éléments indépendants: le temps, l'espace, la matière et l'énergie; la matière est considérée comme des "morceaux solides" et l'énergie comme un "fluide en écoulement". Ouanounou

     -    Celles de la critique des idées newtoniennes:
L'action *instantanée* à distance, impliquant une vitesse infinie, n'est pas admissible.

Le *caractère* **arbitraire** *du sens d'écoulement* du temps newtonien est difficile à admettre.

Le *principe de causalité* entraîne bien une irréversibilité: la cause précède l'effet; mais le principe de raison suffisante associé à la causalité et rendant équivalents effet et cause implique que le temps est réversible comme dans les équations de Newton; en outre causalité et ordre absolu sont-ils compatibles? L'ordre de succession ou celui des existences successives, ou encore celui de nos idées ou de l'impression des événements dans notre mémoire pour représenter le sens du temps paraissent peu significatifs.

L'*objectivité* du temps mesuré n'est-elle pas remise en cause car toute mesure, comme celle de l'évolution d'un ressort, n'est-elle pas toujours un peu *subjective* puisque justement participant d'une évolution?

Enfin le principe de *simultanéité* semble être mis à mal même dans la vie courante.

     -    Celles révolutionnaires du "siècle de Darwin", de l'apparition de la géologie, la paléontologie…; de la séparation entre notions d'étendue et durée affectées aux choses d'une part et notions d'espace et de temps plus idéalisées d'autre part; de la notion de changement plutôt que de mouvement, de celle d'entropie, … de l'évolution irréversible là où régnait l'éternité; de la nature non absolue, non rigide, non homogène et non indépendante de notre espace; de la propagation spatio-temporelle des ondes dans un éther immobile et immatériel, et montrant qu'avec la finitude de la vitesse de la lumière, notre perception visuelle des objets de l'espace est liée à celle de leur existence dans un passé; de la relativité comme notion bien plus large que celle utilisée par Galilée - Newton; des concepts d'*énergie*, d'*action* et *de champ;* d'où la création de nouvelles mécaniques: *ondulatoire, statistique….;* de la relation temps-homme, temps-âme mieux approchée. C'est l'effervescence … dans la continuité… avant d'arriver à une véritable Révolution!

De 1890 à 1920:
Temps relatifs d'Einstein :

Le théorème de la non intégrabilité des systèmes dynamiques de **Poincaré**[48] émis en 1892 et son théorème de récurrence montrent que tout système dynamique finira toujours après un temps assez long, *le temps de Poincaré,* par repasser aussi près que l'on veut de sa position initiale. Tout serait donc cyclique?

En 1895 **Lorentz** montre que *les champs électromagnétique et de gravitation sont des propriétés physiques de l'espace.* L'espace, avoir des propriétés physiques! Où est passé l'espace cartésien neutre, simple cadre abstrait?

W Thomson Lord **Kelvin** estime à 20 millions d'années l'âge de l'univers.

En 1898 **Mach** s'interroge : *Un mouvement peut être uniforme par rapport à un autre, mais se demander si un mouvement est uniforme en soi n'a aucune signification... Le temps absolu est   dépourvu de sens... N'est réel que ce qui est mesurable...   Quand on mesure*

---

[48] 1893 Ostwald: émet la théorie de l'énergétisme
- 1895 HG Wells: édite la Machine à explorer le temps
- Poincaré 1854_1912
- Minkowski 1864_1909
- 1896: découverte de la radioactivité par P 1859_1906 et M Curie
- 1896: découverte des rayonnements émis par les sels d'urane par Becquerel. 1852_1908
- 1897: Kelvin 1824_1907 estime l'âge de l'univers
- 1898: Mach : 1838_1916 La conception newtonienne d'espace absolu est une ineptie logique une monstruosité conceptuelle ! Le principe d'inertie de Galilée doit s'appliquer aux lois de Maxwell.

le temps on mesure le rapport entre deux phénomènes: il est nécessairement relatif; c'est une abstraction à partir du mouvement   relationnel, mesurable   et tributaire de la tendance générale in Pomian

<u>Le temps est-il une entité physique ou métaphysique?</u>

Planck émet, à 42 ans en 1900, l'hypothèse sur la quantification des échanges d'énergie entre lumière et matière. Elle implique qu'en moyenne sur un certain nombre de configurations, l'*action* a une constitution atomique et est liée au quantum d'action ^{Pl}h, la constante de Planck. L'énergie de la lumière n'est pas émise ou absorbée de façon continue mais d'après **Einstein**[49] d'une façon discrète sous forme de petits paquets, les quanta.

Un nombre entier de quanta est associé à tout mode (tout pic) du champ électromagnétique et la composition spectrale (la distribution des couleurs) de la lumière est expliquée[50].

Toute action ne se réalise que d'une manière "discrète", par à-coups! Par quantum qui, chacun, émet des ondes.

$^{Planck}h = 6,6\ 10^{-34}\ J.s$ est la plus petite action possible (c'est le produit d'une énergie et d'une durée)

Les concepts d'action et de quantum vont donner naissance à la mécanique puis la physique quantiques.

---

[49]   •   Albert Einstein 1879-1955

•   Lorentz H A 1853_1928 Le champ a partout pour siège l'espace vide; l'implication de la matière consiste en ce que les particules matérielles chargées sont soumises à des effets moteurs et ont un effet producteur de champ. Lorentz ... dépouille l'éther de ses propriétés mécaniques (sauf son immobilité) et la matière de ses propriétés électromagnétiques.

[50] Si ν est la fréquence de l'onde, son énergie est $E = {}^{Pl}h \cdot \nu$

Grâce à **P Curie** *la demi-vie des éléments radioactifs permet une mesure du temps absolue, indépendante d'observations astronomiques* alors que Poincaré insiste *: Il n'y a pas d'espace absolu; ... . Il n'y a pas de temps absolu... nous ne concevons que des mouvements relatifs.* Néanmoins la première datation d'objets à partir d'isotopes radioactifs est faite par **Rutherford** en 1904.

En cette même année la transformation de **Lorentz-Poincaré** précise que les lois de la physique devraient être les mêmes pour un observateur fixe ou en mouvement rectiligne uniforme quelle que soit sa vitesse, ce qui entraîne qu'il existe une vitesse limite; en outre la vitesse de la lumière serait cette constante.

Lorentz[51] introduit le concept de temps local dans un repère en translation uniforme V par rapport à l'éther pour que les équations de Maxwell restent les mêmes ; dans le nouveau repère il faut appliquer les transformations de Lorentz[52].

---

[51] • 1900: hypothèse de Planck 1858_1947

• 1902: P Curie: définition de la demi-vie des éléments radioactifs

• 1904 : Rutherford:1871_1937   utilidse des isotopes radioactifs

• 1904 : transformation de Lorentz-Poincaré

• 1905 : l'effet photoélectrique est expliqué par Einstein: 1879-1955

La lumière est quantifiée, formée de grains d'énergie, qu'on appellera photons. La théorie du mouvement brownien est explicitée.

[52] $x_2 = (x_1 - V_{/R1}.t_1) / (1 - V_{/R1}/c^2)^{1/2}$

$t_2 = (t_1 - (V_{/R1}/c^2).x_1) / (1 - V_{/R1}^2/c^2)^{1/2}$;(de façon approchée $t_2 = t_1 - (V_{/R1}.x_1/c^2)$

$V_{/R2} = (V_{/R1} + V_{R1/R2})(1 + V_{/R1}*V_{R1/R2}/c^2)$

❖ Relativité restreinte d' Einstein:

En annexe 3 voir des compléments

Einstein, à 26 ans en juin 1905, considère la transformation de Lorentz comme le résultat d'un changement nécessaire de notre conception d'espace et de temps. Il faut abandonner l'espace absolu, le mouvement absolu et l'addition galiléenne des vitesses.

La construction du temps physique en relativité restreinte est caractérisée par la soumission des grandeurs espace et temps aux principes de relativité des mouvements et de la constance de c.

Les particularités de cette <u>re-formulation</u> contiennent:
-la relativité de la simultanéité,
-la dilatation de l'espace et le rétrécissement du temps dans des repères en mouvement l'un par rapport à l'autre,
-le lien structurel entre espace et temps,
-la représentation de l'E.T (Espace-Temps) en cône de lumière
-et la causalité relativiste .in EKlein Paty

Postulats d'Einstein de la relativité restreinte

1-Les lois auxquelles sont soumis les changements d'état des systèmes physiques restent les mêmes dans tout repère galiléen.
2-La vitesse c de la lumière dans le vide est finie: c'est la vitesse limite.
3- La mécanique newtonienne est une approximation valable

Remarquons que dans les deux premiers postulats (relativité et c) n'interviennent que des longueurs d'espace et des durées mais pas de grandeur universel de temps.
De ces 3 postulats Einstein déduit l'expression de :
- la quantité de mouvement d'un mobile et de l'énergie totale du mobile, et surtout que:
- la quantité de mouvement se conserve et que
- l'énergie totale se conserve.

Conséquences:

° Au repos il y a équivalence entre énergie et masse (si c est prise comme unité de vitesse). $E= m_0 * c^2$ · *La physique classique a introduit 2 substances: la matière et l'énergie... En relativité il n'y a plus de distinction entre les deux.*

° *Plus une vitesse s'approche de c, plus il est difficile de l'accroître... « c » est la limite supérieure de toutes les vitesses. Aucune force finie, si grande soit-elle, ne peut produire une vitesse supérieure à c.*

° Chaque observateur a sa propre mesure de temps enregistrée par une horloge qu'il emmènerait avec lui.

° L'éther n'existe pas.

° Le temps reste réversible dans les équations.
Et concernant

La simultanéité :

Au cours de manœuvres navales, un fin observateur situé sur la côte voit deux projectiles exploser avec impacts exactement au même instant, l'un en avant, l'autre en arrière d'un croiseur qui se déplace vers lui. Sur le pont du navire un homme, muni d'instruments, lui, mesure un écart entre les deux explosions car il s'avance vers un des impacts et s'éloigne de l'autre. Quelle est la bonne mesure? Les 2 mesures sont bonnes!

La simultanéité pose problème? Qu'est-ce que cela veut dire? En a t'on besoin? et si l'on s'en passait? Eisenstadt

La **simultanéité n'est pas absolue**; ce concept n'a pas de sens: *deux événements simultanés dans un repère ne le seront pas dans un autre; un événement qui est dans le futur pour un observateur est dans le passé pour tel autre et dans le présent pour un troisième.* EKlein

Ce qui nous est présent à un certain instant n'existe plus ou pas encore pour un autre observateur en mouvement par rapport à nous. *Le mot "maintenant' devient ambigu; "maintenant" n'a plus de sens dans l'absolu* **Ricard-Thuan** L'indication du temps n'a de sens que si l'on indique le corps de référence auquel il se rapporte.

Les Relativités

Nous avons vu que la relativité galiléenne aboutissait à la loi d'addition des vitesses; que devient cette loi avec la relativité restreinte?

Addition des vitesses

Il n'y a plus simple addition des vitesses.[53]

Le temps dans un repère n'est plus compté comme dans l'autre repère et le repérage des positions change. Deux grandeurs interviennent dans le passage d'un repère à l'autre: la vitesse relative des repères V mais aussi la célérité de la lumière c.

Relativité des distances

Une distance (1 m) est plus courte dans un repère en mouvement que dans un repère au repos.

Lorsqu'elle est en mouvement une barre se rétracte.

---

[53] Si V est la vitesse du train , w la vitesse du passager dans le train, et W la vitesse du passager par rapport au sol, alors $W = (w + V)/(1+V.w/c^2)$

Relativité du temps

Une horloge en mouvement marche plus lentement qu'au repos. Une durée (d'une seconde) est plus longue dans un repère en mouvement que dans un repère au repos.

Avec Einstein…un changement de repère dans l'espace déforme le temps en ce sens que les **durées** sont impactées. *Le temps devient élastique, tributaire du mouvement de l'observateur* Ricard-Thuan: *Plus vous vous approchez de la vitesse de la lumière plus le temps s'écoule lentement. Pour éviter de vieillir, il faut aller très vite.* d'Ormesson *Un jour de la physique sur Terre ne dure pas un jour en un autre point de l'univers* Ouanounou .

Conséquences:

Ce phénomène de dilatation des durées est bien réel et trouve des applications: c'est par exemple sur la différence des durées dans des repères en mouvement (Terre-satellite) qu'est fondé le principe du GPS.

Néanmoins *les coordonnées d'espace et de temps gardent un caractère absolu puisqu'ils sont directement mesurables par des horloges et des corps rigides; mais ils sont relatifs car dépendant de l'état de mouvement du système d'inertie choisi.* Ni les longueurs, ni les durées ne sont donc des quantités absolues, indépendantes du référentiel dans lequel elles sont calculées. L'espace absolu n'existe pas et nous ne concevons que des mouvements relatifs.

Les temps propres, et l'espace-temps ET

Pour interpréter … le temps d'un événement, on a besoin d'un moyen permettant de mesurer des intervalles de *temps: un processus périodique... Une horloge au repos par rapport au système inertiel définit un **temps local**.*

Le **temps propre** est celui de sa montre bracelet, propre à chaque observateur. *Chaque observateur tient pour vraie la mesure des durées fournie par l'horloge qui est au repos par rapport à lui; autant d'observateurs en mouvement les uns par rapport aux autres, autant de temps propres; il y a donc pluralité des temps propres* .Couderc

Ainsi *tous les composants de l'Univers sont en mouvement... ont des repères temporels différents... Dans l'univers "tout le monde" ne vit pas le même temps* Ouanounou

C'est l'écart en temps propre qui définit la durée d'une expérience quelconque qui se déplace. *L'écart en temps propre définit l'âge; donc l'âge d'un voyageur, la durée de vie d'une particule, dépendront de leur trajectoire* Esenstadt

En relativité restreinte le temps se transforme en partie en espace et réciproquement; les deux notions sont relatives au référentiel dans lequel elles sont mesurées: le temps n'est plus autonome, il dépend de la dynamique. Longueur et durée ne sont plus des grandeurs intrinsèques mais dépendent du repère dans lequel on les mesure. Il peut se faire une confusion entre temps et longueur!

Je suis à 3 mn du Jardin des Plantes (à 15 minutes- à pieds ou à 3 minutes-voiture ou à quelques picoseconde-lumière), n'est-ce pas plus explicite que de donner la distance? Eisenstadt

La relativité restreinte en reconnaissant l'équivalence de tous les systèmes d'inertie reconnaît **l'inséparabilité de l'espace et du temps comme un seul continuum (E-T)** qui, lui, conserve un caractère d'absolu.

Tout événement est ce qui se passe, à un temps donné en un lieu donné. *Un événement est quelque chose qui arrive en un point particulier de l'espace à un moment particulier; aussi peut-on le spécifier par 4 nombres ou coordonnées, le choix du repère des coordonnées étant arbitraire* Hawking. Par commodité l'événement peut être décrit par 3 coordonnées pour le lieu et une pour le temps, et dans cet espace mathématique à 4 dimensions l'événement est représenté par un point appelé **'point d'univers'**.

La **ligne d'univers** d'un objet, qui trace son histoire complète, de sa naissance à sa mort, de son apparition passée à sa disparition future, est définie par 3 équations donnant sa position spatiale par ses 3 coordonnées d'espace x, y, z en fonction d'une 1 coordonnée temporelle t définissant son temps propre. Si l'Univers est défini comme l'ensemble de tous les événements, il est alors bien représenté par cet Espace-Temps où deux événements distincts sont toujours séparés par une « distance spatio-temporelle s »[54].

La Relativité, en rendant les durées relatives, c'est à dire dépendantes des mesures d'espace, établit une symétrie logique, sans effacer les caractères propres du temps. Le temps est en fait artificiellement isolé par l'observateur qui rompt l'homogénéité de l'espace-temps comportant des masses et des accélérations.   E-T. devient le cadre de la représentation des phénomènes physiques où espace et temps ont perdu leur indépendance.

---

[54] $s_{AB}^{2} = c^{2} . t^{2} - l^{2}$

Ceci est à comparer à la notion de *Olam*: (désignation d'instants et de lieux) où dans la Tradition hébraïque on pense le temps et l'espace sans les séparer.

La vitesse limite c, l'espace-temps comme espace 4D, et le cône de lumière.

La vitesse de la lumière est la même dans tous les systèmes de coordonnées, que la source émettrice soit en mouvement ou pas. c = 300 000 km/s environ dans le vide. La grandeur importante de cette vitesse par rapport aux vitesses usuellement rencontrées sur Terre explique que la mécanique de Newton est une bonne approximation.

Cela mène Einstein à l'hypothèse plus complète:

La lumière se propage dans le vide à célérité constante quel que soit l'observateur: c'est une vitesse limite.

L'existence de cette vitesse finie et limite dans l'Univers a de nombreuses conséquences:
-     1 impossibilité de transmettre de l'énergie ou de l'information à une vitesse supérieure à celle de la lumière dans le vide.
-     2 Aucun objet observé ne nous est contemporain; le soleil que je vois est celui qui existait il y a 8 mn.
-     3 Le passé et le futur d'un événement sont placés dans un cône de lumière.

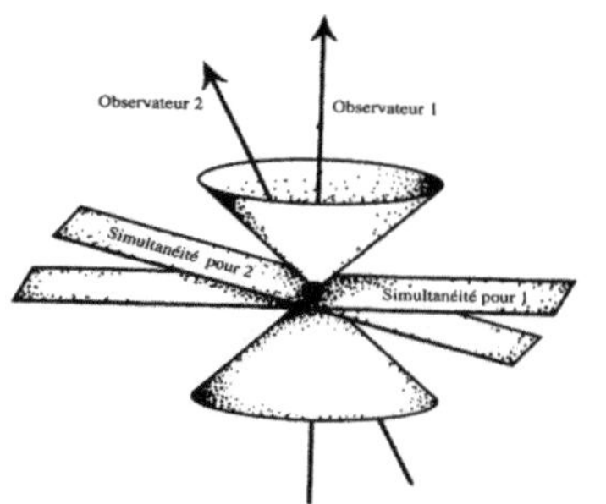

Fig. 1.9. Illustration de la relativité de la relation de simultanéité dans la théorie de la relativité restreinte. Les observateurs 1 et 2 se déplacent l'un par rapport à l'autre dans l'espace-temps. Des événements qui apparaissent comme simultanés à l'observateur 1 ne le sont pas pour l'observateur 2 et vice versa.

Fig Penrose

Remarquons que l'axe vertical des temps est perpendiculaire aux plans de la représentation de l'espace-temps newtonien et confondu avec l'axe vertical des cônes en relativité restreinte. *Un repère lorentzien est donc un repère d'espace mais aussi de temps... qui permet de .mesurer les espaces et le temps avec la même unité .... Le diagramme espace-temps du type Galilée est passé_ futur... Celui de Minkowski est passé _futur_ ailleurs: si c tend vers l'infini le cône s'évase et on retrouve Galilée*
Costa
- 5 Temps, espace et masse sont des concepts relatifs et liés.

Principe de causalité:

Si tout effet a une cause, la cause doit précéder l'effet; or il existe une vitesse finie maximale pour la transmission de l'information; Einstein suppose que c'est c.

La causalité implique que si A est antérieur à B et si un signal lumineux a le temps d'aller de A en B alors il en est de même pour tout observateur: les notions de passé et futur sont bien conservées et ont un caractère absolu en relativité restreinte!

Pseudo-paradoxe de Langevin

Un des jumeaux part à 260000 Km/h et revient sur Terre : sa montre indique que le voyage a duré 2h. Pourtant le jumeau resté sur terre a attendu son retour pendant 4h à sa montre !

---

*Pour **Poincaré** l'E.T. reste continu, quasi-eulérien, rigide.....*

C'est à la totalité des événements que nous pensons quand nous parlons du "monde extérieur réel"

On peut supposer, en premier lieu, qu'il existe un ordre temporel des événements qui concorde avec l'ordre temporel des expériences; mais l'ordre temporel des expériences obtenu par voie acoustique peut différer de celui obtenu par voie visuelle.

L'espace, le temps, l'événement sont des... créations de l'esprit, de l'intelligence humaine, des instruments de pensée qui servent à établir un lien entre nos expériences vécues afin de mieux les embrasser.

Il n'y a pas de temps absolu; dire que 2 durées sont égales est une assertion qui n'a aucun sens et n'en peut acquérir que par convention... Nous n'avons pas l'intuition directe de l'égalité de deux intervalles de temps... Le temps doit être défini de telle façon que les équations de la mécanique soient aussi simples que possible.... Si tous les phénomènes se ralentissaient et s'il en était de même de la marche de nos horloges, nous ne nous en apercevrions pas.... Les propriétés du temps ne sont que celles des horloges, comme les propriétés de l'espace ne sont que celles des instruments de mesure.

D'après Pomian, pour **Poincaré** *le temps est une forme préexistant dans notre esprit; il est psychologique, qualitatif et c'est à partir de lui <u>qu'il faut créer</u> le temps scientifique... Il n'existe aucun intervalle temporel dont nous sachions a priori qu'il reste invariant à travers ses répétitions successives.*

En 1908 **Bergson**[55] écrit*: La science a été féconde chaque fois qu'elle a réussi à nier le temps, à se donner des objets qui permettent d'affirmer un temps répétitif, de réduire le devenir à la production du même par le même.*
Le temps vécu, le temps qui est notre vie même, ne s'oppose pas à un monde objectif.

L'année suivante[56] **Einstein** remarque que *le mouvement de l'onde est celui d'un état de la matière et non de la matière : même un bouchon qui flotte n'est pas emporté par l'onde...C'est le mouvement de quelque chose qui n'est pas matière, mais de l'énergie qui se propage à travers la matière.*

Jakobson analyse en 1910: *De toutes les transformations concevables, ne se réalisent que celles*

---

[55] •   1908 Bergson : l'Évolution créatrice

[56] •   1909: Einstein considère la lumière comme une onde et un corpuscule à la fois et simultanément. La variance de l'énergie lumineuse est la somme de deux contributions: l'une proportionnelle au carré de l'énergie et correspondant aux fluctuations de l'énergie d'une onde classique, une seconde proportionnelle à l'énergie et correspondant aux fluctuations du nombre de quanta.
•   1910 Jakobson (phénoménologie husserlienne) Le structuralisme
•   1913: atome de N Bohr   1885_1962
•   1915: après que Thomson ait mis en évidence l'existence des électrons, que Rutherford ait étudié la structure interne des atomes, Chadwicck découvre le neutron et Einstein établit la relativité générale.

auxquelles... le système est prédisposé... Parce qu'il possède une structure le système oriente son évolution ultérieure dans une direction de manière à s'adapter à de nouvelles circonstances in Pomian

- **1913:** c'est l'année de l'atome de N **Bohr** pour qui *le désir d'une représentation intuitive conforme aux images dans l'espace et le temps n'est pas justifié.*

- **1915:** après que **Thomson** ait mis en évidence l'existence des électrons, que **Rutherford** ait étudié la structure interne des atomes, **Chadwicck** découvre le neutron et **Einstein** établit la relativité générale.

❖ Mécanique relativiste générale d'Einstein

Voir Annexe 4 pour des compléments

L'Espace et le Temps sont des concepts mathématiques, des repères, où la matière mesurable trouve une expression, une représentation en forme, énergie et durée. Mais le temps vécu n'intervient pas.

Le **postulat unique** de la relativité générale est:
Tous les repères en mouvement y compris en rotation sont équivalents pour la formulation des lois de la nature.
La théorie développée par Einstein aboutit à une **relation 'toute simple' entre espace-temps$_d$ et matière**[57]

---

[57] $Gij = 8\ \pi.K.Tij$

Les propriétés métriques du continuum spatio-temporel (ET$_d$) sont différentes dans l'entourage de chaque point spatio-temporel et conditionnées par la matière qui se trouve en dehors de la région considérée (1920).

Dans un système de coordonnées accéléré de façon uniforme par rapport à un système inertiel les mouvements s'accomplissent de la même façon que dans un champ de gravitation homogène.
ET est courbe, dynamique, lisse et continu.
L'espace vide ... n'existe pas pour la relativité générale...; mais il y a arrière-fond où ni distance, ni durée n'ont de signification... ET n'est définissable qu'a postériori, allant de pair avec la matière et l'énergie Klein

Conséquences de la théorie

- L'Univers est **fini** et n'a pas d'extérieur!
- *Notre représentation du monde reconnaît deux réalités ... liées par la connexion causale: ... l'espace-temps et la matière (*ou l'énergie*).*
- *La trajectoire* de tout mobile dans cet espace *est une géodésique. Ces géodésiques sont graduées en temps et peuvent être parcourues indifféremment vers l'avenir ou le passé* LoebJ.

 - *Le temps n'est pas absolu; la marche de toute horloge ralentit quand la gravité augmente ou quand l'horloge est en mouvement par rapport à l'observateur* Gibbs Le temps apparaît comme coulant moins vite auprès d'un corps massif.
- Par rapport à un repère en accélération c n'est plus constante et la trajectoire de la lumière n'est plus linéaire. Dans un tel repère on ne peut plus définir une unité de

temps ni une unité de distance, la notion de ligne droite ayant perdu sa signification.

Ainsi, si *en physique le concept de temps a été pensé, au début, comme cadre naturel, avec l'espace , dans lequel les phénomènes se produisaient... maintenant espace et temps sont définis et déterminés par les phénomènes physiques*! Paty .

En 1918 Emilie **Noether**[58] établit le lien entre *conservation de l'énergie ... et invariance par translation dans le temps.... Les lois ne changent pas si l'on modifie le choix de l'instant de référence...* pour *toute expérience de physique;... les lois... ne sauraient dépendre de l'instant particulier où l'expérience est réalisée;... tout instant doit en valoir un autre, le cours du temps doit être homogène; ... le statut physique des instants doit être invariable.... L'invariance par translation dans l'espace implique que l'espace est homogène (ses propriétés ne peuvent différer d'un point à l'autre)* in Klein

---

[58] • 1916: l'atome de Sommerfeld Bohr est décrit avec la dynamique classique et par la répartition de l'énergie on entre dans la structure fine de la matière $J = n.^{Pl}h$
• 1917: Einstein établit le modèle statique, uniforme et éternel de l'Univers : la plus belle bourde de ma vie dira- t-il plus tard. L'Univers serait un système isotrope, homogène au repos avec une coordonnée de temps cosmique, propre néanmoins à l'observateur au repos.
• 1917 : premières études sur les structures dissipatives
• 1918 E Noether 1882_1935
• 1919 : Eddington vérifie la théorie de relativité générale grâce à la mesure de la déviation de la lumière par la masse du soleil.
• 1919 : B Russel : axiome du choix

➢ Temps et ordre relatifs et locaux, ou lois invariantes et universelles ?

Cette période ultra-courte est celle de l'amorce des études de systèmes dynamiques complexes, de l'apparition en force de la notion d'*action*, l'action élémentaire de Planck, et de l'analyse atomique de la matière, mais elle est surtout dominée par la Relativité d'Einstein.

La Relativité....est née d'une réflexion sur des concepts initiaux, d'une mise en doute d'idées évidentes... (telles) la simultanéité et la géométrie d'Euclide. *Les wagons du train partent tous simultanément et les rails sont parallèles.... Le Relativiste nous provoque: ... Comment prouvez-vous la simultanéité?* **Bachelard.** En outre *nous apercevons que la notion de temps absolu, ou plus exactement la notion de mesure unique du temps, c'est à dire d'une simultanéité indépendante du système de référence, ne doit son apparence de simplicité et d'immédiate réalité qu'à un défaut d'analyse.* **Brunschvicg**

Le temps et l'espace *cessent d'être absolus puisqu'ils sont en corrélation avec une expérience plus ou moins précise* **Bachelard.** Le temps mais aussi les distances deviennent élastiques et dépendants de la vitesse des repères à tel point que le jumeau resté sur Terre vieillit beaucoup plus vite que l'internaute parti à grande vitesse! Ainsi pourrait-on résumer avec **Ouanounou :** *le temps observable,* celui d 'Einstein,... *est lié à l'espace... et... à un instant donné;* or *ce n'est pas le même instant qui est présent partout dans* *l'espace... Le mécanisme de corrélation entre espace et temps n'est pas simple:....(la corrélation) dépend de la vitesse du point d'observation par rapport à ce qui est observé... vitesse qui, elle-même, est rapport de distance et de durée... Le temps ne peut donc pas être défini en dehors de l'espace. Sans espace, point de temps ... Une position d'un point ne peut pas être définie sans faire référence au temps de l'observateur et à sa vitesse par rapport au point observé.* Néanmoins Einstein redonne toute légitimité aux concepts de mesures de longueur et durée mais il souligne qu'il faut comparer deux objets ou événements au repos l'un par rapport à l'autre. Le temps n'a de sens que localement et le temps propre est aussi multiple qu'il y a d'observateurs. Il est réversible. *Einstein fait dépendre l'existence des relations temporelles entre les événements distants, de leurs relations physiques;* il établit une *théorie causale qui réduit l'ordre de succession au rapport de causalité.* Pomian

L'existence supposée d'une vitesse limite entraîne aussi comme conséquences que voir au loin c'est déchiffrer le passé de l'Univers et que notre connaissance passée et à venir ne peut concerner qu'un cône de lumière. C'est à l'intérieur de ce cône que la causalité prend sens et que tout événement possède une ligne d'univers liée à ce nouveau concept qu'est *ET*.

Entre deux événements donnés il existe un intervalle spatio-temporel défini et une valeur maximale à toutes les durées et une distance minimale entre les 2 positions de ces événements dans l'espace pour tous les observateurs.

La relativité générale confirme et accentue la localité du temps qui reste multiple en fonction des observateurs et réversible. Et par la jonction *ET-Matière* elle implique la déformation complémentaire du temps en présence de matière et rend le temps complètement dépendant de la dynamique.

Ce qu'affirme le principe de relativité ce n'est pas que "tout" est relatif, puisqu'un des buts de la relativité ... est la <u>découverte ... des invariants</u>, des grandeurs qui ne dépendent pas du choix du système de coordonnées... L'absolu se trouve au niveau des relations plus que des objets Nottale

Et c'est l'Univers dans sa globalité qui est géré par ces relations invariantes!

De 1920 à 1950:
Big bang et révolution quantique

En 1921 **de Broglie**[59] prévoit : *La lumière, d'abord seule au monde, a peu à peu engendré par condensation progressive l'univers matériel.*

Dans *A la recherche du temps perdu* **Proust** écrit*: Chacun de nous, entraîné sans cesse vers un futur incertain par le courant de la vie, et ramené sans cesse vers son passé par la nature humaine... occupe dans le Temps une place autrement considérable que celle, si restreinte, qui nous est réservée dans l'espace.*

Mon temps n'est pas si cher; celui qui l'a fait ne l'a pas vendu.

Il y a des illusions d'optique dans le temps comme dans l'espace.

En général plus le temps qui nous sépare de ce que nous nous proposons est court, plus il nous semble long, parce que nous lui appliquons des mesures plus brèves ou simplement parce que nous songeons à le mesurer.

En 1923 **de Broglie,** 31 ans, étend le dualisme onde-corpuscule à toute la matière.

Un mobile matériel de vitesse V par rapport à un observateur fixe, de masse m_0 possède une énergie au

---

[59] • 1921: de Broglie 1892_1987

• 1922: A Friedmann montre que la solution de l'univers statique d'Einstein est instable et que l'Univers est évolutif, dynamique, changeant... avec trois possibilités géométriques.

• 1922: Proust A la recherche du temps perdu ; le temps retrouvé *repos $E = m_0 * c^2$ à laquelle on associe un phénomène périodique de fréquence f_0 tel que $^{Pl}h * f_0 = m_0 * c^2$; ce phénomène a un comportement qui dépend de l'observateur qui le suit; l'oscillation se propage dans la direction et le sens du mobile à une vitesse $w = c^2/f_0$ qui est plus grande que la vitesse de la lumière et dont la vitesse de groupe , c'est à dire de la propagation de l'énergie associée, est la vitesse V.*

L'individualité est un apanage de la complexité et un corpuscule isolé est trop simple pour être doué d'une individualité remarque **Boll**[60].

La statistique de **Bose-Einstein** indique que le comptage des particules élémentaires s'effectue comme des objets indiscernables: un électron, un photon… est absolument indiscernable d'un autre électron, d'un autre photon..!
Pour calculer la vitesse d'une particule et sa situation future, il faut l'éclairer avec un minimum de lumière. Le quantum de lumière perturbe la particule, modifie sa vitesse et sa situation et empêche leur mesure simultanée et précise.

La loi d'**Heisenberg**[61] indique que les indéterminations vitesse et position d'une particule de masse donnée sont liées. La lumière échappe à cette loi car

---

[60]

[61]   1923: Boll 1917_1985
-      1924: statistique de Bose–Einstein
-      1925 : mécanique quantique d'Heisenberg 1901_1976
-      1925: Einstein   admet que pour la matière, comme pour la lumière, les aspects ondulatoires et corpusculaires sont indissociables.
-      1926: équation de Schrödinger
-      1926: Dirac   1902_1984 fonde la théorie quantique des champs.   Il y a couplage entre atome et champ.
-      1926: M Born 1882_1970

les photons sont réputés de masse nulle mais, pour elle, ce sont les indéterminations sur l'énergie et l'action qui sont liées.

Un système qui n'existe que pendant une durée très faible n'a pas d'énergie précise! in Fernandez

M Born dit que pour les processus quantiques on ne peut pas parler de causes: la fonction d'onde d'une particule ne contrôle pas exactement son mouvement mais seulement la probabilité qu'elle puisse être détectée.
La mécanique quantique est en pleine évolution.

❖ Le modèle du Big Bang
Voir Annexe 5 pour des développements

Depuis que la relativité décrit le monde en termes d'espace-temps... comment peut-on parler d'âge de l'univers? ....L'âge de l'univers est la durée maximale entre le début de l'expansion et nous (ici et maintenant) Lachière-Rey
Si nous remontons le cours du temps, nous explique le scientifique, l'abbé **Lemaître**[62], *nous devons trouver de moins en moins de quanta, jusqu'à ce que nous trouvions toute l'énergie de l'univers rassemblée dans quelques quanta, ou même en un unique quanta ... Les notions d'espace et de temps n'avaient aucun sens au commencement.... Le commencement du monde a eu lieu un peu avant (?) le commencement de l'espace et du temps.*

---

[62] ●   1927: G Lemaître 1894_1966
        1927: électrodynamique de Dirac

Tout serait parti de *l'hypothèse cosmologique qui décrit l'univers actuel comme résultat de la désintégration progressive de l'atome primitif* (1930 Singh
Selon la théorie du Big Bang, l'Univers primordial était empli d'un plasma chaud de protons, d'électrons et de photons ainsi que d'une pincée d'autres particules. Les photons interagissaient avec les électrons ... de sorte que le rayonnement et la matière étaient couplés. En se dilatant, l'Univers s'est refroidi... et les atomes d'hydrogène se sont formés... A Loeb2007

À 10^{-33}s l'inflation dilate exponentiellement l'Univers avec émergence de premiers grumeaux de matière.

Mais à 10^{-43}s l'espace et le temps deviennent des concepts distincts. Ont-ils encore un sens? Les théories quantique et post-quantiques en doutent.

L'instant zéro: sa définition mathématique dans les théories de la relativité indique déjà qu'il est physiquement dénué de sens: toutes les caractéristiques physiques (densité, température, courbure) tendent vers l'infini.
*On peut dire que le temps a commencé au Big Bang, en ce sens que des temps antérieurs ne seraient tout simplement pas définis...*Hawking:
*Avec la théorie de Darwin et le modèle du Big Bang le contenant de l'Univers et tous ses contenus sont sujets au temps. ... Assise sur ce fil du temps cosmologique, une continuité s'étend de la matière élémentaire des premiers instants jusqu'à nous .*EKlein

Pour Sartre, commente **J Benda**[63], *il s'agit avec* **l'existentialisme**... *de s'engager au présent.* L'important est la <u>*prise de position dans l'actuel en tant qu'actuel,*</u> *avec souverain mépris pour qui prétend se placer au-dessus de son temps... Le mouvement est conforme au "sens de l'évolution", au "développement profond de l'histoire"...* qui *est le résultat de la "stricte observation des faits".*

L'Évolution créatrice, *veut, elle, que, pour comprendre l'évolution des formes biologiques, on rompe avec les vues qu'en prend l'intelligence, et qu'on s'unisse à cette "évolution elle-même" en tant que pure "poussée vitale". L'exercice vital... ne sait que l'instant présent.*

Le matérialisme dialectique ... *entend concevoir le changement, non pas comme une succession de positions fixes, voire infiniment voisines mais comme une "incessante mobilité", ignorante de toute fixité.*

La thèse bergsonienne... *prône l'embrasement du mouvement en soi, par opposé à une succession d'arrêts, si rapprochés fussent-ils.*

La raison, la science, *fait fort bien état de mouvements en tant que mouvements: brownien, amiboïdal, de décomposition d'une substance.* Mais *elle suppose chacun de ces mouvements identique à lui-même en tous temps et tous lieux; elle lui assigne un nom qui le fixe dans l'esprit, en fait une réalité que tous les hommes tiennent semblable à elle-même quand il est prononcé.* <u>*Elle immobilise le mouvement pour en faire un objet de raison.*</u> *(Le concept, l'idée "est").*

---

[63].   1927 : Benda J

•   1927: Heidegger: 1889_ 1976   Être et Temps

•

Le temps n'est ni subjectif ni objectif enseigne **Heidegger**; *le temps public est l'horizon de l'existence factuelle et quotidienne d'un moi empirique; le temps vrai est l'horizon de la compréhension de l'être... C'est dans la présentification de l'aiguille qui avance que le temps se donne à voir de façon limpide.*

On ne peut espérer comprendre l'être qu'à partir du temps.

On ne perçoit que les effets du temps... Seul le présent est, l'avant et l'après ne sont pas; mais le présent concret est le résultat du passé et il est plein d'avenir; le présent véritable est, par conséquent, l'éternité. .. L'abîme est l'unité originelle de l'espace et du temps, cette unité unifiante qui ne les laisse se séparer l'un de l'autre que dans leur divorce.

Reichenbach[64] affirme: *Temps et espace sont des jugements a priori déterminés par l'expérience physique quotidienne... Le devenir* fait passer *d'une configuration improbable à une probable.*

Husserl établit un *rapport entre temps et conscience*; la phénoménologie se développe.

En 1929 **Hubble**[65] découvre qu'il existe des galaxies autres que la nôtre. Les galaxies s'éloignent les unes des autres avec une grande vitesse, d'autant plus grande qu'elle est éloignée, et cela non parce qu'elles bougent d'elles-mêmes mais parce que l'Univers est en expansion. En calculant la vitesse de fuite des galaxies on peut remonter à l'instant où tout a commencé: le Big Bang.

L'expansion exprime une anisotropie qui est celle de la flèche du temps.

---

[64]   1928: Reichenbach *in Pomian*

•   1928 : Husserl 1859_1938   la phénoménologie

[65]   1929:   mécanique ondulatoire de de Broglie

•   1929: Edwin Hubble: 1889_1953

Roberson et **Walker** ont montré plus tard qu'il est possible de synchroniser des horloges le long des lignes d'univers caractéristiques et de définir un temps universel commun à tous les observateurs, qui n'est autre que le paramètre de l'expansion de l'univers (ce qui justifie le temps cosmologique quel que soit le repère).

Von Mises[66], en 1930, nuance le principe de causalité : *Le principe de causalité est mobile; il se subordonne à ce que la physique exige.*

❖ Physique quantique 1930-1950
Voir Annexe 6 pour des développements

Einstein[67], Planck, de Broglie, Dirac, Schrödinger, Heisenberg, Pauli, Bohr, Feynman... sont parmi les artisans de cette nouvelle physique.

- **dès 1930 Einstein**   admet la validité et la cohérence de la physique quantique; mais il en est insatisfait, la jugeant incomplète. L'année suivante il adopte le modèle du Big Bang.

---

[66]   1930: Von Mises

[67] •   dès 1930 Einstein   admet la validité et la cohérence de la physique quantique

- 1931: Einstein adopte le modèle du Big Bang
- 1931: Gödel les propositions indécidables: Théorème d'incomplétude
- 1932: Reichenbach
- 1933: naissance de la radioastronomie par Jansky
- 1934 G Bachelard 1884_1962 *in Wever*
- Freud: 1856_1939
- Bergson: 1859_1941 *in Klein, Pomian,Couderc,Poulet*
- 1935: Einstein.Podolsky.Rosen.
- 1937: Melberg théorie causale du temps
- 1941: Rossi-Hall
- A Heschel 1907_1972 Les Bâtisseurs du temps
- 1948: G Gamow 1904-   et Alpher
- 1948 :"création continue" de F Hoyle et BGold,
- 1948: univers bloc de Gödel
- 1948: Schrödinger

Rappelons d'abord que depuis les atomistes antiques, puis avec Newton et sa mécanique du point matériel et même avec la relativité restreinte, on ne peut pas imaginer de "mouvement" sans "quelque chose" qui se meut. Ce qui paraît évident!

En microphysique, dans le monde infinitésimal, là où s'applique la mécanique quantique, on ne peut pas, à l'inverse, imaginer une "chose" sans supposer une "action" quelconque de cette chose, comme par exemple un mouvement. *On ne peut décrire que dans une action...: un photon immobile* n'a pas de signification... *c'est une chose-mouvement... et la mesure de l'efficacité d'une chose en mouvement* est son énergie. Auparavant on ne considérait que des *transformations continues d'énergies dans un temps sans structure: la continuité d'un compte en banque empêchait de comprendre le caractère discontinu du troc.* Bachelard.

L'interprétation "orthodoxe" de la microphysique quantique prône *l'abandon des images précises et concrètes dans l'espace-temps: il en résulte la disparition de tout lien causal strict entre les événements successifs* de Broglie

En mécanique classique... les **corpuscules** *sont des entités punctiformes, localisées dans une région restreinte de l'espace (qui) décrivent des trajectoire nettes le long desquelles , à tout instant, leur position et leur vitesse sont bien déterminées; les* **ondes** *occupent tout l'espace n'ont plus de trajectoires... ne transportent rien , ne font que transmettre de l'énergie et de l'information... sont capables de se superposer si elles sont de même nature* *physique: la somme de 2 ondes du même type a un sens physique* Klein

> *L'outil de base de la théorie quantique résume simplement et directement les trois éléments, probabilité, onde, corpuscule, dans un seul objet théorique,* la fonction d'onde

Toute *fonction d'onde ... peut se décomposer en une superpositions d'ondes monochromatiques ... Son évolution au cours du temps répond à une équation réversible déterministe la célèbre équation de* **Schrödinger**... déterministe comme l'équation d'Hamilton dont elle découle et où le temps est implicitement linéaire et réversible, mais *les variables positions et vitesses ne sont plus indépendantes* Prigogine . *Au niveau qui lui est propre* (le microscopique) *la théorie est précise et déterministe* comme l'équation de Schrödinger et est *computable ....* Mais *quand on agrandit quelque chose au niveau classique on change de règle... on cesse de préserver les superpositions linéaires... L'indéterminisme s'introduit* Penrose

Il y a dualité corpusculaire et ondulatoire de la matière et description statistique du monde quantique.

La mécanique quantique est fondée sur quelques principes (mais pas sur un corps axiomatique) qui entrainent de nombreuses conséquences, telle par exemple l'existence de la finitude d'une durée très, très petite (la durée de Planck associée à l'action et à l'énergie de Planck[68]).

Autres exemples de conséquences :

---

[68] ^{Pl}h ; $\quad ^{Pl}t = (^{Pl}h.c^5/\mathcal{G})^{1/2}$; $\quad ^{Pl}L = (\mathcal{G}.^{Pl}h/c^5)^{1/2}$; $\quad ^{Pl}E = (^{Pl}h.\mathcal{G}/c^3)^{1/2}$

-       les champs quantiques sont des espaces vides où la matière virtuelle est **en attente** d'apparaître sous forme de matière et/ou antimatière.

-       l'indétermination des transformations, et les trajets de matière définis sous forme de probabilités.

-       la non-localité des événements.

-       l'intrication, la décohérence, la réduction de la fonction d'onde…

phénomènes sur lesquels on revient en annexe.

Les probabilités quantiques semblent introduire un élément "subjectiviste" en physique. *Le principe des quanta a pour conséquence le renoncement à la description causale des phénomènes atomiques dans le temps et l'espace (Bohr 1927)   car on ne peut observer un phénomène sans le perturber: on ne peut plus séparer la quantité mesurée de l'appareil de mesure* Fernandez

- La microphysique et la mécanique quantique mettent en évidence des symétries fondamentales: la symétrie C (particule-antiparticule), la symétrie P (image miroir) et la symétrie T (temps). La symétrie T seule *est interdite par le 2nd principe de la thermodynamique: dans un système clos le désordre, ou l'entropie, croît avec le temps* Hawking. *L'invariance CPT ne fait rien d'autre qu'exprimer… le principe de causalité* Klein

- Dans un monde quantique relativiste *une cavité résonnante* créée par **M. Brune**, *est l'équivalent d'une horloge donnant un "tic-tac" régulier, réglé par le rythme des allers–retours des photons qu'on y injecte. Or en injectant des atomes…, cette horloge est mise dans un état quantique ambigu: elle avance et retarde "en même temps"!*

- À l'échelle même *de Planck, la distance a-t-elle un sens? Le temps s'écoule-il du passé vers le futur?* _{Hawking.} *A l'échelle subatomique le temps n'est plus uni-directionnel; les lois ne portent pas l'empreinte d'une direction du temps* _{Ricard-Thuan}

- En cosmologie quantique, le temps est quelque chose de construit à partir des champs de matière et de leurs configurations... la notion de temps n'apparaît plus explicitement; c'est une étiquette _{JD Barow.}

Les propositions indécidables de **Gödel** s'énoncent: on ne peut pas démontrer qu'un système est cohérent et non contradictoire sur la seule base des axiomes contenus dans le système ; tout système doit être rattaché à une «mère».

L'histoire envisage le passé comme passé, comme mort, ce n'est pas du temps; quand le rapport au passé est sous la forme de Zakhor, de Souvenir, actualisé au présent il y a alors persévérance _{in Abecassis}

Reichenbach exprime la loi de causalité sous la forme:

1 Si l'on décrit un phénomène au moyen d'un certain nombre de paramètres, l'état ultérieur, défini avec un nombre de paramètres bien déterminé, peut être prévu avec une probabilité E.

2 Cette probabilité se rapproche de l'unité sans nécessairement l'atteindre, au fur et à mesure de l'augmentation du nombre de paramètres.

- **14/2/1933: E Esclangon** met en service l'horloge parlante: tous les français ont la même heure au même moment.

La même année **H Hoagland** fait l'hypothèse que notre corps est muni d'une horloge interne.

Pour **G Bachelard** : *Le temps n'a qu'une réalité, celle de l'instant présent... . Le temps : identité absolue entre le sentiment du présent et le sentiment de la vie.... Le mental est un voleur de réalité parce qu'il détourne continuellement de l'instant présent, le passé n'est plus, l'avenir pas encore, seul existe maintenant.... Le passé et l'avenir nous sont présents dans les représentations de notre esprit; il n'y a donc de passé et d'avenir que par un présent.... La durée n'a pas de force directe; le temps réel n'existe que par l'instant isolé, il est tout entier dans l'actuel, dans l'acte, dans le présent.*

Néanmoins *le temps a plusieurs dimensions ; le temps a une épaisseur.*

Par ailleurs *le réalisme* reconnaissant les substrats *de l'énergie... et de la matière... se présentait au siècle dernier... comme doctrine... à tendance abstraite poursuivant le dépeuplement de l'espace et du temps...,* ce qui méconnaît *un caractère essentiel de l'énergie: son caractère temporel... . L'énergie n'a de sens que dans un déploiement temporel... L'atome atomise tous les phénomènes qui se concentrent sur lui...; la matière **est** (et non pas **a**) de l'énergie...* L'atome est *devenir* autant qu'*être*, il est *mouvement* autant que *chose*, élément du *devenir-être* schématisé dans l'espace–temps.

Nos intuitions temporelles sont bien pauvres, résumées dans nos intuitions de commencement absolu et de durée continue; ce temps sans structure paraît apte à recevoir tous les rythmes... L'intuition met la réalité du temps au compte du continu, du simple.... Or en microphysique il relève évidemment du discontinu; le temps opère plus par la répétition que par la durée... Pour les conceptions statistiques du temps, l'intervalle entre deux instants n'est qu'un intervalle de probabilité ; plus son néant s'allonge, plus il y a de chance qu'un instant vienne le terminer... Ce que la pensée d'Einstein frappe de relativité, c'est le laps de temps, c'est la longueur du temps.

Le temps objectif ... est celui qui contient tous les instants; il est fait de l'ensemble des actes du Créateur.

Freud écrit : *La tâche qui consiste à relier et intégrer les mises en actions de différentes régions du cerveau nous donne la sensation du temps.... du maintenant; l'état des neurones qui précède est encore présent dans celui qui suit* et *produit l'impression de continuité du temps.*
La notion psychologique de temps est liée au "souvenir" et à la distinction entre expériences et souvenir de celles-ci. La possibilité d'expériences "antérieures" à celles "présentes"" donne lieu à la notion de temps subjectif.
Le sentiment des durées que fournit notre cerveau évolue avec l'âge.

Pour **Bergson :** *Notre expérience la plus intime est le sentiment que nous avons de notre évolution et de l'évolution de toutes choses dans la durée pure..... L'intervalle qui semble ... séparer deux états de conscience donnés constitue la notion de durée: elle est très imprécise.* in Couderc...
La "durée" rapportée aux phénomènes psychiques est *distinguée formellement du temps de la science...* Il y a opposition entre *durée continue et indivisible, celle du*

devinir et *temps abstrait et divisible de la science... . La durée est l'unique réalité.*

Si l'espace est quelque chose d'extérieur par rapport à la conscience, la durée, elle, s'identifie à celle-ci; pour elle, être c'est durer. *La pure durée pourrait bien n'être qu'une succession de changements qualitatifs, être pure hétérogénéité, temps relatif identique à la succession de nos états de conscience.... Alors que le temps que nos horloges divisent en parcelles égales... est une grandeur mesurable, et par conséquent homogène. ...* La philosophie bergsonienne *est une protestation contre le temps mécanique et artificiel, ne tenant dans son parcours uniforme aucun compte de la variabilité des états psychiques des individus.... Les systèmes dont les liens avec le reste de l'univers ont été réduits au maximum sont de ce fait extraits de la durée, attribut du Tout, pour être placés dans l'espace et dotés de ce temps homogène dont nous savons qu'il n'est que la durée spatialisée.in* Pomian

D'après Bergson il faut détruire la primauté du temps des horloges et se libérer du temps scientifique newtonien: *le temps de la physique est seulement un dérivé; il y a priorité de la durée, irréductible au temps linéaire et homogène. .... Avec le temps des physiciens que l'on associe à l'espace, les équations ne décrivent ni la différence entre présent, passé et futur ni les différences entre faits irrévocables du passé et possibilités du futur.... La conception déterministe-mécaniste, avec rejet de la connaissance autonome et la volonté libre comme illusions spiritualistes, revient à ne concevoir le temps que sous son aspect réversible et ne peut imaginer la possibilité d'un temps-invention.*

Le temps est une extension aux choses, de notre perception subjective de la durée.

Le temps a une épaisseur seule compatible avec la vie intérieure.... Le temps vécu est mieux qu'une suite d'instants séparés: il nous porte de l'un à l'autre; les phénomènes psychiques fusionnent entre eux comme les notes d'une mélodie.... Le temps est assimilé à un flux continu composé d'instants infiniment voisins succédant les uns aux autres in Pomian .... *Chaque instant apparaît comme celui d'un choix, c'est-à-dire d'un acte, et, à la racine de cet acte, d'une décision créatrice... N'importe quel moment peut être vécu comme un moment neuf et ... le temps peut être créé librement à partir du moment présent... Devenir ne signifie plus être changé mais changer... par une libre adaptation de ses ressources passées à la vie présente en vue du futur* in Poulet

Mais il faut se donner ce qui manque toujours à un instant pour faire de la durée : le temps!... La figuration du temps par une ligne omet de dire comment cette ligne se construit: <u>il faut un moteur qui traîne le présent.</u>

Une ligne ne peut être perçue comme telle que par un spectateur extérieur.... Toute lévitation au-dessus du temps est impossible... Raconter une histoire n'explicite pas ce qui l'a provoquée; décliner une généalogie ne dévoile pas ce qu'il y avait en amont d'une genèse.

L'être ne se crée et ne se trouve qu'en se détachant contre sa propre mort, qu'en se créant ex-nihilo.... Mais cette création, en raison même de sa nouveauté chaque fois retrouvée procède en quelque sorte par saccades, par des temps composés de séries hétérogènes in Poulet

La science saisit les dates de commencement et non le passage du non-être à l'être... Les lois physiques

s'appliquent dans E.T.: la durée commence en un point singulier de E.T. ce point lui appartient totalement... Plus on se rapproche du 0° absolu plus il est difficile de s'en rapprocher. La recherche de l'origine de l'Univers est une évaluation de l'âge, du vieillissement de la nature; c'est une durée.

Einstein découvre en 1935 le phénomène d'**intrication**. Des paires de particules, même très éloignées, pourraient posséder, d'après la théorie quantique, des propriétés fortement corrélées: ces propriétés seraient déterminées pour chacune de ces particules qu'on les mesure ou pas, en contradiction avec l'interprétation de la théorie quantique, ou avec le principe de causalité de la relativité: l'information irait plus vite que c!

Melberg établi une théorie causale du temps : *Il n'y a pas un temps des philosophes; il n'y a qu'un temps psychologique différent du temps du physicien* in Pomian

Rossi et Hall mesurent en 1941 la demi-vie des muons en labo: 2µs ; or les muons arrivent de l'espace et mettent 30µs pour parcourir 10km! La vitesse des muons étant proche de c ils "vivent plus longtemps à notre point de vue"; leur durée apparente est dilatée; de leur point de vue leur durée propre est 2µs.in Bergia

1946 **E Tolle** :   *Penser empêche d'être*
Hier est passé, demain est un autre jour.

A Heschel souligne : Le judaïsme construit ses cathédrales dans le temps plutôt que dans l'espace, à travers le cycle ritualisé du retour des fêtes et du Chabat.

Gamov *et* Alpher donnent en 48 une évaluation de la densité et de la température de l'Univers au temps du Big Bang et émettent la théorie de la nucléosynthèse primordiale de la soupe des éléments fondamentaux.

 C'est aussi l'année de la théorie de la "création continue" de F **Hoyle** *et* B **Gold,** celle de l'univers bloc de **Gödel** et celle où **Schrödinger** prévoit qu'*Il existe une **diminution** d'entropie interne liée à une croissance dans l'environnement ...pour tout système ouvert.*

➢ Monde dual et temps lié à l'action

En une trentaine d'années cette fois, après la victoire du relativisme qui laisse peu de certitudes absolues debout concernant les choses, c'est aussi la fin du déterminisme absolu: l'avenir, comme toute prévision, s'avère probabiliste, flou, avec   incertitudes. *Ce que découvre le 20ième siècle, grâce aux techniques nouvelles et aux mathématiques qui s'épaulent les unes les autres, c'est que l'univers est fait de deux immensités opposées et symétriques- l'immensément grand et l'immensément petit- auxquelles il est impossible de penser sans éprouver un vertige, et que tout bouge et se déplace à des vitesses stupéfiantes* d'Ormesson.

L'Univers est immense, sa grandeur connaissable liée à la propagation de la lumière. Il est en mouvement d'expansion, se déployant depuis une pseudo-origine, le *Big bang,* et où nous ne venons, nous, humains, à peine d'apparaître. Nous sommes petits dans l'univers; mais *l'atome atomise* encore plus *tous les phénomènes* et l'infiniment petit n'est plus géré par la mécanique classique même relativiste mais par une mécanique quantique bien différente. Si *la matière **est** (et non pas **a**) de l'énergie.., l'énergie n'a de sens que dans un déploiement temporel* Bachelard L'énergie-impulsion constituait en mécanique classique la propriété caractéristique fondamentale; la relation d'Einstein-de Broglie à tout objet qui possède de l'énergie ou de l'impulsion associe une période ou une longueur d'onde à la constante de Planck. La dualité onde-corpuscule met en relief l'importance de la célérité des propagations et des distributions de quanta dans les champs du vide quantique. Le quantum d'action devient la nouvelle unité fondamentale.

Le temps a une origine, celle de l'Univers. Le temps cosmologique mesurerait son âge, serait le paramètre de son expansion. Et à ce titre il serait irréversible. À moins qu'il soit irréversible à cause de l'effet de décohérence des phénomènes infinitésimaux vus à notre échelle macroscopique, ou de la croissance de l'entropie, ou de l'existence de l'antimatière. Toujours est-il que sous l'échelle de Planck, le temps, tel que le conçoit la Physique, n'a plus de signification. D'ailleurs pour certains philosophes seul le présent est réel; il est; donc est éternel, atemporel. Pour d'autres le temps a une épaisseur, celle que construit notre cerveau ou notre éthique: que vaut le présent s'il n'est pas accompagné du souvenir? La durée bergsonienne, continue, pure, liée à l'évolution est opposée au temps abstrait, divisible de la Physique. *Le temps opère plus par la répétition que par la durée* Bachelard, ou *le temps vécu est mieux qu'une suite d'instants séparés: il nous porte de l'un à l'autre.... La figuration du temps par une ligne omet de dire comment cette ligne se construit: il faut un <u>moteur qui traîne</u> le présent* Bergson.

De 1950 à ... Les temps modernes:
temps quanta, fractal ou multiple?

⁶⁹

- **1951**: l'Église reconnaît le Big Bang

    Deux ans plus tard un fonds de lumière cosmologique est prévu par **Alpher et Herman**, et la Terre a un âge calculé par **Houtermans** et **Paterson** de 4,5 milliards d'années.

- Mort d'Einstein le 18 avril 1955

Pour nous physiciens convaincus la séparation du temps entre passé, présent et futur est une illusion, même si elle est tenace.

- Jusqu'en 1956, la seconde est définie comme la 1/86400 partie du jour moyen défini à partir du mouvement orbital moyen de la Terre.

    Heisenberg pense en 1962, dans La Nature dans la physique contemporaine, qu'il faudra *écrire une équation fondamentale de laquelle **tout** découlera.*

    Pour **Charon** *C'est la distance espace-temps s qui définit la **réalité extérieure**...* Mais on peut définir un **temps intérieur** tel que:

$$s^2 = c^2.t_{ext}^2 - d^2 = c^2 t_{int}^2$$

L'invariance de s pour tout observateur montre que l'unité de temps intérieur est le même pour tous.

---

⁶⁹

- 17 oct 1960 : le mètre étalon est défini au moyen de la longueur d'onde associée à une transition du krypton 86.
- 1960: premières études du **chaos** par Yorke, Smale et Arnold en1961,

Le méson ne vieillit pas de la même façon à petite ou à grande vitesse... La particule méson parcourt des distances plus grandes que celles prévues par sa durée de vie; elle peut, aussi, vieillir de la même façon... mais c'est l'espace traversé à grande vitesse qui serait contracté pour la particule (il serait ramené, quel qu'il soit, à 600m!?);... il y aurait donc une sorte d'axe absolu de l'évolution le long duquel on pourrait compter les durées à l'échelle de l'Univers entier.

Il y a le temps qu'on pourrait qualifier d'objectif qui est indépendant de l'observateur et qui se rapporte à la réalité extérieure, inséparable de l'espace.... le temps subjectif perçu par l'observateur indépendamment de l'Univers et se matérialisant par son vieillissement: c'est ce temps qui s'écoule, appelé temps propre ou durée.

Le temps objectif est une notion relative pour un observateur: il varie suivant que l'observateur bouge ou non;... la durée a un caractère absolu; c'est un invariant.

Le temps propre n'est pas le temps "coordonnée" t; il ne peut pas servir d'adresse: on a besoin des 2 notions, le temps "personnel" intrinsèque et le temps "coordonnée" lié au repère Charon

 Avec M Siffre c'est la première expérience en 1962 qui révèle l'horloge circadienne.

L'inséparabilité quantique est démontrée théoriquement si les inégalités de **Bell** émises en 1964 sont violées en présence de l'hypothèse de localité : une paire d'objets mis dans un **état quantique intriqué** se comporterait comme un système unique, même si les 2 objets sont très éloignés.

Penzias et Wilson[70], la même année, découvrent le rayonnement fossile écho du Big Bang, le fameux fonds cosmologique. La théorie du Big Bang est alors totalement vérifiée sauf en ce qui concerne la formation des galaxies; une nouvelle évaluation de l'âge de l'Univers est proposée.

❖ Irréversibilité du temps jusqu'en 1960   et après

Pour des développements voir Annexe 7
[71]

Tout d'abord *il est clair pour tout un chacun que les phénomènes naturels sont évidemment irréversibles... Vous lâchez une tasse, elle se casse, mais vous pouvez toujours attendre pour que les morceaux se rassemblent tout seuls et sautent dans votre main!* Feynman Le temps ne peut être qu'irréversible; il a bien une "flèche" ou un "cours" qui le fait aller dans un sens et non dans l'autre.

Mais pourquoi? Et pourquoi les modélisations et les équations de la Physique semblent, ou sont, elles, réversibles temporellement? De nombreuses explications ont été tentées et proposées.

---

[70]
- 1962: Heisenberg La Nature dans la physique contemporaine
- 1962: Charon Du temps de l'espace et des hommes

[71]
- 1964: J Bell L'inséparabilité quantique
- 1964: découverte du rayonnement fossile écho du Big Bang
- 1965: abandon de la théorie de la création continue de Hoyle
- 1965: B Penrose réémet le concept de trou noir
- 1967 nouvelle définition de la seconde
- 1969 : J Wheeler
- 1969: Gell-Mann émet le concept des quarks décrivant la matière intime
- 1969: Couderc La relativité

Commençons par considérer les lois dites classiques et déterministes de la Physique: le temps newtonien est réversible car diminuer ou augmenter t nous fait remonter ou descendre les événements dans le temps. La mécanique relativiste aussi est déterministe et, même soumise à la causalité, la variable t a les mêmes propriétés réversibles.

Par ailleurs dans l'équation de propagation d'onde de la mécanique ondulatoire, toujours, *dans les phénomènes réversibles le temps n'intervient que par son carré* GellMann alors ce qui se passe dans un sens pourrait l'être dans l'autre.

Les phénomènes microscopiques peuvent se dérouler dans un sens ou l'autre (on ne s'aperçoit pas que le film est à l'envers). Par contre si nous filmons n'importe quelle scène de la vie courante (phénomènes macroscopiques) et projetons le film à l'envers nous le constatons immédiatement! Klein

Alors la flèche aurait-elle son origine dans l'état macroscopique et/ou dans le fait qu'il faut utiliser une Physique non classique?

En effet *les propriétés des phénomènes peuvent, ou non, être irréversibles suivant l'échelle à laquelle on les observe, ainsi que les équations qui les modélisent... Au niveau atomique les équations et les mouvements sont   bien réversibles.... Mais Boltzmann montre que si un grand nombre d'atomes est impliqué on ne sait plus suivre les trajectoires individuelles, on se contente de <u>mesures dégradées,</u> des observables, pour* *avoir l'évolution macroscopique... L'irréversibilité, et partant la flèche du temps, est* ainsi *un phénomène émergent qui se manifeste pour un nombre élevé de molécules.... L'<u>entropie</u>* mesure le degré *d'imprédictibilité d'un système ...;* et, *pour un système isolé, la différence d'entropie <u>mesure la longueur de la flèche du temps</u>. Pour un phénomène réversible il n'y a pas de flèche du temps ; sa valeur est 0.* Le Bihan

Si on se réfère à la physique statistique des systèmes, (théories thermodynamiques   de S Carnot, Clausius, ou   Boltzmann et <u>non à la physique classique déterministe</u>), il y a toujours évolution d'un état peu probable d'un système complexe vers un autre état plus probable. Alors *la flèche du temps n'est autre que celle qui va de l'ordre vers le désordre* EKlein. Et *le temps intervient ... à la puissance 1 pour les phénomènes irréversibles* GellMann.

Ainsi l'explication semble correcte et a été acceptée: *Il existe une flèche thermodynamique: tout tend vers le désordre; l'univers court à sa mort.* Ricard-Thuan.... à sa mort!

Si on se réfère à la mécanique quantique probabiliste au niveau microphysique, comme *la violation spontanée de la symétrie du temps viole également la symétrie matière antimatière,* et comme *dans le monde qui nous entoure tout est matière,* alors *le temps a aussi une flèche* Sakharov dans ce monde qui nous entoure.

Mais l'irréversibilité est-elle réelle? N'est-il pas possible de retourner la flèche du temps ? Le second principe de la thermodynamique ne signe pas, en effet, *une impossibilité mais une improbabilité d'un retour* Le Bihan

Depuis 1960 il y a eu un *changement de signification de la notion d'irréversibilité.* Prigogine

Tout d'abord *l'irréversibilité est inscrite dans la physique **la plus classique** qui soit. .... La physique classique... hamiltonienne ... donne naissance à de nombreux modèles irréversibles, soit parce que les liaisons sont fonctions du temps, soit parce qu'il apparaît un horizon temporel, soit parce qu'il y a dépense d'énergie ou amortissement de régimes transitoires, sans qu'il y ait dégradation de l'énergie* en *chaleur* LoebJ..

L'irréversibilité résulte d'*une ré-interprétation de la théorie de la dynamique:.... Depuis Poincaré, ... on sait que la plupart des systèmes dynamiques ne sont pas stables, intégrables... et* que leur *évolution ne peut pas être décrite en termes de trajectoires déterministes et réversibles... Au niveau microscopique la différence entre passé et avenir persiste même dans un système à l'équilibre; ce n'est pas le non-équilibre qui crée la flèche du temps,* Prigogine...

L'irréversibilité du temps a, en fait, *été scientifiquement rencontrée pour la 1^{ière} fois en calcul de probabilités... dans les problèmes de probabilité des causes (...*1763 principe de Bayes*)... L'irréversibilité s'explique par le fait que l'interaction d'un système en étude avec un autre système développe ses effets **après** la fin, **pas avant** le début de l'interaction* Costa

Le passage du temps semble donner des occasions de croître à la complexité. Gell Mann Exemple : un système obtenu après manipulation, même s'il ressemble à un état initial antérieur, a une histoire et n'est plus le même.

En Physique quantique *l'atome en interaction avec le champ qu'il induit ne constitue pas un système intégrable et ne peut donc pas être représenté par l'évolution d'une fonction d'onde… ; il faudrait procéder à une modification radicale de la mécanique quantique…* pour passer à *une description à symétrie temporelle brisée… L'irréversibilité n'est plus ce qui doit être expliquée !.* Prigogine
Au niveau cosmologique, la matière est porteuse de l'entropie de l'univers… produit d'un processus irréversible de création…. L'irréversibilité est condition même de toute connaissance…associée … à une éternelle succession de création d'Univers Prigogine *La flèche du temps cosmologique… est fondée sur l'expansion de l'Univers* Ricard-Thuan.

Il nous faut alors souligner que *l' entropie…*est une…*grandeur attachée **à ce qui se passe dans** le temps* Klein et que dans la quasi-totalité des fois où on parle de réversibilité ou d'irréversibilités il s'agit de phénomènes, de processus ou d'événements qui se passent dans le temps et prennent une certaine durée pour se réaliser, et non d'une caractérisation du temps lui-même qui continue même en l'absence de ces phénomènes. Alors on peut s'attendre à ce qu'il y ait autant de flèches du temps que de processus.
E Klein résume les principales *origines de la flèche du temps:*

-croissance de l'entropie dans les systèmes isolés.... : le niveau macroscopique crée l'illusion de la flèche,
-réduction du paquet d'ondes par l'opération d'une mesure en physique quantique,
-violation de la symétrie CP... l'invariance CPT ne faisant rien d'autre qu'exprimer... le principe de causalité,
-expansion de l'univers... flèche liée aux conditions aux limites de l'univers.

L'irréversibilité du temps, ou plutôt celle des événements qui nous concernent, résulte enfin et aussi de *la structure de l'être humain conçu tel que la cause doit précéder la conséquence et non l'inverse; cette particularité de notre esprit est une conséquence de notre besoin d'agir et réagir à notre environnement changeant, besoin de savoir les conséquences de nos actes* Atlan. *La flèche psychologique est la direction selon laquelle nous sentons le temps passer, dans laquelle nous nous souvenons du passé et pas du futur.* Hawking. *Le cours de la vie psychique est lié à un flux d'information entrante... grandeur non décroissante* **Costa.**

Le "cours" du temps, selon l'expression de **E Klein**, c'est à dire <u>le sens de succession des instants</u>, est bien le support des événements qui s'y déroulent, mais il s'en dissocie. On a vu les raisons qui pouvaient rendre irréversibles certains processus complexes. *Ces arguments diffèrent des contraintes que le principe de causalité impose au cours du temps ... Dès lors que, dans toute théorie physique, le cours du temps est soumis au principe de causalité, il ne peut être qu'irréversible, au sens où un instant ne peut se "présenter" deux fois.... L'irréversibilité*

175

du cours du temps est bien autre chose que la flèche du temps   liée à l'irréversibilité de certains phénomènes.
EKlein

Un aller et retour dans l'espace est toujours un aller sans retour dans le temps.

❖ Révolution des théories de l'information 60-90

Ces théories ont été émises par **Shannon, Wiener, Brillouin, Gabor...**

L'information peut être définie et conçue, depuis Aristote, comme :

-une acquisition de connaissances (l'ensemble des informations acquises)

- ou un pouvoir d'organisation en vue d'une action.

Le principe de Brillouin énonce que: $S >= S - I >= 0$

I l'information tirée d'une mesure est comprise entre 0 et l'augmentation concomitante de l'entropie S de l'Univers.

Pour **Shannon** *l'information mesurerait la "surprise" que nous manifestons à la découverte de chaque lettre d'une séquence;... la lecture des 99 premiers caractères n'aide en rien à prévoir le 100ième.*

La mesure de l'information par **Kolmogoroff** *au moyen de la longueur d'un programme de réalisation... implique que l'histoire dont nous tentons de comprendre la naissance existe déjà.*

Si dans un système il n'y a *aucune connexion ou si tout est interconnecté, c'est simple (il faut une longueur courte de description),* alors que *les systèmes intermédiaires sont plus complexes... La longueur d'une description, (et le niveau de détail choisi) peut à l'évidence dépendre de **qui** fait la description; ce n'est pas une propriété intrinsèque; le langage descriptif doit faire l'objet d'un accord préalable, être concis: c'est la longueur du plus court message qui importe et définit la complexité brute. ... La complexité* d'un système *est* fonction *des longueurs des descriptions compressées, mais <u>aussi du temps, du travail, de l'ingéniosité, requis</u> pour accomplir la réduction ou pour identifier les régularités... La probabilité pour que le temps requis soit atteint croit avec le temps: la" profondeur" mesure la durée pour que la probabilité soit proche de 1* Gell-Mann

La nature est discrète comme le temps : il faut, pour qu'un bit bascule, une certaine durée qui dépend de la quantité d'énergie nécessaire[72] .
Toute information est relative et toute réalisation est une évolution d'actions en cours.

- **1965**: abandon de la théorie de la création continue de
Hoyle

Depuis Schwarschild en 1915 le trou noir est considéré comme *un   monde à part* avec*... horizon absolu   des événements* qui *partage ET en deux... Plus la lumière est émise près de l'horizon, plus elle met de temps pour nous parvenir   : des phénomènes se déroulant à vitesse normale paraîtraient ralentis, à la limite "gelés"*

---

[72] $t_d.E \# 4^{Pl}h$

1kg de matière $\sim 10^{51}$ opérations/s $\sim$1G °K $\sim 10^{31}$ bits
Depuis sa naissance l'univers a fait 10^{123} opérations !

temporellement... La singularité du trou noir apparaît comme un bord de ET, au même titre que l'infini spatial; elle marque une fin du temps, une absence de futur. **B Penrose** réémet le concept de trou noir en 1965 et quatre ans plus tard **J Wheeler** confirme que dans les trous noirs, *là où la lumière est captée, ne peut plus s'échapper, rien d'autre ne le pourra non plus.*

● De 1956 à 1967 la seconde est définie comme la 1/31 556 925 partie de l'année tropicale. En 1967 la première horloge atomique est utilisée.

- **1969: Gell-Mann** émet le concept des quarks décrivant la matière intime.

Le temps dans un trou noir d'après **Hawking**

Le temps gelé du trou noir.
Un astronaute décide d'explorer l'intérieur d'un trou noir. Il fait un dernier salut à l'humanité avant de disparaître. Une caméra de télévision placée à bord du vaisseau le filme et envoie les signaux à une station orbitale. Le film de gauche (temps propre) montre la scène telle qu'elle est réellement vécue par l'explorateur. Au cours du salut, il franchit sans s'en rendre compte la frontière du trou noir (horizon), et son salut s'achève au bout de 1,2 seconde au fond du trou noir (singularité). La durée du salut est finie. Le film de droite (temps apparent) montre la scène telle qu'elle est vue depuis la station orbitale. Au début, les deux films sont identiques, puis le film apparent s'étire indéfiniment, montrant l'astronaute éternellement figé au milieu de son salut. La durée du salut est infinie.

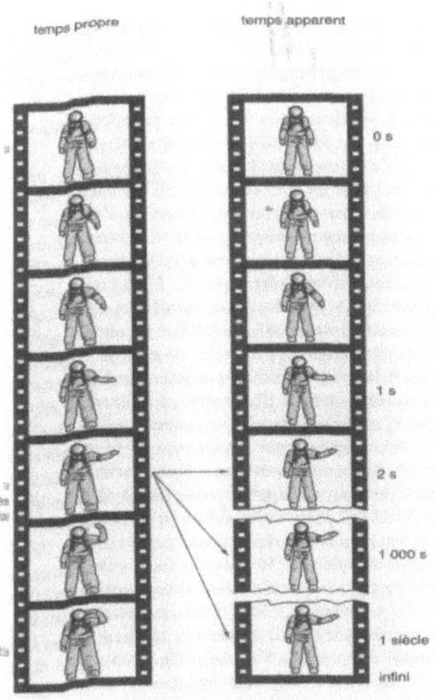

fig Hawking

Couderc distingue différents types de temps:

-le temps vécu ou psychologique. Les notions de temps et durée (empiriques et individuelles) dépendent de notre mémoire: en évoquant le passé nous avons le souvenir de perceptions sensorielles, d'événements, non seulement distincts et séparés mais rangés dans un ordre défini. Cette conscience d'une suite linéaire ... constitue la notion subjective du temps; c'est la variable qui situe grossièrement nos expériences intellectuelles dans le cours de notre vie.

-le temps des horloges: C'est l'horloge qui rend objectifs les concepts de temps et durée. Toute horloge est basée sur un phénomène physique répétable identique à lui-même

*autant de fois qu'on le désire **supposé** constant: sablier, pendule, ressort, montre...; mais la constance de la période est une hypothèse!*
-le temps sidéral: temps de l'horloge terrestre, temps matériel.
-le temps newtonien: La physique ne définit pas le temps, elle le mesure ......Le paramètre t qui figure dans les équations de la mécanique est ce temps uniforme idéal abstrait absolu affranchi des vicissitudes du temps terrestre.
-le temps relatif: La Relativité, en rendant les durées relatives, c'est à dire dépendantes des mesures d'espace, établit une symétrie logique, sans effacer les caractères propres du temps.... Du contrôle quantitatif poussé de plus en plus loin du temps, a fini par sortir une transformation qualitative du temps mesuré.
Le temps (comme l'espace) est une construction de l'intelligence non une donnée simple de l'introspection.

Pour **Goëdel**, en 1970, : *Ce n'est que parce que nous pensons faire partie de différents niveaux de réalités que nous avons le sentiment d'un temps qui passe. En fait, nous ne faisons partie que de donnés différents; il n'y a qu'une réalité.*

L'homme se retrouve seul, ajoute **J Monod**, dans l'immensité de l'univers d'où il a émergé par hasard. *Si nous assimilons la vie à un phénomène d'auto-organisation de la matière évoluant vers des états de plus en plus complexes, notre présence constitue un phénomène naturel.*

En   1970 on trouve 2 groupes de 10 000 neurones au niveau de l'hypothalamus qui gèrent l'horloge principale humaine et un an plus tard on identifie   le gène *Period* codant une protéine qui s'accumule la nuit et disparait le jour. Les hormones mélatonine et cortisol ont des effets sur la perception de la durée.

Ruelle utilise en 1971 la notion nouvelle d'attracteur étrange, *attracteur de régime stationnaire (point fixe), ou périodique (cycle limite) dans la théorie du chaos.* Cela sera suivi par la *Théorie des catastrophes* de **R Thom.** *(cf plus bas dynamique non linéaire).*

La comparaison d'horloges atomiques, au sol et dans un avion, est réalisée cette année-là: il y a 2 effets qui se superposent : à haute altitude la montre fonctionne un peu plus vite à cause de la gravitation qui a diminué; la montre qui voyage vite est plus lente que celle restée sur terre. Cela est vérifié.

Le constat que l'univers a des propriétés telles que nous existons constitue le *principe anthropique faible* de **B Carter** émis en 74.

Smoot et les mesures sur la sonde COBE qui s'étalent sur plusieurs années permettent de découvrir l'inhomogénéité du rayonnement fossile cosmologique; ce qui explique la formation des galaxies; la théorie du Big Bang est entièrement validée (1992 cf *Singh*).

- **1978:** le temps Universel coordonné UTC et le temps atomique international TAI sont officialisés.

Pour **Levinas** : Il faut *penser le temps non comme une dégradation de l'éternité mais comme une relation entre soi et "ce" qui ne se laisserait pas "com-prendre".*
Le temps n'est pas le fait d'un sujet isolé et seul, mais il est la relation même du sujet avec autrui.

Le temps n'est pas qu'une simple expérience de la durée, mais un dynamisme qui nous mène ailleurs que vers les choses que nous possédons (vers un à-venir) (vers l'Autre) (vers ce que nous ne sommes pas, une femme, ou pas encore, un père).

Le temps est-il la limitation même de l'être fini ou la relation de l'être fini à Dieu?

Il n'est pas un horizon ontologique de" l'être de l'étant", mais mode de "l'au-delà de l'être".... Comme modalité de l'être fini le temps devrait signifier ... la dispersion de l'être de l'étant en moments qui s'excluent, instables, s'expulsant dans le passé... en fournissant   l'idée fulgurante de leur présence.

Il y a dia-chronie du temps: le temps signifie ce "toujours " de la non-coïncidence et ce "toujours" de la relaxation, de l'aspiration, de l'attente.

*Nous n'**avons** pas de présent. C'est dans le présent, cependant, que nous **sommes** et que nous pouvons avoir un passé et avenir: paradoxe!*

L'hypostase est l'événement par lequel l'existant contracte son exister...; c'est le présent.... Le présent est le départ de soi... Il a un passé sous forme de souvenir, une histoire, mais n'est pas l'histoire... En nous donnant le présent nous ne nous donnons pas... le temps comme série linéaire de la durée, ni comme point de cette série.... Le présent est fonction de l'exister... et vire en existant.... Il vient de soi en ne recevant rien du passé, n'est pas un héritage, est évanescent comme tout commencement.... Le caractère matériel du présent ne tient pas au fait que le passé lui pèse ou qu'il s'inquiète de son avenir ... il vient s'engager en soi-même.

Briser sa solitude, c'est être dans le temps.

Ce qui n'est absolument pas saisi c'est l'avenir; "l'extériorité" de l'avenir est totalement différente de l'extériorité spatiale.... L'avenir... ce qui tombe sur nous et s'empare de nous ...c'est l'Autre..... La présence de l'avenir dans le présent s'accomplit dans le face à face avec autrui.

Le lien entre deux instants... séparés par l'intervalle qui sépare le présent de la mort ... n'est pas une relation de simple contiguïté qui transformerait le temps en espace.... La réalité du temps est... l'impossibilité de trouver dans le présent l'équivalent de l'avenir.

Prigogine, la même année 79, écrit :

Il faut décrire le chemin qui constitue le passé d'un système, énumérer les bifurcations traversées et la succession des fluctuations qui ont décidé de l'histoire réelle parmi toutes les histoires possibles... Le temps n'est plus répétition indéfinie du même, mais devient synonyme de création et d'invention.

En 1980 **Connes** déclare qu'il y a *du temps... de temps en temps : quantum d'énergie (Planck), temps et espace sont discrets; d'où l'anisotropie sans brisures des symétries fondamentales.*

R Thom établit une *théorie générale de la morphogenèse, une théorie des catastrophes : toute forme se manifeste par une discontinuité des propriétés du milieu...* Il y a *changement discontinu des variables d'état (les effets)... produit par une variation continue des causes* (variables de contrôle).... *Le structuralisme dans sa recherche de l'intelligibilité ne peut que dissoudre l'histoire; mais il n'est pas obligé pour autant à évacuer le temps. ... La structure d'un processus comporte un temps interne, orienté et irréversible... Tout phénomène est composé d'un "signifiant": ses traits observables, et un "signifié": un objet mathématique qui en assure la stabilité*
in Pomian

Penrose fournit une nouvelle définition de l'Univers : c'est *l'ensemble des trajets possibles de rayons lumineux capables de connecter les événements entre eux*
in Klein

- **1980**: début de la théorie gravitation quantique à boucles par **A Ashtekar, Rovelli, Smolin**

Brouwer affirme que : *Nous n'avons que l'intuition du temps.*

En 1982 **A Aspect** vérifie le test d'hypothèse de localité qui met en évidence la violation des inégalités de Bell: *on ne peut pas toujours concevoir le monde comme formé de sous-systèmes séparés, aux propriétés physiques définies localement et qui ne s'influenceraient pas lorsque les systèmes sont séparés au sens relativiste.*

Deux ans plus tard **Rucker** écrit : *Le monde nous présente un ensemble de visions, de sons, d'odeurs…; par un processus plus ou moins conscient nous organisons toutes ces sensations en une structure stable…: la réalité.*
"Je" suis moins mes atomes que la structure suivant laquelle ils se sont arrangés… je peux me considérer comme une partie de l'ET éternel … Si nous sommes des formes spatio-temporelles de ET, cela signifie que le futur existe déjà. N'est-ce pas contradictoire avec l'idée de jouir du libre arbitre?…. J'ai le sentiment que ma vie existe comme un tout où le temps n'existe pas.
Le grand avantage de ET sur les autres points de vue c'est qu'il ne contient aucun Maintenant existant de façon objective.
Il n'y a aucune explication au fait que deux particules élémentaires puissent agir de concert… .Le monde … est rempli d'harmonies et de coïncidences non expliquées en

termes de cause à effet; ...le monde est un donné plein de causes et d'effets, plein de synchronicités.

Cette même année 1984 **Pomian** *K* s'intéresse à *L'ordre du temps :*

Chronométrie, chronographie, chronologie, chronosophie, ce sont quatre manières de visualiser le temps, de le traduire en signes: calendriers...horloges atomiques,... chroniques et récits, ... séries de dates,... devenirs et phénomènes.

En transcendant le présent vers l'avenir toutes les chronosophies aspirent à appréhender d'emblée le parcours entier de telle ou telle trajectoire..., à rendre l'avenir accessible, en faire un objet de connaissance par voyance... divination... interprétation des conjonctions... ou par élaboration de théories... Il y a quatre types de chronosophies: stationnaire, discrète, cyclique (temps mesuré court), linéaire (long).

Tout événement présuppose toujours un spectateur... mais *il est nécessaire qu'un changement se produise dans le monde même et qu'il soit accessible à une pluralité de spectateurs virtuels... Le changement doit être perceptible* dans *les dimensions de la sphère de visibilité associée à chaque spectateur et à l'intérieur de laquelle se produisent les événements... Un événement désigne désormais non un changement perçu dans le monde ambiant mais une discontinuité constatée dans un modèle.... Pour qu'il y ait événement il faut et il suffit qu'une discontinuité se manifeste dans un substrat... rapport entre la discontinuité et le continu.*

Le temps cyclique est celui d'une existence condamnée à s'écarter du droit chemin et à y revenir...

Si le temps est rigoureusement linéaire toute répétition en est bannie ...; nous n'avons affaire qu'a des événements ou des phénomènes uniques, individualisés dans ET...

Lorsqu'on envisage un temps très long... trois grandes tendances semblent imposer à l'histoire un caractère linéaire, cumulatif et irréversible:... la croissance démographique,... la croissance de la quantité d'énergie disponible par tête d'habitant,... la croissance du nombre d'informations emmagasinées dans la mémoire collective.... Mais le temps de l'histoire est neutralisé par rapport aux valeurs (.... plus en plus de sagesse, de savoir, de bonheur et de vertu).... La direction du temps n'est plus définie a priori; on la constate.... La topologie du temps n'est pas préétablie:... ce sont les processus qui par leur déroulement imposent une topologie déterminée. Le temps uniforme et rectiligne, représenté par les abscisses de nos graphiques... ne joue que le rôle d'instrument qui permet d'observer et mesurer les variations de telle ou telle grandeur et de les comparer... ce n'est pas le temps de l'Histoire. Elle a son temps à elle ou plutôt ses temps: les temps intrinsèques des processus étudiés par les historiens qui rythment les singularités de ces processus.... Comme l'économiste, l'historien ne s'intéresse pas à un temps abstrait, uniforme et rectiligne; au foyer de ses préoccupations se trouve le temps intrinsèque des processus qu'il étudie, représenté par la trajectoire d'une variable associé et différente chaque fois... suivant la .modélisation politique, culturelle ou économique entreprise... . Dans l'histoire se déroulent des processus irréversibles..., les changements de structures se faisant dans le sens d'une complexité croissante... limitée et partielle...; mais le temps de l'histoire globale ... est une suite de cycles.

Les réalités inaccessibles à la vue sont supposées continues, orientées séparées par des zones de rupture qui laissent toutefois quelque chose qui dure, et rangées dans l'ordre successif , bref, inscrites dans le temps... et dotées d'une épaisseur temporelle.... Une suite de faits censés s'être produit successivement.... se laisse allonger dans les deux sens...: énumération à laquelle une seule conjonction est permise, le "et"; or dès que ces faits sont soumis à une périodisation ... on peut en embrasser la suite ... d'un seul regard... partie visible d'une morphogenèse... qui dévoile un discours ... qui parle des causes de l'apparition et de la disparition des formes , ou de leur évolution,... de l'orientation générale des processus, des rapports entre durée et changement, continu et discontinu.

Structure: ensemble de relations pensées comme logiques, rationnelles et telles qu'on puisse déduire ou prévoir à l'avance les transformations de l'ensemble connaissant le changement d'une de ses composantes.... opposée à la substance, totalité unitaire qui subsiste par elle-même une structure est pensable sans substrat... Une structure est toujours la théorie d'un système... concept local, structure de quelque chose de déterminé.

Le temps homogène a une légitimité pour les systèmes isolés....   Universel et mesurable sont deux attributs incompatibles; d'où temps universel et métaphysique identifié au flux de l'hétérogénéité pure, à l'invention.... et temps multiples partiels limités chacun à un système isolé, temps physiques.

Il n'est de temps libre que qualitatif. Le temps quantitatif ne s'apprend que délibérément... assimilé au pur mouvement uniforme, à la pure régularité de succession.

Qualitatifs : temps de l'histoire (pas tous), psychologiques, solaire, liturgiques, politiques
Quantitatifs: temps des horloges, de la science ultra court et long.
Pluralité des temps avec aucun privilège à l'un d'entre eux. La réalité du temps est fondée sur celle du changement... Pour que le temps émerge du changement il faut qu'il y ait plusieurs changements voisins... et qu'il existe une instance qui coordonne les changements dans leur multiplicité..., cette coordination se réalisant par des signaux qu'émet l'instance coordonnatrice... fonctionnant conformément à un programme.

R Thom analysant, en 85, les écrits de I Prigogine constate:
La possibilité d'inverser sur le papier le signe du temps dans une équation de la physique n'implique nullement celle de renverser "physiquement" le sens du temps. Seule la direction des phénomènes peut être physiquement inversée, non celle du cours du temps.

Feynman démystifie le principe de moindre action.
L'action est définie par :
$$S = \int(\text{Lagrangien}) * dt.$$
C'est la phase d'une onde de probabilité d'amplitude $\exp(i.S/^{Pl}h)$ avec existence d' une infinité de chemins. Dans le monde classique cette amplitude est énorme; les contributions des chemins ont tendance à s'annuler pour ne faire émerger qu'un chemin: celui où l'action est minimale.

Pour **I Prigogine-I Strengers**: *Le temps précède l'existence.*

Prigogine définit un temps *"interne"*. Il part *de la transformation du bou*langer qu'on peut considérer comme une ré-*partition génératrice* d'un système.[73]

.... Le temps interne moyen <T> croit avec t mais c'est un temps topologique;...<T> change avec t mais aussi avec la position.

Tant la relativité que... la mécanique quantique, toutes les théories mécaniques *ont prolongé la négation du temps issue de la dynamique classique.* La réversibilité du temps nie, en effet, sa vraie réalité. *Non seulement l'ensemble des descriptions physiques phénoménologiques affirment la flèche du temps, mais ... elles nous conduisent à comprendre un monde en devenir, un monde où "l'émergence du nouveau" revêt une signification irréductible.... Comment comprendre un événement, produit d'histoire et porteur de nouvelles possibilités d'histoire... si les lois de la physique ne permettent pas de donner un sens à l'histoire?... Ces lois ne s'opposent plus à l'idée d'une évolution authentique, mais s'avèrent au contraire... répondre aux 3* **exigences minimales nécessaires** *pour penser une telle évolution:*

.... l'irréversibilité, **brisure de symétrie entre l'avant et l'après,**

---

[73] À partir de la *nième partition: χ_n,* on définit la (n+1)[ième] par *:*

$$\chi_{n+1} = U_t.\chi_n$$

si U_t désigne l'opérateur qui définit la transformation au temps t chronologique.

On peut aussi définir un âge de la partition par   : $T.\chi_n = n.\chi_n$

On a alors : $\qquad\qquad\qquad U^{*}_t . T . U_t = T + t$

et pour une partition arbitraire: $<T>_{pt} = <T>_{p0} + t$ $\qquad\qquad$ $<>$ *désigne une moyenne statistique*

où ρt et ρo sont les probabilités de trouver le système dynamique à t et t = 0 dans l'espace de ses phases.

*... un événement...implique d'une manière ou d'une autre que ce qui s'est produit " aurait pu" ne pas se produire **(renvoyer à des possibles que nul savoir ne peut réduire)**,*

*... et troisième exigence: certains événements sont susceptibles de transformer le sens de l'évolution qu'ils scandent **(possibilité de créer des cohérences)**.*

Ainsi à l'étude (d'objet) idéal se substitue aujourd'hui celle des (objets) concrets, dont chacun constitue, par sa structure singulière (défauts, dislocations...) une mémoire du chemin emprunté lors de sa formation ... de son histoire... La science des processus loin de l'équilibre s'ouvre aux questions d'un monde en devenir dont l'intelligibilité impose la conception de nouveaux rapports de causalité.

Il faut d'abord procéder à une....re-formulation des 2 principes de la thermodynamique avec une possible création de matière et un terme de source d'énergie; avec une création de l'entropie de l'Univers pendant les 10^{-37}s initiales...où il y aurait....naissance de la matière à partir de l'espace-temps; auquel cas... plus de Big bang, mais une instabilité créatrice de matière. ... Il se pourrait... qu'une nouvelle instabilité créatrice d'Univers se produise...; d'où possibilité d'un éternel recommencement... création continue, succession infinie d'Univers.

La nouvelle description dynamique ... incorpore la flèche du temps à la fois dans la définition de ses unités (les fragments contractants ?!) et dans l'équation qui régit leur évolution. Restent les deux relations d'incertitude en mécanique quantique:

o $\Delta p.\Delta v > {}^{Pl}h$

o   *et $\Delta E.\Delta t > {}^{Pl}h$: l'action $> {}^{Pl}h$ où l'incertitude sur t est liée au temps de vie et l'incertitude sur l'énergie est la largeur de la raie spectrale: l'événement n'est pas déterminé par un dispositif de mesure; .... la dispersion statistique de l'énergie est $< E^2> - <E>^2$ elle est indépendante de l'acte d'observation.*

Les temps de vie, ou de relaxation, créent une échelle des temps intrinsèque par rapport à laquelle le caractère quasi périodique du comportement de grand système perd son sens. Il y a *abandon de la fonction d'onde au profit d'une équation du type cinétique;... le devenir irréversible marque **tous** les êtres physiques.*

Mais alors *pourquoi n'observons-nous pas des fluctuations d'univers, mais un univers qui existe depuis 15 milliards d'années?... L'irréversibilité ne serait pas une propriété surajoutée ...* mais *l'expression essentielle de la genèse de l'univers; ce ne serait pas l'énergie, mais l'entropie qui ferait la différence entre l'univers purement spatio-temporel, vide, ... et notre univers matériel.*

Le vide quantique est le contraire du néant: loin d'être passif ou inerte, il contient en puissance toutes les particules possibles.

D'après **E Klein**, Prigogine *suppose que le temps .... se construit à partir des phénomènes; c'est implicitement admettre une multiplicité de temps:... temps psychologique,...géologique ...astrophysique ...subjectif ....historique ..."rythmé" ... "bifurquant" .... "entropique" proportionnel à la variation d'entropie du système au cours d'un processus irréversible donné $t^* = a^{-1}.\int(P(t).dt$, Pétant la production d'entropie ... Le temps entropique... s'arrête dès que l'entropie du système devient*

constante, alors que le temps physique continue... La définition du temps entropique s'appuie explicitement sur la donnée du temps physique….. Prigogine, au lieu de dire qu'il n'y a pas de flèche du temps, mais que le niveau macroscopique crée l'illusion qu'il y en a une, proclame qu'il y a un flèche du temps, à toutes les échelles, mais que le niveau microscopique crée l'illusion qu'il il n'y en a pas
Klein

La même année 88 **Reeves H** écrit :
Traverser le mur du temps zéro, comme le zéro absolu de température, la vitesse de la lumière, est inaccessible.
Il est de tradition de diviser le temps en tranches égales. Puis de mesurer le passage du temps en comptant les tranches... (échelle linéaire)... On pourrait aussi compter... en échelle logarithmique ... Le temps "zéro" serait le moment présent.... Avec une unité de temps, chaque fois que la distance entre deux galaxies est multipliée par deux... le passé se voit assigner des temps négatifs... et à mesure qu'on recule dans le passé, on s'en va vers "moins l'infini" qu'on n'atteint jamais.... Il n'y a pas "début" du temps et on n'est pas tenté de se demander ce qu'il y avait "avant"... La désintégration des particules qui donnent naissance aux quarks apparaît au temps   -10^{27} dans cette échelle.
C'est par notre conscience que nous percevons l'existence de "quelque chose plutôt que rien"; or cette conscience n'est pas en dehors de l'univers, elle en fait partie.
Savons-nous ce qui se cache derrière cette réalité complexe que nous appelons temps ?... Quel sens donner au temps "cosmique" dans lequel s'inscrit l'histoire de l'Univers? Alors que le temps absolu de Newton, celui du "bon sens", est mis en question, que l'espace et le temps

absolus n'existent plus en faveur d'un espace-temps... dont la perception dépend de la vitesse de l'observateur ... à tel point qu'après la promenade du chien d'Einstein, le chien est plus jeune que le promeneur, et la queue du chien plus jeune que le chien!! En outre, le temps s'écoule relativement plus lentement au fond d'une vallée qu'au sommet d'une montagne...La matière influence l'espace et le temps... elle déforme l'espace dans lequel elle est plongée.

On appellera "temps cosmique" celui des observateurs pour lesquels le fond du ciel est uniformément rouge.... C'est celui du plus grand nombre d'atomes, de la majorité de la matière; c'est par rapport à lui qu'est mesuré l'âge de l'Univers.

En 1989 **S Hawking** prévoit que *lorsqu'on essaye d'unifier gravitation et mécanique quantique on doit introduire la notion de* ***temps imaginaire.*** (comme les nombres imaginaires*).Ce temps se confond avec les directions sur Terre; si l'on va vers le nord, on peut faire demi-tour et rejoindre le sud... si on avance dans le temps imaginaire on doit être capable de faire demi-tour et de revenir...; quand on regarde le temps "réel" ... il y a différence entre passé et futur... ; or les lois de la physique ne font pas cette distinction.... Ce que nous appelons temps imaginaire est en réalité plus fondamental et ce que nous appelons temps réel n'est qu'une idée que nous inventons pour nous aider à décrire l'univers tel que nous le concevons.*

Les lois de la physique ne font pas de distinction entre passé et futur..., elles sont inchangées dans la combinaison des symétries C (remplacement des particules

❖ Développement de la dynamique non linéaire et de l'étude des systèmes ouverts 1970-1990 à…:

Voir Annexe 8 pour des développements .

Le déterminisme n'exclut pas des évolutions complexes. Des règles d'évolution déterministes très simples peuvent conduire à des structures erratiques dans l'espace et le temps.

La loi logistique de **Verhulst** et le problème des 3 corps de **Poincaré** en sont des exemples: il existe des solutions *chaotiques*.

En dehors de l'exploitation, grâce en particulier à la puissance des ordinateurs, de la dynamique non linéaire, les théories des catastrophes et du chaos se sont développées et mises en application.

Il y a catastrophe *lorsqu'une variation continue des causes entraîne une variation discontinue des effets:* d'où *une mise en défaut de " la cause égale l'effet"*Thom in Boutet

Le chaos, lui, a plusieurs origines: il peut provenir du problème de l'incertitude sur la condition initiale, de la forte sensibilité aux conditions initiales, de la non-linéarité des fonctions qui régissent les phénomènes, du fait d'un grand nombre de degrés de liberté des systèmes complexes. Les solutions peuvent alors être nombreuses avec un ensemble d'évolutions temporelles possibles. Remarquons néanmoins que *le temps de la théorie du chaos n'est autre que le temps newtonien* Klein

Les systèmes chaotiques…, dissipatifs… sont générateurs d'une "imprévisible nouveauté"…. Les trajectoires qui composent les <u>attracteurs étranges</u>… ne se referment jamais sur elles-mêmes et les systèmes qu'ils régissent ne repassent jamais deux fois par le même état Boutet.

Or *pour tout système dynamique instable le rôle des conditions initiales est fondamental; … il n'y a plus de trajectoire mais des probabilités de trajets.*de Wever

On peut alors introduire des notions de transformations contractantes (pour des trajectoires avec avenir commun) et dilatantes (pour avenirs disjoints). *Les fonctions de distributions… introduisent la nature asymétrique des états; les variétés dilatantes placent l'équilibre dans le passé et les contractantes dans l'avenir* de Wever

D'après **Prigogine**[74] l'état d'équilibre d'un système est un cas particulier d'un état stationnaire et l'étude des états stationnaires suffit à dissocier le second principe de thermodynamique de l'idée d'évolution vers le désordre.
Pour tout système ouvert:

toute variation d'entropie = apport extérieur + production d'entropie.

Et c'est la seule production d'entropie qui est positive ou nulle.

Loin de l'équilibre c'est véritablement de nouveaux états de la matière dont il convient de parler l'état stationnaire pouvant devenir instable; les mouvements sont alors gérés par des mécaniques non linéaires. ...Il faut prendre en compte... l'articulation des possibles.

"Une même cause produit, dans des circonstances semblables, un même effet" n'est plus valable. .... *τ, le temps de Lyapounov, est l'échelle du temps par rapport à laquelle l'expression "2 mêmes systèmes", correspondant à la même description initiale, garde un sens effectif. Après un temps >τ ... la connaissance de l'état initial ... ne permet plus de déterminer sa trajectoire...   τ est un horizon temporel ... que nous pouvons déplacer mais non*

---

[74] •   1970: Goëdel
- 1970: Véneziano: théorie des supercordes
- 1970 : J Monod
- 1971: Ruelle les attracteurs étranges
- 1972 Théorie des catastrophes   de R Thom
- 1974 :   principe anthropique faible de B Carter
- 1976- 1989: Smoot et les mesures sur la sonde COBE
- 1977 : S Weinberg : Les trois premières minutes de l'Univers
- 1979 : Levinas 1905_1995
- 1979 Prigogine La nouvelle Alliance
- 1980: Connes
- 1980: Thom
- 1980 Penrose

annuler.... . Pour multiplier par 10 le temps au long duquel l'évolution reste prévisible, il nous faut augmenter la précision de la définition des conditions initiales par e^{10}! ... Pour les systèmes chaotiques le temps de **Poincaré** *est bien plus long que le temps de* **Lyapounov***: le retour à l'état initial se situe au-delà de l'horizon temporel, à un moment où la notion de trajectoire individuelle a perdu son sens.*
L'instabilité... rend l'idéal de la raison suffisante illégitime... et ouvre un champ de questions où l'événement joue un rôle central. Prigogine

❖ Fractals, gravité quantique et théories des cordes

L'irréversibilité de certains phénomènes complexes laisse en suspens des questions: comment passer du micro réversible au macro irréversible? Comment caractériser le complexe? Les notions de base: champs, espace, temps ou même *ET* sont en général des entités continues: existe-t-il un véritable continu dans la réalité?

Découvrir la complexité c'est *apprendre à déchiffrer le monde où nous vivons sans le soumettre à l'idée d'une différence hiérarchique entre niveaux* Prigogine

L'espace-temps fractal

[75]Le travail proposé par **Mandelbrot** est *une théorie du brisé, fracturé, de l'épars ou du graîné, du poreux de l'enchevêtré ... La géométrie fractale est la deuxième révolution anti-euclidienne...(la 1^{ière} est celle de Lobatchevski Riemann) elle récuse les lignes, surfaces*....Boutot

La dimension d'un être géométrique est le *nombre de variables nécessaires pour situer un de ces points...* (dimension analytique) mais *lorsqu'on caractérise un être géométrique par le nombre N de cellules de dimension u nécessaires à le recouvrir, le calcul de ce nombre définit la dimension d de l'être géométrique comme puissance dans la relation ...* $N = (1/u)^d$ Prigogine

Cette dimension peut être non entière: c'est une dimension fractale. Elle peut caractériser des figures très irrégulières, non continues, avec des trous… du vide. Mais qu'est-ce que le vide?

Il reste possible de diviser un intervalle spatial ou temporel par deux, puis, l'intervalle obtenu par deux, et ainsi de suite à l'infini, mais le résultat de cette opération n'est plus le zéro, mais un intervalle fini... Le point réel physique est de taille inférieure à la résolution limite de la mesure. Les résolutions n'apparaissent de façon explicite ni dans la définition des systèmes de coordonnées, ni dans les équations fondamentales de la physique (alors qu')

---

[75] •	1980: début de la théorie gravitation quantique à boucles par A Ashtekar, Rovelli, Smolin
- Brouwer: 1981_1966:
- 1982: A Aspect   Le test d'hypothèse de localité
- 1984: Rucker La quatrième dimension
- 1984: Pomian K L'ordre du temps
- 1985 R Thom- sur l Prigogine:
- Feynman: 1918_1988
- 1988: l Prigogine-l Strengers: Entre le temps et l'éternité
- 1988 : Reeves H Patience dans l'azur
- 1989: S Hawking   Une brève histoire du temps
- 1990: le présentisme   ; modèles de pré-Big bang
- 1991, 95: Gell-Mann Le Quark et le jaguar
- 1992: le Vatican présente ses excuses pour la persécution de Galilée

elles transportent une partie de l'information nécessaire à la compréhension ... des résultats de mesure... Pourquoi ET devrait-il être différentiable?... Les fractals seraient la manifestation structurelle de la non-différenciabilité première de la Nature .... Remplacer les grandeurs physiques habituelles par des fonctions dépendant explicitement des résolutions... En mécanique quantique la dépendance d'échelle est présente implicitement.... L'idée de relativité d'échelle introduit une nouvelle géométrie spatio-temporelle plus complexe: l'espace-temps devient fractal. Nottale.

La théorie reposerait sur les hypothèses suivantes:
-les lois de la nature doivent être valides dans tous les systèmes de coordonnées quel que soit leur état d'échelle....
-existence de deux échelles finies indépassables....
-chaque point de ET joue le rôle d'une sorte de diffuseur...
-il n'y a plus réversibilité....
-*ET* est arbitrairement chaotique à toutes les échelles.

Dans la **théorie des cordes de G Veneziano** les éléments fondamentaux seraient des cordes de *10^{-34} m* qui vibrent selon divers modes dans un espace de *9* dimensions spatiales et une temporelle et obéissant à la mécanique quantique et à la relativité restreinte. L'Univers serait une *brane* à *3 D* en interface avec les *6* autres dimensions inaccessibles. L'Univers serait parti d'une taille infinie, se serait contracté pour passer par un minimum (le Big Bang) avant de croître ... Au Big bang une brane a dû entrer en contact avec une autre brane ou une antibrane. Dans la théorie des super-cordes il y aurait 10 dimensions pour les différents modes de vibration et toujours une dimension temporelle. La théorie des cordes évolue dans un ET figé et part de l'existence supposée des cordes pour retrouver la gravitation. *Pendant $^{Pl}t = 10^{-44}s$ le minuscule Univers a éprouvé les effets physiques de la théorie des supercordes* GellMann

Le vide est un problème d'interface entre théorie quantique et gravitation.

La **gravité quantique à boucles** a été imaginée en 1980 par A **Ashtekar, Rovelli, Smolin**... pour quantifier la gravitation par re-formulation de la relativité générale. Et en 1994 *ET* n'est plus lisse à toutes les échelles mais peut avoir une structure discontinue, être formé de cubes élémentaires de 10^{-105} m^3 chacun et constituant une "mousse" d'*ET* évoluant avec le temps de Planck ^{Pl}t. Un quantum d'espace ne peut stocker qu'une quantité finie d'énergie. Cette théorie recouvre la relativité générale, prévoit la propagation des gravitons et enlève la singularité du Big Bang en le remplaçant par un goulet d'étranglement à densité finie. La structure granulaire de *ET* empêche l'effondrement à 10^{90} kg.m^{-3} et prévoit une phase d'inflation quantique de 10^{-38}s. *L'espace-temps est ... très courbé et à grande échelle vous ne voyez pas sa courbure et ses dimensions supplémentaires... comme la surface d'une orange: vue de près elle est courbe et ridée, de plus loin on ne voit pas les inégalités, elle semble plate et lisse* Hawking L'espace pourrait avoir 12 ou 21 dimensions; il y aurait 2 dimensions temporelles!
Ces théories sont en cours de développement ou relativement abandonnées à ce jour.

En 1990 les philosophes adeptes du *présentisme* estiment que seuls les événements présents sont réels.

Des modèles physiques de **pré**-Big bang sont développés mais ne remettent en cause le Big bang que comme singularité mathématique.

Un an plus tard **Gell-Mann** remarque que :

*Le comportement de l'Univers... dépend des lois qui gouvernent le comportement des particules qui le composent, mais également de la condition initiale C I qui détermine la (les) flèche(s) du temps: l'asymétrie du comportement de l'Univers entre le temps en aval et le temps en amon*t

Les électrons et les photons ... se comportent exactement de la même manière où qu'ils se trouvent dans l'Univers.... Les particules élémentaires n'ont aucune individualité.

"simplicité" dérive d'un mot signifiant " ce qui ne fait qu'un pli"; ..."complexité" du signifiant "plié avec, entrelacé"

Histoires possibles en mécanique quantique: à chaque paire A et B d'histoires la mécanique quantique assigne une quantité D telle que les histoires soient différentes, alternatives D(A ou B, B ou A) ou les mêmes D(A,A) D(B,B); la quantité D(A ,B)+ D(B, A) n'est pas une probabilité, c'est un terme d'interférence entre les histoires A et B: la mécanique quantique ne peut rien dans ce cas.

Chaque histoire possible de l'Univers dépend des résultats d'un nombre incalculable d'accidents.
Attention il y a "histoires possibles multiples " et non "mondes multiples".

*Dans les histoires **à gros grain** du domaine quasi-classique qui inclut notre expérience commune, ne sont suivis que certains types de variables alors que le reste est sur-sommé... Le libre arbitre se manifeste quand pour un agraindissement donné, tous les phénomènes qui sont sur-sommés, non suivis, peuvent apporter d'évidentes indéterminations.*

- **1992**: Le Vatican présente ses excuses pour la persécution de Galilée

En 1994 **JD Barow** explique :

L'existence du temps est un mystère. Sa réalité n'est pas nécessaire. Il n'est pas nécessaire que quelque chose arrive; tout est contenu dans les lois (de la nature) et dans les conditions initiales dans un monde déterministe... Les lois étant équivalentes à des principes d'invariance ... elles sont des énoncés stipulant qu'une quantité ne change pas... Le temps apparaît comme superflu: des "présents" presque identiques conduisent à des futurs différents.
Les notions de base - champs, espace, temps- sont des entités continues (en général;)... le nombre de transformations continues est, d'un ordre d'infinité, inférieur aux transformations non continues...; un monde discontinu est potentiellement infiniment plus complexe.

Le philosophe **Comte Sponville** analyse : *Le temps pour la conscience c'est d'abord la succession du passé, du présent et de l'avenir...Sans l'âme il n'y aurait que du présent; et s'il n'y avait que du présent il n'y aurait pas de temps... : l'avant n'est plus quand l'après a lieu: comment celui-ci, et par quoi, serait-il séparé du néant de celui-là? ... Ce temps-là n'est pas le temps réel,... du monde, ... de la nature: c'est le temps de l'âme, ce qu'on appellerait* *mieux la **temporalité**.... Si le temps n'existe que dans l'âme, l'âme ne saurait advenir dans le temps... .La temporalité est le contraire du temps comme la coexistence est le contraire de la succession.* Donc, le temps c'est la succession?

Le temps ne fait que passer... mais toujours il demeure. Comment n'existerait-il pas, lui qui contient tout ce qui existe? Être, c'est être dans le temps: il faut donc que le temps soit.... Rien, sans lui, ne pourrait ni être ni devenir.

Le temps c'est le présent: *... il n'y a que le présent qui est l'unique temps réel...: le passé et l'avenir n'existent pas du tout, mais subsistent dans cela seul qui existe, le présent...; le présent contient tout.... Le temps ne peut se réduire au temps que si le présent dure: l'instant présent doit donc durer aussi, et rester le même, donc, tout en changeant toujours.* Mais s'il dure et change à la fois, y-a-t-il succession d'états dans sa durée?

(La) succession ou (le) devenir n'opposent pas un présent à un passé: ils opposent deux moments du présent. Alors le présent, ce n'est plus un maintenant? Des deux moments du présent lequel est antérieur à l'autre? *C'est donc le présent lui-même qui est orienté, successif, irréversible, qui **devient**..., un devenir ne cessant de se dérouler au présent... un perpétuel devenir....une perpétuelle actualité.*

Le temps c'est l'éternité... *éternité non forcément comme durée infinie, mais...comme présent demeurant présent.*

*Qu'est-ce qui **insiste**? Le réel: l'être même...:* **le temps c'est l' être....** *Comment le temps serait-il autre chose que la durée de ce qui est?... Le temps ne peut être que le devenir.... Présence de rien, c'est absence; présence de quelque chose, c'est être... être, c'est être présent, et il n'y a rien d'autre...le temps est l'étant.*

***Le temps c'est la matière:...** si seul le présent existe, il n'existe que des corps; s'il n'existe que des corps rien n'existe que le présent.... L'être présent (l'être sans mémoire et sans projet, donc sans conscience) c'est la matière et le vide.*
***Le temps c'est la nécessité** : Le présent... est libre puisque ni passé ni avenir ne le gouvernent et ... il est nécessaire puisqu'il ne saurait être autre, ni autrement qu'il n'est.*
Le temps c'est le présent..., donc l'éternité.... l'être (l'Être-Temps), ... la matière,... la nécessité..., donc (c'est) le devenir dans sa présence éternelle, matérielle et nécessaire, dans sa puissance toujours en acte, dans son actualité dynamique multiple et changeante.

[76]En 1997 **C Cohen-Tanoudji** démontre que les ondes de matière sont plus générales que les ondes de lumière, et en 99 **M Rees** étudie l'influence de la valeur des 6 paramètres qui expliquent la structure de l'Univers.

Le vingtième siècle commence avec la priorité de l'après sur le tout *tout-de-suite...* nous vivons une contraction du temps; on compte en nanosecondes; les premières observations avec le télescope Hubble sont faites.

Ricard-Thuan considèrent que: *Pour le physicien moderne le temps ne s'écoule plus : il est là immobile comme une ligne droite s'étendant à l'infini dans les deux directions....*

---

[76] •   1994 Klein –Spiro Le temps et sa flèche
•   1994 Comte Sponville *in Klein-Spiro*
•   1997 C Cohen-Tanoudji l'optique atomique: les ondes de matière remplacent les ondes de lumière.
•   2000: priorité de l'après sur le tout tout-de-suite... nous vivons une contraction du temps ;   on compte en nanosecondes
     premières observations avec le télescope Hubble.
•   2000: Ricard-Thuan L'infini dans le creux de la main

Le passage du temps est insaisissable dans l'instant présent qui ne s'écoule pas et il n'a pas d'épaisseur pour avoir un début et une fin Evangile de Mathieu
A l'échelle subatomique le temps n'est plus unidirectionnel; les lois physiques ne portent pas en elles l'empreinte d'une direction du temps.

Pour l'homme, d'après **Cassé**, il y a toujours eu *quête d'antécédents destinée à révéler une sorte de lien génétique entre différentes formes cosmiques, du vide à l'homme....Pour l'instant, le premier père..., pour le physicien,.... c'est le vide qui porte toutes les naissances.... Au début était le champ, qui est une espérance.... le champ fondamental non excité, mais pour autant doté d'énergie ... le faux vide: l'état minimal d'être. Il n'est pas identifiable au néant. Il est plein de logique;...il n'a rien pour susciter l'effroi ... Ce vide est... pré-matière... .analysable par la physique, ...associé à une équation d'état puisqu'on peut définir son contenu énergétique, sa densité d'énergie,... sa pression... En quoi ce vide est-il vide? Parce qu'indétectable;... on ne peut pas se situer par rapport à lui; il est transparent.... On peut se déplacer en lui, mais on ne peut définir aucune vitesse, pas de mouvement, pas de centre, ni bord...; il est omniprésent, il est partout, même en nous, coextensif et coéternel à l'univers... À partir du moment où par jeu de langage on met de l'énergie dans le vide on le condamne à la temporalité....   Ce vide déniaisé serait peut-être la meilleure approximation du chaos grec, du tohu-bohu de la Genèse.*

En 2002 **T Damour**[77] écrit : *La notion de temps n'aurait de sens que pour des systèmes complexes évoluant*

---

[77] • 2001 : Cassé Le vide. Espace perdu, temps retrouvé
• 2002: de Wever Le temps mesuré
• 2003: Klein Les tactiques de Chronos
• 2004: Lloyd-Ng
• 2005: Doit-Volet Le long apprentissage du temps

hors de l'équilibre thermodynamique et qui gèrent les informations accumulées dans leur mémoire.

En approchant du Big Bang, les concepts d'espace et de temps peuvent perdre leur pertinence ; ils doivent être remplacés par d'autres.

Et **de Wever** en 2002 nous dit : *La montre est un objet de consommation de masse; la montre en or du patron; les 4x8; la gestion du temps; le temps séquentiel… Le temps ne varie pas, mais les quantités d'informations diffèrent suivant les réactions physiologiques, sociologiques, décisionnelles.... Le rythme des événements varie... . On peut se demander si le temps est dans la réalité des choses ou seulement dans l'homme qui les observe.*

Le temps serait mieux représenté par l'image d'un cordage tressé.... car nous vivons plusieurs temporalités enchevêtrées.

À chaque fois qu'il y a ensemble de particules les lois sont irréversibles..... A l'équilibre, état mort, on évacue le temps; il n'y a plus d'évolution.

Le temps s'expose dans une dualité par

- *le prévisible, le régulier où le présent répond au passé et appelle l'avenir*
- *l'innovant où ... les traces du passé s'estompent et où chaque instant apporte du nouveau au gré des fluctuations actives.*

Le présent, sans épaisseur, est plutôt une transition continue qui transforme le futur en présent. Le futur est la direction dans laquelle l'entropie est créée.

Le temps n'est pas décomposable en instants ponctuels... mais en zones temporelles que fait "glisser" le cours du temps.

Un an plus tard **Klein** explique : *En physique, l'invariance par translation du temps entraîne (Émilie Noether) la conservation de l'énergie...;* en effet *les lois de la physique ne sauraient dépendre du moment particulier de l'expérience: il n'existe pas d'instant particulier qui puisse servir de référence absolue....*
Le temps est le gardien de la mémoire du monde et le support de son avenir... il transporte, d'instant en instant, les lois sans les modifier... Les conditions physiques changent, l'Univers évolue...
Le temps est ce qui fait durer les choses et qui fait que rien ne demeure indéfiniment.
Le temps est l'enveloppe de toute chronologie.
Le temps subjectif est   élastique c'est pourquoi nous portons une montre à notre poignée.
Tous nos atomes qui constituent présentement mon corps viennent du passé.... Chaque présent est nécessairement nouveau par rapport à tout présent devenu passé.... La réalité n'est définissable qu'au présent; le passé est en partie irréel car déconnecté du présent et en partie réel car il a occupé une fois le site du présent... L'avenir n'est présent que dans nos âmes capables de représenter ce qui n'est pas... Le présent n'advient que (pour nous échapper) en cessant d'exister; il est persistant et éphémère.
Il n'y a qu'un temps," petit moteur", qui fait passer d'un instant au suivant... Le temps crée de la continuité dans l'ensemble des instants... par un mécanisme par lequel, sitôt apparu, tout instant disparaît pour laisser place à un instant présent... C'est ce moteur par lequel le futur devient d'abord présent puis passé.

Pour **Lloyd-Ng** en 2004 : *L'idée centrale de la mécanique quantique* est*: la nature est discrète et un système physique peut être décrit par un nombre fini de bits.... Le système est aussi discret dans le temps: il faut une durée minimale pour qu'un bit bascule; le théorème de Margolus-Levitin, relié au principe d'incertitude de Heisenberg (qui quantifie l'imprécision du couple énergie-temps) entraîne*

$$t > {}^{Pl}h/4^E$$

*Si m=1kg,   E=m*c^2 cela donne 10^{51} opérations par seconde*
Un calcul requiert de l'énergie.
L'Univers a fait 10^{123} opérations.

En 2005 **Doit-Volet**   analyse l'apprentissage du temps : *Le temps est une perception dont chacun fait l'expérience* in Lassagne
*Notre perception de la **durée** d'un événement est liée à la présence d'une horloge dans le cerveau, qui tel un métronome bat la mesure....   La base de temps, probablement des réseaux de neurones du cortex, émettrait en permanence des impulsions à un rythme régulier...; un interrupteur, au début d'un stimulus, laisserait transiter ces impulsions dans un accumulateur où elles seraient dénombrées... et le comptage se ferait dans le striatum.*
La perception de la durée est variable suivant de nombreux paramètres.

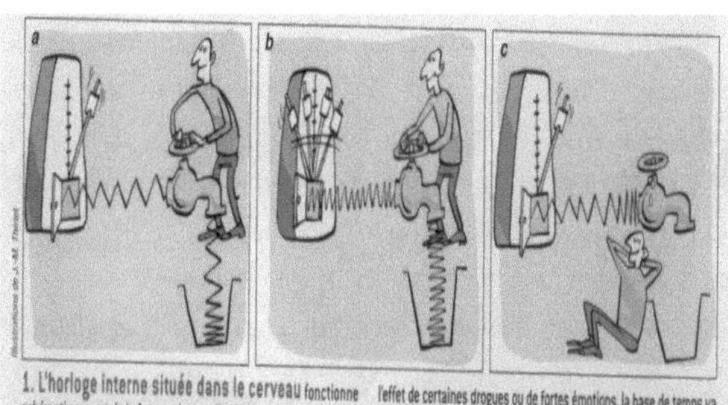

1. **L'horloge interne située dans le cerveau** fonctionne schématiquement de la façon suivante. Un groupe de neurones situés dans le cerveau émet des impulsions à un rythme régulier, tel un métronome, c'est la base de temps. L'évaluation d'une durée se fait si un interrupteur contrôlé par l'attention est actionné et permet à un compteur, probablement situé au niveau du striatum, de comptabiliser ces impulsions (a). Plus il y a d'impulsions, et plus la durée est jugée longue. Sous l'effet de certaines drogues ou de fortes émotions, la base de temps va plus vite. Si le compteur fait son travail, la durée écoulée est alors jugée relativement plus longue (b). Bien que notre base de temps batte la mesure en permanence, notre perception de la durée peut être faussée si nous détournons notre attention du temps qui s'écoule (c). C'est ce qui se produit lorsque nous sommes captivés par notre tâche et que nous ne voyons pas le temps passer.

Les stimulants accélèrent la vitesse des impulsions par l'augmentation de dopamine;... sous l'effet de tranquillisants le temps va moins vite;... sous le coup d'une émotion qui déclencherait une décharge de dopamine ... le temps passe subjectivement plus vite... Il est également possible d'observer des distorsions du temps dues à l'attention qu'on lui porte:... l'interrupteur s'ouvre et des impulsions sont perdues et les durées sont jugées plus courtes.

Avec l'âge les événements semblent plus anciens qu'ils ne le sont en réalité, la durée absolue perd en précision, mais la capacité à classer les durées reste bonne... et il y a tendance à sous-estimer les durées passées

C Rovelli[78] explique en 2006 : *La notion de temps qui s'écoule n'est satisfaisante qu'au niveau macroscopique, et n'est plus valable à très petite échelle quand on quantifie espace et temps... Là le temps s'écoule par sauts successifs: la gauche et la droite s'inversent...* on pourrait être dans *un univers miroir.*

Dans une théorie de gravitation quantique il faut avoir *une vision du monde où il n'y a que des objets, des champs, des variables et équations qui les lient, mais où n'apparaissent ni un espace où tout cela aurait émergé, ni un temps dans lequel tout évolue... Ce sont ces grandeurs que nous utilisons en gravité quantique. Nos équations paraissent étranges au premier regard, car le temps y est absent!...*
Et s'il n'y avait pas finalement d'avant? Il faut *accepter qu'avant le Big Bang il n'y avait rien.* Il faut revoir complètement la notion de temps.

Et **Gibbs** d'ajouter: *Matière, énergie, espace et temps forment un tout indissociable; <u>la matière en" gonflant" change l'espace et crée le temps</u>.... Chaque fois que la distance entre 2 "raisins du gâteau" double, supposons que les aiguilles d'une horloge aient fait un tour; si on se tourne vers le passé.... un tour d'horloge avant, l'Univers était 2 fois plus petit, 2 tours 4 fois moins grand;... l'Univers peut être aussi petit que l'on veut sans que l'on bute sur rien qui marquerait le début du temps: un temps 0!*

Tandis que **S Jodra** suppute que : *Les phénomènes se produisent dans l'espace, les événements se succèdent*

---

[78] •   2006: C Rovelli: Qu'est-ce que le temps? qu'est-ce que l'espace?
 •   2006 : Lehoucq R
 •   2007: Attali
 •   2007: M Nabati
 •   2007 Klein Le facteur temps ne sonne jamais deux fois

dans le temps... Nos habitudes de pensée veulent que tout événement est précédé par un autre événement et suivi par un autre.

Un an plus tard **Lehoucq R** écrit :
Nous ne voyons qu'une infime partie des objets qui peuplent l'Univers, car ils ont une durée de vie finie. Comme la vitesse de la lumière est elle aussi finie, il existe un horizon du passé....et comme... elle *est aussi la vitesse limite de propagation de l'information causale, l'horizon correspond à la distance maximale de deux événements ayant pu agir l'un sur l'autre...;* de même à cause de l'expansion de l'Univers, *nous ne pourrions être en contact qu'avec une partie de l'Univers, limitée par un horizon du futur.*

Et **J Attali** constate qu'il y a *Marchandisation du temps: le temps contraint, esclave (travailler, consommer plus); le temps stocké* ...par des *savoirs stockés de façon matérielle ou virtuelle, empilements illimités, illusoires sans aucune relation avec la possibilité d'en faire usage.*
Le temps est la seule réalité (marchandise) vraiment rare: nul ne peut en produire; nul ne peut vendre celui dont il dispose; personne ne sait l'accumuler.
La liberté n'est que l'illusoire manifestation d'un caprice à l'intérieur de la prison du temps.
Certains expliquent que l'incapacité à trouver du sens au temps, à se montrer altruiste, est une maladie.
Le bon-temps? : un temps où chacun vivra non pas le spectacle de la vie des autres, mais la réalité de la sienne propre: vivre libre, longtemps et jeune ... sans se" hâter de profiter".

M Nabati s'émerveille qu'e*n hébreu le verbe être ne se conjugue pas au présent… Le présent soit on le vit, soit on le dit…. Pour le psychanalyste l'ici et maintenant est toujours en rapport avec un ailleurs et un avant:… il y a présence du passé.*

Et toujours en 2007 **Klein**[79] développe sa thèse: *Le temps pourrait être caractérisé par sa nature ou son moteur:*

- *nature du temps: de quoi est-il fait?* de quelle *substance… entité primitive… qui procéderait … de la relation cause à effet… des relations de succession entre les événements* ?

- *moteur du temps:* de quelle *nature physique, objective, ou n'est-il qu'illusion… principe actif qui demeure* ?

*Temps et devenir …*sont *distingués radicalement…. Le temps n'est pas le changement… pas le mouvement.* Car on peut légitimement dire: *depuis combien de temps rien ne change?*

On le représente souvent par une… *ligne droite … dont le sens d'écoulement est indiqué par une petite flèche ….* Mais cette droite fléchée *comment … se construit-elle?… Le temps… se construirait plutôt au fur et à mesure… sans coloniser un territoire existant de toute éternité….. Il n'existerait que le point en train d'être créé, à savoir l'instant présent.* À moins qu'il soit une *juxtaposition d'instants isolés et figés qui se succèdent à la façon de clichés sur une bande ciné… préexistant au déroulement*

---

[79] •   2007: Abécassis A et E
 •   2008 : Van Ersel : le monde s'est-il créé tout seul ?
 •   2009: Ouanounou La clef des temps
 •   2010: Franget
 •   2010: d'Ormesson C'est une chose étrange + chant d'espérance
 •   2010 E Klein   Discours sur l'origine de l'Univers

du film. Mais alors Bergson pose la question: *comment du successif peut être engendré par du juxtaposé?*

Les relations chronologiques ... sont objectives et indépendantes de nous; elles ne changent pas à mesure que le temps passe... alors que *les attributs temporels changent avec le présent qui change.*

Les *relations présent, passé, futur* sont *des déterminations subjectives, psychologiques* alors que les relations *avant, après, en même temps que,* sont des relations *de simple ordre d'antériorité.*

Le temps serait un *ordre de succession qui déploie des chronologies définitives ou* un *passage,* un *transit du présent vers le passé et de l'avenir vers le présent.*

Comment comprendre que je puisse être à la fois identique et changeant, le même et un autre, sans qu'on puisse distinguer en moi ce qui demeure et ce qui passe; d'où vient mon unité?... Le principe qui rend compte du changement échappe au changement.... Ce qui change, change en vertu des lois qui ne changent pas.

Il y a, d'une part, le cours du temps, grandeur primitive dont la représentation est contrainte par le principe de causalité, d'autre part, la flèche du temps, laquelle n'est pas une propriété du temps, mais des phénomènes qui s'y déroulent... Le cours du temps permet d'établir une différence de statut (mais pas de nature) entre les instants passés et futurs... La flèche du temps ... est la manifestation du devenir:... certains systèmes physiques ... ne retrouveront pas demain les états qu'ils ont connus hier. Mais l'absence de flèche du temps, n'empêche nullement les heures de défiler.

<u>*Le cours du temps ... est ce par quoi l'instant présent se renouvelle, ce qui organise la continuité des instants*</u>

<u>successifs</u>... *produit de la durée, rien de plus, pas nécessairement du changement, ni de nouveauté phénoménale, ni d'événements marquants. ... .Ce qui arrive advient toujours au présent....*

Tout événement est nécessairement définitif au sens où, dès qu'il a lieu, plus rien ne peut effacer le fait qu'il a eu lieu: ... sa trace ... peut ...changer le futur, pas le passé... Toute action présente ne peut avoir d'incidence que sur le futur, jamais sur le passé.

Le changement irréversible de l'instant présent ... traduit le cours du temps; le changement parfois irréversible de ce qui est présent dans le présent... traduit la flèche du temps; celle-ci *explique l'asymétrie des processus physiques dans le temps.*

Le principe de causalité devrait être *rebaptisé principe d'antécédence ou de protection chronologique.*

Il en va avec le cours du temps comme avec les charges électriques: dire que l'électron porte une charge négative et le proton une charge positive relève d'une convention ; et changer cette convention... ne changerait rien ni aux lois physiques , ni à l'univers.

Von Weizsacker affirme que *le temps est la structure de base de la nature donc de l'existence... Les équations ne décrivent ni la différence entre présent, passé et futur, ni différences entre faits irrévocables du passé et possibilités du futur.*

Nous n'avons pas encore compris la description logique des relations temporelles.

Alors que pour **Abécassis A et E** *la réponse ultime au temps est ... ce souci juif de rassembler une mémoire dispersée dans les instants.*

Quant à **Van Ersel,** il fait en 2008, l'analyse suivante :

A la stérile certitude déterministe se substitue la stimulante incertitude du flou quantique... la réalité morcelée et localisée devint séparable, globale et holistique TX Thuan

Dans un monde probabiliste vous avez une création continue... la nature ne prévoit pas plus que nous ; comme nous elle improvise... Il y a passage d'un pré-univers à l'univers : à un moment apparaît un caractère nouveau : l'émission de particules indépendantes... puis se créent des particules avec entropie. **Prigogine**

Évoquer la création, c'est évoquer un événement qui n'avait pas encore eu lieu tant qu'il n'a pas eu lieu et qui avait déjà eu lieu une fois qu'on en a le souvenir... Si rien ne se passait il n'y aurait pas de temps passé. Ce qui fait que le temps passe, c'est que des événements ont lieu..... Le temps n'est pas une toile de fond qui se déroule pendant que des événements ont lieu sur la scène et qui se déroulerait même si rien ne se passait. Le temps est le nom que l'on donne à la succession des événements. Parlez-moi d'événements qui se succèdent et je saurai ce qu'est le temps.... Il n'y a pas eu de big bang.... point inaccessible :... une seconde avant il faudrait qu'il n'ait pas eu lieu, or le temps n'existait pas! «Qu'est-ce qu'il y avait avant le big bang ? » ... : « il n'y avait pas de « il y avait », car il n'y avait pas de temps ».... Le temps n'est pas une donnée universelle comme ^{Pl}h, c ou $\mathcal{G}$ et $^{Pl}t=10^{-45}$ s : le temps n'est pas lisse ; le temps qu'on manipule c'est le grain. **A Jaquard**

La cause précède toujours le résultat mais vous pouvez choisir l'un soit l'autre comme point de fuite de votre perspective.... D'un côté c'est un cône qui va du passé vers le futur en divergeant, et de l'autre c'est un cône qui va du passé vers le futur en convergeant... Causaliste, on part du Big Bang (et le système diverge) ; télénomiste (Teilhard de Chardin), du chaos primitif on converge vers la vie, l'homme... vers le point Oméga.... Causalité et finalité, déterminisme et finalisme, matérialisme et spiritualisme sont des alternatives ... qui se réfèrent à un seul sens de l'écoulement du temps, celui de l'entropie croissante, de la désorganisation... Mais il existe une évolution qui va vers l'accroissement de la complexité et la production de nouveau de **Rosnais**

Le Big Bang, interprété comme point initial, point zéro, peut être repoussé dans le passé à l'infini d'un monde sans commencement : il suffit pour cela de compter le temps sur une échelle logarithmique.
L'incomplétude peut être interprétée comme une propriété de la réalité en soi, ou comme une propriété de nos connaissances... qui nous oblige à recourir à des calculs de probabilités, mais qui ne prouvent pas l'inexistence d'un déterminisme absolu... Quand on parle de déterminisme absolu, il ne s'agit pas de la finitude humaine, mais de celle de la ... nature en tant qu'infinie et éternelle...; mais nous, nous sommes des êtres finis.

La physique reste totalement mécanique, seulement la nature des explications est plus complexe. Les phénomènes (ne pas pouvoir connaitre à la fois vitesse et position, regarder l'énergie soit sous son aspect particulaire soit sous son aspect ondulatoire) qui ont l'air paradoxaux, sont au contraire étonnamment rationnels : ils obéissent à des lois qui sont à la fois mécaniques et rationnelles.

Le « déterminisme absolu » de Spinoza est en fait une éthique de la liberté. Il nie le libre arbitre mais sans que morale et responsabilité disparaissent pour autant.... Plus la science avance, plus s'accroit le nombre des déterminismes...; alors autant renoncer à la croyance au libre arbitre... Mais émerge une « libre nécessité »... quand nous comprenons et intériorisons ces déterminismes et y adhérons de façon active : ... se percevoir comme une partie de la nature... contraint par des choses extérieures (en ce sens il n'est pas libre).... On regarde de façon passive ou active : dans le premier cas c'est l'aliénation, la servitude ; dans le second, un chemin vers la liberté, une liberté moins illusoire que le libre arbitre,... fondée sur une connaissance sans illusion Atlan

Ouanounou, en 2009, édite ce beau livre La clef des temps où il écrit :
À l'échelle de l'infiniment petit la réalité n'existe pas au sens où nous l'entendons: ce n'est pas un univers d'événements où il se passe quelque chose de précis à un endroit précis et à un moment précis.
De même que l'on se représente aisément le fait que Dieu est présent, à un moment donné, partout dans l'Espace... de même on peut... dire qu'en un point donné, Dieu est présent tout-le Temps. Non qu'il soit présent en ce point de l'espace pendant tous les instants qui se succèdent (tout-le-temps), mais que sa présence en ce point englobe toute la temporalité de ce point (tout-le-Temps).

Une représentation d'une oscillation *consiste à représenter son amplitude* qui *varie en fonction du temps... ou à représenter son spectre de fréquences: à chaque fréquence... une amplitude est associée.... .Nous passons d'une représentation infinie (la variation qui couvre tout l'axe du Temps) à une représentation ponctuelle (les fréquences de l'onde)... .La valeur en un point* du spectre *dépend de toutes les valeurs de la fonction temporelle...* et *à l'inverse agir en un point du spectre de fréquence... revient à modifier l'oscillation sur une durée infinie couvrant tout l'axe temporel.*

De nombreuses citations de **Ouanounou** sont éparpillées dans le texte et principalement dans les conclusions.

Franget, en 2010, déclare :
Le présent n'est pas un temps figé mais dynamique... qui n'a de sens que relié à un avant et un après.

Et **d'Ormesson** écrit :
La compréhension du temps, de sa structure, est le noyau de la compréhension de la physique...

Ce n'est pourtant pas compliqué: le temps passe et je (Dieu) dure, l'histoire se déroule et l'Être est... Entrer dans le temps c'est participer à l'être. Le temps, toujours en train de s'écouler, nous sépare de la permanence immobile et radieuse de l'être... c'est l'image mobile de l'éternité...

L'univers né de ce que nous appelons le néant... aurait pu être immobile...chaotique ;... il est changeant et réglé...

cohérent... L'espace (évolue et) est en expansion ...le temps est immuable... : nous ignorons ce qu'est le temps, ordre de la succession ... dont nous subissons les effets... Le temps: étrange nature... fait ni de particules ni d'ondes, ... il n'occupe aucun espace, n'a pas de masse ni température ni odeur ni saveur... il se confond avec tout et avec rien... réversible, même qu'il n'existe pas..., omniprésent et avec une flèche qui va d'hier vers demain... Extraordinairement compliqué et puissant et subtil jusqu'à l'évanouissement...: inexplicable.

Le *mécanisme du temps* consiste en *un avenir inépuisable qui ne se change à chaque instant en un présent éternel et insaisissable que pour se transformer en un passé fantomatique... Avec son passé qui n'est plus, son avenir qui n'est pas encore et son éternel présent toujours en train de s'évanouir entre souvenir et projet, le temps est la plus prodigieuse de toutes les machineries... L'avenir n'est nul part et il ne manque jamais de nous tomber dessus... ; le passé ... est... personne ne sait où... ; le présent est ... une éternité de pacotille, sans cesse pressé de passer et pourtant toujours là....*

Le temps est la marque de fabrique laissée par Dieu sur l'univers... pour le créer et le détruire... (par) un retour au néant (à Dieu)...Dans un monde en train de se développer grâce à l'espace et au temps.... la loi est le changement ; ... tout se passe comme si Dieu avait confié ses pouvoirs au temps appuyé sur le hasard et la nécessité

.

Enfin **E Klein** « conclue » :

Création ex nihilo *: expression fort curieuse puisqu'elle suggère que c'est un méli-mélo de néant et d'être qui* *aurait organisé l'origine de l'univers... par quel mécanisme ou miracle?*

***Comment** l'univers est apparu **et pourquoi** est-il apparu?*
... quel est le pour quoi de l'univers, sa finalité?...
Comment son absence a pu se transmuter en présence ?
La signification du mot univers n'a cessé d'évoluer au cours des âges... Depuis 1930 l'*objet* de science " *univers* "*a lui aussi une histoire... propre qui ne se réduit pas à celle de ses constituants...*

Si on considère que tout (espace, temps, particules élémentaires, énergie) est apparu en même temps (si tant est que cette expression ait un sens au moment où le temps lui-même est censé apparaître) imaginer une époque antérieure au Big bang semble aussi absurde que se demander ce qu'il y a au nord du pôle nord.... À l'origine, le néant ne saurait de lui-même exploser, à moins de contenir un "principe explosif" qui le rendrait ipso-facto distinct de lui-même... Le vide est ce qui reste dans un volume après qu'on en a extrait tout ce qui est possible...; le vide n'est pas vide: il contient de l'énergie... matière "en état de veilleuse" .... Le vide est ... un océan rempli de particules virtuelles capables, dans certaines circonstances, d'accéder à l'existence... Le vide quantique contient en puissance toute la matière... Les particules virtuelles peuvent surgir du vide par paires (particule et antiparticule).

Il est apparu aux physiciens que le prétendu premier instant que produisaient les premiers modèles du big bang n'a pas de réalité physique, au sens où il ne correspond à aucun moment effectif du passé de l'univers.

À partir des constantes universelles: constante de gravitation, célérité de la lumière et action de Planck, (G, c, ^{Pl}h), on peut définir *les durée, longueur, et énergie quantiques*:

$$^{Pl}t = (^{Pl}h.c^5/G)^{1/2}; \quad ^{Pl}L = (G.^{Pl}h/c^5)^{1/2}; \quad ^{Pl}E = (^{Pl}h.G/c^3)^{1/2}$$

Si on ne supposait plus que l'espace-temps est continu,... mais qu'il est *granulaire ...* avec *des aires et volumes quantifiés?...* Ainsi en retournant à l'origine *l'univers n'a jamais été ponctuel.*

Ce qui a préexisté à notre univers n'est jamais rien: ... il y a eu toujours de l'être, jamais du néant. Exit l'idée d'une création ex nihilo... D'ailleurs *comment les principes et les équations constituant la théorie auraient-ils pu engendrer un monde physique régi par eux?*

L'origine, création, cause, commencement, genèse ou fondement... serait soit *source dynamique de la totalité de ce qui existe...* ce *qui renvoie à une réalité autonome, absolue,* **transcendante,** soit *fondement logiquement premier,... toujours* **immanent** *... de tout ce qui peut exister... qui aurait la potentialité ... de s'excéder pour devenir quelque chose d'autre que lui-même.*
L'idée d'origine apparaît ... dans toute son ambivalence: tantôt, pensée comme le problème fondamental à résoudre; tantôt, comme la solution définitive de tous les autres problèmes que nous avons par ailleurs à résoudre.

3ième partie :
Récapitulons
… sans conclure

L'humanité s'ennuie: elle a inventé la montre pour savoir combien de temps il restait avant d'aller se coucher Buisine

En ne se référant qu'au seul concept qui nous intéresse ("*time*" et non "*whether*"), le mot *temps* en français est employé abusivement avec des nuances et parfois des sens différents;

-*j'ai le temps pour…* : j'ai une certaine durée de disponible pour…..;

-*il est temps de…* : c'est le moment, l'instant, dans la durée disponible, de ….;

-*c'est le temps des cerises* : c'est l'époque dans la durée cyclique annuelle des cerises;

-*c'est la valse à mille temps*: c'est la valse à une cadence de mille pulsations ;

-*de temps en temps*: à des instants différents et assez nombreux

-*quel est le temps du verbe aimer dans la phrase*: le temps verbal de la conjugaison

-*en même temps*: simultanément; mais aussi: pendant la même durée; mais encore: aussi, en parallèle, à la fois… (ça n'a plus rien à voir avec le temps)….

Le mot temps ... n'est jamais pur . Le mot temps sert désormais à désigner tout aussi bien l'instant, le moment, la succession, la simultanéité le changement le devenir, la durée, la vitesse, le vieillissement, l'argent Klein
A l'inverse, par exemple en hébreu, il peut y avoir plusieurs mots pour évoquer le temps:
d'après **Rosine Cohen**

shaah: le temps en tant que l'heure, l'instant présent, l'actualité pressante, l'étincelle, l'action génératrice,
zman: le temps en tant que durée, existence, continuité des choses, de la vie, de la suite des générations *Zman* durée, 'et opportunité
hets ou *mo'ed*: le rendez-vous, le rythme, le point de rencontre lié aux pèlerinages, ce qui "organise" le temps (comme les mots .... *hatid....hattiq* l'attestent)
olam: notre monde espace-temps-matière; *olam aba:* le monde futur, à venir; *léolam vared:* le toujours, le hors-temps, hors-notre monde, (*méolam*: jamais).

Remarquons aussi que la construction des mots à partir d'une racine permet, en hébreu, d'apporter des nuances et des éclairages au mot: à partir de *zman* on construit *lizmén* qui signifie convoquer, *mouzman*: disposé à; *zamin*: joignable, disponible; *léhazmin* : inviter ou commander; *léhizdamen*: avoir l'occasion de, se trouver par hasard à un moment donné… autant de nuances exprimées par chaque mot et apportant un renforcement à la signification primitive de la racine.
Le temps *zman* nous invite à passer du temps, lorsqu'il est temps '*hets*' de le faire, le rendez-vous est pour témoigner '*Éd*
La *rencontre* et la *durée* sont plus faciles à vivre, à réaliser que l'*instant* où le fardeau est porté, et ce n'est ni la durée

infinie ni le cycle continu des choses qui sont proches de l'éternité, mais l'instant, l'étincelle. Rosine Cohen

Le concept *temps,* sous-tendu dans les différentes acceptations de ce mot ou dans d'autres noms associés tels que *durée, temporalité...,* a été rencontré sous des aspects très différents. Il a évolué fortement, a fluctué incessamment au cours de l'Histoire Humaine.

Essayons de récapituler les principaux types de temps qui interviennent dans différents domaines et qui semblent, on le verra, se ramener à un temps dual: durée et moteur.

Apportons aussi quelques éléments de réponse sur la mesure du temps. Le temps « objectif » se doit d'être mesurable, mais que mesure-t-on, au fait, sinon une durée, et comment le fait-on?

C'est dans la durée croissante que l'univers existe ; on peut alors répondre à la question : la durée a-t-elle toujours un début, un passé, un présent, un futur et une fin ?

Et que faire de la question capitale : Le temps peut-il être un ?

1 Existe-t-il un ou plusieurs temps?

Le temps est le même pour tous mais différent pour chacun. C'est l'illusion des illusions, et c'est pourtant la base du réel. Sans temps, l'espace disparait, car pour aller d'un point à un autre de l'espace il faut du temps ; même pour imaginer le voyage Barjavel in Wever.

Petit rappel historique.

Dès les premières grandes civilisations "la durée des choses" est reconnue, vécue, que le temps soit conçu comme cyclique, recommencement éternel, ou comme linéaire, suite semi-finie ayant une origine. Les choses, les événements sont censés se passer dans un Monde fini plongé dans un espace, qui, lui, peut être fini ou infini.

Puis les philosophes, grecs en particulier, lient le temps soit au devenir, à l'existence, au changement, soit au contraire à l'immuable, à l'être, à ce qui demeure, et dans les deux cas, en fait, à ce qui dure 'un peu' ou 'éternellement'. *Il n'y a de temps que s'il y a changement, mais on ne peut le mesurer que s'il y a répétition régulière sans changement…et il faudrait une unité de temps stable…or cette constance ne peut être que supposée et non démontrée a priori* LevyLeblond Il y a alors confrontation entre temps-transformation et temps-répétition. Et ainsi le temps permet d'assurer la continuité des événements, ou d'être perçu subjectivement comme somme de durées finies, indépendantes, liées à l'existence passagère des choses dans notre monde.

La notion de temps est ensuite associée à celle de la durée qu'on sait, alors, mesurer avec une meilleure précision en déclarant que c'est l'instant qui court sur la durée. En tant que mesure objective, comme le soutiendra Newton, le Temps, tout comme l'Espace, peut avoir les attributs de l'absolu, dans un cadre rigide. Mais l'Espace n'est pas nécessairement euclidien, homogène, infini et le Temps, Einstein démontre clairement sa relativité à divers phénomènes alors que le Big bang démontre sa semi-finitude. Tout se passe dans un Espace-Temps-Matière où ces trois concepts ont du mal à se dissocier. Que devient alors *le temps seul* en Physique?

Les scientifiques se sont en effet emparés de l'analyse du temps mais les philosophes ne sont pas restés muets et de grandes controverses sur la subjectivité ou l'objectivité, sur l'irréversibilité, la finitude du temps sont nées.

Le mot "temps" désigne une coordination de plusieurs changements réels réalisée par une instance qui produit des signaux à cet effet conformément à un programme... Le temps est une classe de relations qualitatives et quantitatives; il ne se laisse ni voir ni observer ... n'est pas un flux... ne coule pas. Pomian

Peut-on tenter une classification des thèmes rencontrés sur le temps alors que l'on sait ces tentatives toujours démenties aussitôt qu'établies? Différents axes se présentent avec dualité:

Temps objectif, mesurable, lié à ce qui demeure, ou Temps subjectif illusoire, évanescent?

Temps physique de la Réalité, de "ce qui se passe" dans notre univers, ou divers temps de la Physique?

Temps de l'Histoire et du passé ou Temps du Réel instantané, présent?

Bien sûr ces classifications se croisent, s'entremêlent: les temps subjectifs sont liés à ce qui se passe chez l'Homme et les temps biologiques sont du ressort des sciences mesurables; l'Histoire fait partie de ce qui se passe dans l'univers, de la réalité mais le réel et tous les phénomènes physiques sont censées être les sujets d'études de la Physique objective....

1-1 Les temps subjectifs

L'espace, le temps, et même *l'événement sont des... créations de l'esprit, de l'intelligence humaine, des instruments de pensée qui servent à établir un lien entre nos expériences vécues afin de mieux les embrasser* Einstein

Le temps n'est pas inné; il est une forme, un schème;... il n'est pas abstrait comme un concept. Il s'élabore pas à pas... D'abord local, hétérogène..., puis qualitatif homogène... avec réversibilité acquise... vitesse uniforme... Notre présent quotidien s'avère composé d'intervalles hétérogènes et incomparables ... Alors que toujours là, mais le plus souvent en latence, notre passé... ne ressurgit ... que dans des moments rares. Notre avenir en revanche... intervient couramment dans le présent... ou mieux en constitue une composante, les activités d'aujourd'hui... ne pouvant porter des fruits que demain...: la vie de chacun est tournée vers l'avenir.... Êtres pensants nous sommes tournés vers l'avenir. Mais êtres finis, nous ne pouvons l'atteindre immédiatement Pomian

Nous vivons l'instant présent; or *les instants ne font pas nombre puisqu'il n'en existe jamais qu'un seul à la fois;*

alors ... *comment pourrait-on, sans l'âme, mesurer ce qui les sépare...?* Comte-Sponville Pour gérer le temps…. on a besoin de rythmes sinon nous chutons dans un présent où nous restons englués…. Depuis une quarantaine d'années le présent est devenu la catégorie temporelle dominante : tout doit se régler en quelques clics…. , être plus rapide que les autres, avoir l'ordinateur le plus puissant. Nous ne savons plus comment aller vers un avenir…. alors que nous sommes des êtres de projets : il nous faut se projeter dans l'espace et le temps. LR HS 566

La notion psychologique de temps est liée au "souvenir" et à la distinction entre expériences et souvenir de celles-ci. La possibilité d'expériences "antérieures" à celles "présentes"" donne lieu à cette *notion de temps subjectif* Einstein.

Pour un biologiste le temps est vieillissement, pour un psychologue il est extensible dans chaque conscience. Le temps subjectif est ainsi lié à notre existence en tant que sujet humain (cf appendice); chacun étant différent de l'autre il existe autant de temps subjectifs, de temps individuels, local spatio-temporellement jusqu'à l'individu et ce d'autant plus qu'*il y a différence entre temps de l'âme et temps du corps, temps interne et externe* deWever

Les temps interne et intérieur sont, eux, des tentatives de définition de temps physiques mais n'ont rien à voir avec la subjectivité; on en reparlera.

Mais sans aucun humain, sans "observateur", alors pas de pensées temporelles, pas de temps? Pourtant *l'univers a passé le plus clair de son temps à exister sans nous* ; donc *comment concevoir l'émergence de la conscience dans le temps si le temps a besoin de la conscience?* Klein

En fait, si on parle de temps subjectif, c'est pour l'opposer à un temps objectif indépendant du sujet, de l'observateur, indépendant même de l'évolution de toutes choses. Ainsi le *temps subjectif* serait *celui qui correspond à la façon de réagir à l'évolution;* et le temps *objectif* serait le *temps mesuré, de la* Physique (encore que *le ressort qui se détend dans l'horloge correspond aussi à la façon dont il réagit!* Goldberg). Toute notion de temps serait donc quelque part subjective, soumise à l'environnement, humain ou pas. Les civilisations auraient une influence sur la préhension du temps et des durées; la nôtre, par exemple, avec les mémoires d'ordinateurs semble vouloir *stocker le temps en stockant des savoirs de façon matérielle ou virtuelle par des empilements illimités, illusoires sans aucune relation avec la possibilité d'en faire usage* Attali

D'ailleurs *il existe une relation linéaire entre temps subjectif et temps objectif* Doit-Violet. *Cette conscience d'une suite linéaire (d'événements)...constitue....la variable qui situe grossièrement nos expériences intellectuelles dans le cours de notre vie.* Couderc Ceci signifie qu'au temps on peut associer plus ou moins une variable, un nombre, qui indexe le cours de notre vie, ou plus généralement celui de toutes les vies, un curseur sur l'Histoire, la différence entre subjectif et objectif étant alors simplement une question de détermination de la précision de l'index. Ces temps ont même certaines propriétés communes.

L'horloge biologique d'origine génétique confère aux organismes un temps subjectif autonome. Il existe plusieurs horloges internes (du sommeil, de la digestion, de la reproduction...) codés par plusieurs gènes, dont le gène Périod, les mêmes pour les mammifères et les insectes. Deux groupes de 10 000 neurones au niveau de l'hypothalamus gèrent l'horloge principale, les informations venant principalement de la vision, et elle compte en jours. La première expérience qui révèle l'horloge circadienne date de 1962 La subjectivité est de mise pour définir une durée d'autant que les hormones mélatonine et cortisol ont des effets.

Le cerveau humain est capable d'une grande précision objective lorsqu'il doit estimer la durée d'un phénomène ; mais cette capacité est fragile.... Nous percevons le passage du temps selon différentes échelles, allant de quelques millisecondes à plusieurs minutes, voire plusieurs heures Lassagne
C'est ... un temps orienté, ayant une direction déterminée et divisée en phases qui se succèdent en un ordre immuable.... Chaque "maintenant", chaque "instant'" disparaît à jamais pour laisser la place à un autre qui disparaîtra à son tour Pomian *La perception du temps... en tant qu'êtres vivants* par *l'expérience intérieure subjective comme* par *l'observation extérieure objective est unidirectionnelle* et *orientée....* Pourtant il est vrai *qu'il est des situations où nous faisons l'expérience psychologique d'une sorte d'inversion du temps*: Atlan,.... ne serait-ce que dans nos rêves.
L'état des neurones qui précède est encore présent dans celui qui suit et produit l'impression de continuité du

temps Ricard-Thuan En outre l'index sur la durée évolue généralement de façon continue, et évolue avec l'âge et la fatigue. Ainsi le bébé *jusqu'à 18 mois différencie des sons de centièmes de seconde mais les durées plus longues échappent à sa capacité de mémoire* Lassagne.

 Néanmoins *pour les jeunes enfants le temps n'est pas continu, commun à différentes actions mais un temps propre à l'action en cours.... Entre 3 et 4 ans un enfant n'est pas capable de penser le temps ; après une sieste il ne sait pas si c'est le matin ou l'après- midi .... A 5 ans il sait se situer dans la journée. Jusqu'à 6 ans il est incapable de se représenter un temps continu de façon abstraite... A 6 ans il connaît les jours de la semaine... A 7 ans les mois...A 8 ans il peut se situer dans la semaine et arrive à se concentrer sur le temps qui passe indépendamment de son activité ... A 9 ans il maîtrise le système de représentation du temps... A 11-12 ans il admet le caractère arbitraire du temps: avancer la montre d'1h ne signifie pas que nos vieillissons d'1h....   C'est dans l'expérience des durées d'actions et de leur répétition que le la notion de temps s'impose* Doit-Volet

Dans l'évolution biologique, l'expérience que représente le passé... est transmise aux générations suivantes en un paquet d'information hautement compressée, le "génome" et ... le phénotype définit le comportement de l'organisme au cours de l'histoire de sa vie.... co-déterminé par toutes les conditions externes dont beaucoup sont aléatoires Gell-Mann

Notre conscience épaissit l'instant présent, émousse sa brillance, le dilate en durée. Elle l'habille de son voisinage, l'enveloppe d'une rémanence de ce qu'il a

Finalement retenons que le temps subjectif:
- est multiple, rattaché à la personne-même et/ou à son "observateur", à son âge, son état physique et mental et varie suivant sa qualité : il est relatif,
- se rattache à la durée: à la vie de l'individu, à son âge, à la journée qui passe… La durée concerne toujours une expérience, un événement: c'est toujours la durée de quelque chose
- est "le temps qui s'écoule" et qui peut être mesuré en heures, jours, ou même siècles ou millénaires… par un index qui coulisse sur la durée considérée, et dont on ne sait rien sur les raisons de l'"écoulement",
- est, "en même temps", par le même index qui coulisse sur la durée, analogue au temps objectif, à la seule différence qu'il n'écarte pas ceux qui ne savent ou ne peuvent pas bien compter, comme les rêveurs, les enfants ou les malades… pour qui la durée peut être élastique ou discontinue et le curseur réversible et multiple.
- est, enfin et surtout, celui qui se nourrit des expériences *antérieures* à celles *présentes,* qui lie le passé au présent. Passé + présent peuvent-ils "créer" le futur?

1-2 Les temps de l'Histoire

Les temps subjectifs, individuels, sont liés aux mémoires, aux souvenirs de chacun. L'âge est une succession d'événements séparés par des durées mesurées, et une histoire est un empilement de durées. PLS 48

Se situer dans le temps... c'est avoir une histoire. Klein *Les temps "collectifs" du "un pour tous"... sont des temps qualitatifs... soit cycliques (...un soleil pour tous les habitants d'une région), soit linéaire et irréversible (... un calendrier liturgique pour tous les adhérents...avec Création du monde et Jugement dernier), soit histoire linéaire et orientée par le progrès du temps politique ... pour tous les citoyens* Pomian

Les temps de l'histoire sont relatifs aux traces laissées, aux fossiles, aux écrits, aux événements visibles y compris à ceux qui remontent à bien longtemps et qui ont eu lieu loin de nous. *Nous vivons dans le temps; lorsqu'il est ponctué d'événements irrévocables, marqué par des processus irréversibles, il est Histoire* Israel. L'Histoire est essentiellement liée au passé. *L'histoire...: traces, non du temps, mais des événements passés entre lesquels nous pouvons établir une relation temporelle...* Pour devenir histoire *le récit authentique relevant de la mémoire, requiert honnêteté de celui qui l'établit et confiance de la part de celui qui le reçoit* Ouanounou. Remarquons que *l'histoire dure depuis bien trop peu de temps pour qu'on puisse en tirer des lois permettant d'inférer du passé à l'avenir: quelle ignorance que la nôtre ! et quelle légère expérience que celle de six à sept mille ans*! La Bruyère

Pour écrire l'Histoire on a commencé par élaborer des repères, des calendriers, par établir des généalogies, des chronologies et par relater des événements.

La chronique, d'abord, *a fait appel à un temps non seulement réduit à une simple relation d'antériorité et purement qualitatif, mais aussi discret, les événements étant séparés les uns des autres par des vides*. Il s'agissait de décrire une *succession d'événements uniques… dans un temps ni cyclique, ni linéaire… concentré sur le présent.* Pomian

Mais il a fallu ensuite dater ces événements! *C'est la coordination d'une suite de faits avec les changements représentés par un objet invisible chargé de lui conférer un sens qui introduit dans l'histoire un troisième partenaire: le temps* Pomian

La diversité des calendriers proposés et utilisés pour associer une date à un événement est extrême: juif, julien, chinois, aztèque…. Ils ont tous été émis d'abord pour "organiser le temps à passer", pour gérer la vie sociale, la durée de vie de l'homme. *L'idée ou l'image du temps qu'expriment les différents calendriers est partout la même: celle d'un temps qui tourne en rond. Les mêmes noms des jours reviennent semaine après semaine… Le temps de la chronométrie est cyclique… et tout cycle comporte deux phases : ascendante et descendante… d'où un temps progressif …ou régressif.* Mais ce temps

cyclique *coexiste avec le temps linéaire de la chronologie. En effet les calendriers permettent d'attribuer à chaque événement une coordonnée temporelle qui l'individualise dans un cadre... et, ce faisant, mesurent les intervalles qui les séparent..... Les systèmes chronologiques embrassent de longues périodes...: ils privilégient le passé éloigné..*
_{Pomian}

Quand la chronique est remplacée par le récit, au *temps discret se substitue un temps continu.* Et *en transcendant le présent vers l'avenir* l'Histoire, chronosophie dans les termes de **Pomian**, l 'Histoire a aspiré alors *à appréhender d'emblée le parcours entier de telle ou telle trajectoire... à rendre l'avenir accessible, en faire un objet de connaissance.... Toute chronosophie définit la topologie du temps global...* celui *des rapports entre présent, passé et avenir. Les chronosophies qui définissent le temps comme linéaire doivent..., déterminer sa direction...* savoir *si les changements qui s'accumulent sont positifs ou négatifs...* ce qui *équivaut à porter un jugement de valeur sur le présent, tout en choisissant une attitude à l'égard du passé et de l'avenir* _{Pomian} Toutes les dates s'enchainant ainsi permettent de formuler le grand récit de l'Histoire du monde du Big bang jusqu'à aujourd'hui, récit dans lequel il y a de l'inattendu, du contingent, du singulier, des coups de théâtre.

L'Histoire est divisée en ères, en époques; on parle d'histoire contemporaine, moderne, de la 5ième république, des rois de France, de l'Antiquité..., de l'histoire biblique…

Chaque époque est *temps*: temps mérovingiens, temps antiques…

Le mot *temps* est là, de façon flagrante, utilisé abusivement: il s'agit partout de *durée*. Une ére, une époque, l'époque de la 2ième guerre mondiale…c'est du "temps écoulé" entre deux" instants", deux dates: une durée.

Le *temps* solaire est, pour nous, la durée d'une journée solaire. Le *temps* sidéral est la durée d'une journée par rapport aux étoiles, et même le *temps* cosmologique est la durée à partir du Big- bang; c'est l'âge de l'Univers, une durée (de vie). Et à ces temps-durée sont associés les calendriers.

L'échelle humaine et *tout ce qui vit, en allant des cellules aux arbres ou aux baleines se place dans la zone intermédiaire* des longueurs mais *une vie humaine est presque aussi grande que celle de l'univers!…nous sommes des structure très stables dans l'univers…* Penrose

Retenons que:
- L'Histoire est le récit de certains événements survenus pendant une durée déterminée ; *une histoire est un empilement de durées et c'est le choix d'une origine qui permet de définir un temps* PLS 48
- *Durée* est synonyme de "temps écoulé", "temps passé ou à passer", "déroulé".
- Une date est un index, une variable dans une unité arbitraire d'un calendrier qui découpe la durée concernée pour la mesurer mais qui ne dit ni pourquoi, ni comment cet index coulisse si ce n'est par la volonté de "l'observateur".

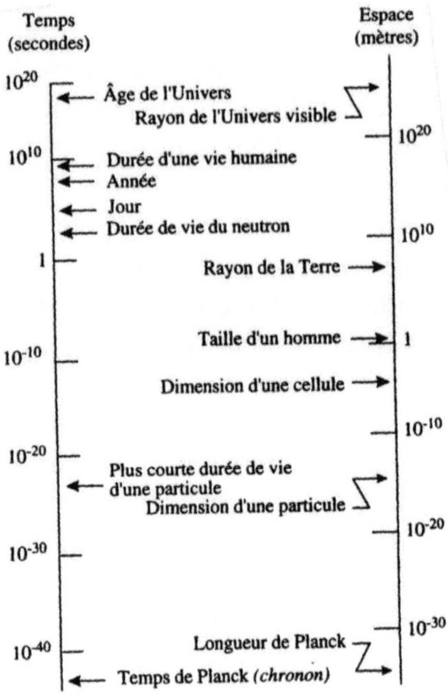

Fig. 1.4. Les dimensions de longueur
et les échelles des temps dans l'Univers.

Penrose

1-3 les temps de la Physique

On a rencontré le long de l'histoire plusieurs temps utilisés par la Science qu'on va rappeler. Pourtant il est légitime de se demander aussitôt en quoi la Physique peut représenter la réalité du temps, particulièrement pour le temps vécu par l'humain et dans le domaine macroscopique où l'entropie s'accroît, ou dans le domaine microscopique où la mécanique quantique s'applique?

Par définition un temps de la Physique est "objectif", mesurable et mesuré, avec toute la nuance apportée par la subjectivité de toute mesure, quelle qu'elle soit. Le *temps objectif* est une *réalité à part entière,... un ordre incorporé dans le déroulement même des choses,... un donné, extérieur et indépendant de la connaissance que peuvent avoir les individus.* Pomian

.

Dans l'Histoire antique *c'est sur le mouvement régulier des astres que se réglait le Destin.... La philosophie du ciel étoilé... enseigna* alors, peu à peu, *à l'homme la loi physique pour comprendre le monde* Bachelard. *Lorsque* la Physique *s'applique à des processus qui ont une histoire, une évolution, elle peut les décrire à partir de formes, de lois, de règles qui sont indépendantes du temps, c'est à dire les mêmes en tout instant* Klein Jusqu'à Galilée on peut dire que la Physique n'avait pas appréhendé le temps comme une grandeur intensive qui pouvait apparaître dans une équation. On utilisait les temps subjectifs ou de l'Histoire pour avoir un repère qualitatif dans la durée considérée. La brisure complète du cercle du temps ne s'est faite qu'avec avec Newton et l'assurance qu'un effet ne peut pas rétroagir sur sa propre cause. Avec la loi et *ses caractères d'objectivité et de déterminisme absolus*. Bachelard... est apparu alors le temps absolu.

- ### *le temps absolu*

Pour Newton *le temps vrai, durée,...le temps absolu doit toujours couler de la même manière:* le "temps qui coule" est considéré essentiellement à partir de la durée; le "temps" t de Newton est, plus spécifiquement, l'abscisse, l'index qui coulisse sur la durée des

mouvements étudiés: un temps-coordonnée. *Le temps de Newton dématérialisé, abstrait sans relation avec l'extérieur... aurait dû être nommé différemment.* Klein (par exemple le temps-coordonnée). *Le temps absolu* est *invisible, quantitatif, mesuré par un étalon dont l'invariance est établie par la théorie (l'équation astronomique qui définit le jour solaire moyen, après lissage des inégalités périodiques)* et diffère peu du *temps relatif mesuré, apparent, vulgaire, qualitatif, de la vie quotidienne* ...celui de la *sphère du visible.* Pomian
En tant que telle, la variable temps-coordonnée qui se déplace sur la durée, permet de considérer celle-ci comme monodimensionnelle, linéaire et continue; et elle peut varier de − à + l'infini bien que la variable ne soit généralement prise qu'à l'intérieur d'un intervalle de définition plus restreint dans l'étude d'un système dynamique considéré.

La topologie de la durée newtonienne est *admise,* et est plus pauvre que celle de l'espace: il n'y a qu'*une* abscisse temps au lieu de 3 dimensions attribuées à l'espace; sa linéarité vient de la possibilité *postulée* d'une mesure *idéalisée* de la durée: on peut avoir des horloges synchrones partout et compter "exactement" le temps-coordonnée par le nombre d'unités ajoutées de périodes d'horloges; sa continuité résulte de *l'hypothèse* que toute unité peut être divisée à l'infini: l'instant est alors la position de la variable temps-coordonnée sur l'intervalle de définition (une durée).

Remarquons que l'unité de temps-coordonnée choisie, qu'elle vienne de la période d'un pendule, de l'intervalle entre deux pulsations, ou autre…, est toujours une durée élémentaire continue et la variation du temps coordonnée mesure bien une durée.   (cf §2). Dès l'instant où l'on attribue la moindre   homogénéité à la durée, on introduit subrepticement l'espace et *le temps est « représenté » comme une autre dimension spatiale…Il faudrait trouver une manière de « dégeler » le temps* Smolin in Klein .

Ces propriétés ("temps" monodimensionnel, linéaire et continu) font du temps-coordonnée un temps mathématique. Et comme en outre deux événements séparés par un intervalle de temps restent séparés par la même durée quel que soit le repère où se passent ces événements (ce qui s'avérera faux), la durée est réputée absolue et universelle. Est-elle aussi éternelle (?) parce que le temps-coordonnée, en tant que temps mathématique, peut aller de − à + l'infini et être "réversible"? *Le temps* newtonien est décrit *comme la progression d'une sorte d'horloge universelle égrenant les secondes et minutes sans relâche, de manière immuable… Le même pendule oscille au même rythme aujourd'hui et demain, à Londres ou à Sidney, pour vous et pour moi* Singh . *Tous les observateurs, quel que soit leur propre mouvement ... sont d'accord sur le temps-*coordonnée *auquel les événements* simultanés *se produisent* Penrose Ce temps-coordonnée, cet être mathématique peut être utilisé dans des équations différentielles pour déterminer des mouvements, déplacements d'objets dans l'espace au cours du déroulement du temps-coordonnée. *Dans l'exemple des lois qui définissent le mouvement d'un pendule de période T sans frottement*

$$d^2\theta/dt^2 + \omega^2.\theta = 0 \ \text{ où } \ \omega = 2\pi/T$$

le renversement du temps ne change pas la solution: il n'y a pas passé et futur différenciés De Wever. Le temps est réversible dans la mécanique des mouvements parfaits, sans frottement ou intervention des dérivées temporelles autres que celles liées à la vitesse ou l'accélération, "réversible" dans ce sens que ce qui peut être prévu à partir d'un état dans le futur peut l'être aussi pour le passé. On peut alors s'inquiéter de la différence flagrante de ce temps avec le temps "réel", vécu, où tout évolue sans retour!
Néanmoins le temps devient irréversible dans ce même exemple simplement *si on ajoute le terme de frottement* $\gamma.d\theta/dt$ autour de l'axe de rotation du pendule dans l'équation. De Wever. Il en est de même lorsqu'on modélise des processus irréversibles complexes dans la dynamique newtonienne mais en prenant en compte les termes non linéaires et les liaisons dépendantes du temps.
L'espace et le temps sont ainsi deux entités bien séparées où se passent les phénomènes; ce cadre associé à des hypothèses de simplifications des phénomènes, justifie l'utilisation d'une mécanique déterministe simple basée sur la causalité absolue pour approcher leur compréhension, bien que l'on sache que les phénomènes sont plus complexes.

Il reste que réversible, ou pas, le temps-durée newtonien est:
- absolu et universel, avec une unité de durée la même partout et toujours,
- monodimensionnel linéaire et continu, avec une durée représentée par un temps-coordonnée mathématique qui "s'écoule" "tout le temps" à la même vitesse; le sens d'écoulement est compatible

avec les principes de causalité et de raison suffisante pour certains processus.

- *le temps relatif*

Alors absolu et universel le temps? ....*Non !* répond Einstein.... *Si vous vous trouvez dans un train en mouvement et que, debout sur le quai d'une gare, je regarde votre montre au moment où vous passez à toute vitesse devant moi, je remarquerai que votre montre avance plus lentement que ma propre montre..... Le temps est flexible, extensible et personnel* Singh
Tout d'abord, le temps d'Einstein est du même type que celui de Newton: le temps-coordonnée de la durée, un temps de la Physique, un temps mesuré, "objectif", un index sur la durée. *Le temps newtonien et einsteinien est un temps à la fois homogène et composé d'une succession d'instants autonomes, chacun n'étant en relation immédiate qu'avec son prédécesseur et son successeur; la continuité se limite à la contiguïté.....c'est un paramètre linéaire, uniforme, ponctuel, réversible. Le risque est grand de croire que le temps est cet axe linéaire tracé sur tant de graphiques* LevyLeblond

Mais…
Mais l'unité de durée permettant de placer le temps-coordonnée n'est plus la même dans tous les repères: *1* seconde n'a pas la même durée dans un repère en mouvement par rapport à un autre, ni en haut ou en bas de la Tour Eiffel. Il y a relativité par rapport au mouvement et à la localisation.

Comment puis-je vieillir d'un an parce que je me déplace à une vitesse proche de la lumière, *pendant que mon fils* qui est resté "au repos" *a le temps de voir blanchir ses os pendant de millions d'années?* s'interroge Charon. L'horloge marche tout simplement plus lentement en mouvement qu'au repos: la durée est relative aux repères en mouvement à grande vitesse les uns par rapport aux autres. Et par là, il y a implication d'une multiplicité des temps-coordonnées; dans chaque repère le temps-coordonnée est compté différemment; chacun a son temps-coordonnée à sa propre montre! Le temps-coordonnée doit être local. La **durée-propre** d'un événement, d'une expérience n'est que la durée comptée dans le repère où l'événement a lieu.

Évidemment, et heureusement, mon repère par rapport au tien est en faible mouvement: nos temps ne diffèrent que d'un rien et il faut des mouvements à des vitesses relatives supérieures à 200 000 km/seconde! pour qu'un effet se fasse sentir. La mécanique newtonienne a donc encore de beaux jours à vivre sur notre Terre, mais elle ne s'applique pas de même pour la particule méson qui se déplace très vite, pour des mouvements sub-atomiques ou pour des mouvements de galaxies.

Comme la Relativité dilate le temps mais raccourcit "en même temps" les distances dans les repères inertiels, c'est l'intervalle spatio-temporel, s, qui devient la variable coordonnée pertinente et tout événement est alors repéré dans ET. On ne parle plus d'espace et de temps mais d'Espace-Temps pour donner un cadre au monde. *Les gens pensent habituellement que le monde est un espace à trois dimensions se transformant au cours du temps. Le passé est passé, le futur n'existe pas encore; seul le présent est* *réel…*Mais *l'"espace-temps" est… un concept bien plus naturel que celui "d'espace qui change avec le temps".*Rucker. En se plaçant "localement" sur un événement on peut, sur sa ligne d'Univers supposée connue, suivre son passé et son futur sur un bout de chemin. L'intervalle *s* combine les intervalles de temps et de distance et fait intervenir la célérité de la lumière:

$$s^2 = c^2 . t^2 - d^2$$

L'invariance de s pour tout observateur montre que l'unité de "temps intérieur" défini par Charon *est le même pour tous* Charon mais ce temps est-il un simple avatar de la durée*?*

Si l'on se réfère au temps *t* de l'égalité précédente *on peut supposer, en premier lieu, qu'il existe un ordre temporel des événements qui concorde avec l'ordre temporel des expériences; mais l'ordre temporel des expériences obtenu par voie acoustique peut différer de celui obtenu par voie visuelle… Un événement est aussi localisé dans l'espace et pas seulement dans le temps* Einstein

Le temps est une des coordonnées de ET et ce qui est temps dans un repère peut devenir espace dans un autre… Il est dans la nature des choses que, par rapport à un repère, les coordonnées spatiales changent; c'est l'immobilité qui pose problème, pas le changement… Le changement "est comme rien" dans ET…. Dans le système de référence de l'ici et maintenant… le temps ne s'écoule plus…. Dans les changements de repère réapparaissent l'écoulement du temps et les différents phénomènes Nottale

L'aspect de localité du temps-coordonnée est renforcé par l'influence du champ local d'accélération ou de gravitation: la durée est aussi relative à la présence ou pas de masses importantes au voisinage du lieu de mesure. L'horloge ne bat pas au même rythme près du Soleil ou de la Terre. *Le temps est artificiellement isolé par l'observateur en rompant l'homogénéité de l'espace-temps comportant des masses et des accélérations* Couderc. On devrait alors parler d'Espace-Temps-Matière ETM pour cadre d'explication des phénomènes avec ces remarques que l'intervalle spatio-temporel est lié à la lumière (on pourrait alors parler d'un cadre lumière-matière LM), et que matière et lumière sont toutes deux de l'énergie !

Les cônes de lumière constituent la structure la plus importante de ET. Ils représentent les limites qui s'imposent à une influence causale... Comme *en relativité générale les cônes de lumières ne sont plus alignés; le principe causal,* lui aussi, devient local .Penrose.

Il reste alors que:
- t indique encore un temps-coordonnée d'une durée (une vitesse multipliée par une durée donne bien une distance), durée, cette fois, relative, différente, longue ou courte suivant les mouvements et les masses présentes considérés; ce temps peut s'écouler à vitesse variable.
- et que, là aussi si on change le sens de coulissement du temps-coordonnée, le passé devient futur et le futur passé: le temps-coordonnée est réversible pour des phénomènes simples comme pour les mouvements "parfaits" newtoniens. Mais maintenant la simultanéité n'existe plus, et l'ordre de certains événements qui ne figurent pas dans son cône de lumière peut être tout à fait quelconque! La causalité et l'irréversibilité qui s'en déduit, est restreinte à ce cône.

L'affirmation de Charon: *la durée a un caractère absolu; c'est un invariant* est bien sûr fausse; c'est bien la durée, et donc l'âge, qui est relative.

- *le temps entropique*

La notion d'entropie est née de la thermodynamique pour exprimer une loi n'ayant, a priori, aucun lien explicite avec le temps; il s'agissait de constater qu'une grandeur descriptive d'un système ne pouvait que "rester" constante ou croître (Carnot-Clausius). L'analyse de cette loi montrait néanmoins que le "devenir" d'un système pouvait être irréversible et que la notion d'entropie était complexe et floue à la fois. Le devenir est associé au temps qui s'écoule, à la durée, mais cet écoulement aurait pour ces systèmes un sens assuré, une direction qui va de l'"avant" à l'"après". Le concept thermodynamique d'entropie s'est étendu aux théories de l'ordre et du désordre, de l'analyse de la complexité, aux théories de l'information; et la croissance forcée de l'entropie aboutit à une course vers la mort (le désordre complet statistique) de tout système dynamique, de notre Univers.
Le temps-entropie est un temps de la Physique; donc mesurable; *t* croit avec l'entropie; Prigogine a proposé de le mesurer par un temps "interne" lié au nombre de transformations subies par le système; on a vu qu'on pourrait aussi choisir le nombre de bits nécessaires pour décrire l'état du système; mais ces temps sont encore des temps-coordonnée qui indiquent une position de curseur sur un âge, une durée de vie.

Le temps thermodynamique combiné à celui d'Einstein introduit l'irréversibilité et la notion de début, de naissance d'un système. La mécanique non linéaire, les théories du chaos et les théories probabilistes aboutissent à une physique pas toujours et partout déterministe. *L'espace des phases est un espace dont le nombre de dimensions est énorme, chaque point de l'ensemble décrivant les positions et impulsions de toutes les particules qui composent le système; alors....tout système part d'une petite boîte et se met à évoluer, il ira vers des boîtes de plus en plus grosses et ... si nous connaissons l'état présent du système, nous pouvons prédire quel sera l'état futur le plus probable...: l'entropie croît quand on va vers le futur.... Pourquoi elle décroît dans la direction du passé est quelque chose de très différent... Quand nous nous plongeons plus loin vers le passé l'entropie devient de plus en plus petite jusqu'à ce qu'on aboutisse au Big bang* Penrose *La physique d'aujourd'hui ... reconnaît le temps irréversible des évolutions vers l'équilibre, le temps rythmé des structures dont la pulsion se nourrit du monde qui les traverse, le temps bifurquant des évolutions par instabilité et amplification de fluctuations, et même ce temps microscopique qui manifeste l'indétermination des évolutions physiques macroscopiques* **Prigogine**

Ainsi *la notion de temps n'aurait de sens que pour des systèmes complexes évoluant hors de l'équilibre thermodynamique et qui gèrent les informations accumulées dans leur mémoire* **Damour** Une autre restriction pourrait être introduite: *le propre de la raison est d'immobiliser les choses dont elle traite, du moins tant qu'elle les traite, alors qu'un pur devenir, exclusif, par* *essence, de toute identité à soi-même, peut être l'objet d'une adhésion mystique, mais non d'une activité rationnell*e Benda

Franchement irréversible pour certains systèmes complexes, comme un être vivant ou l'univers entier, le temps entropique
- est un temps-durée parcouru par un temps-coordonnée comparable au temps newtonien au moins en ce qui concerne les processus à l'échelle humaine,
- et l'irréversibilité, associée à la "flèche du temps", concerne les phénomènes, les processus qui se déroulent dans le temps, et non le temps lui-même.

- *le temps quantique*

Dans la mécanique ondulatoire et la mécanique classique (newtonienne ou relativiste), le temps utilisé est le temps-coordonnée d'une durée: la durée du mouvement d'un corps pour la mécanique classique, et la durée d'une propagation pour la mécanique ondulatoire où, là aussi, le temps est réversible. Le temps de la mécanique quantique hérite, lui, a priori et en premier abord, des propriétés de réversibilité, localité et relativité.
Mais cette fois, concernant l'unité de mesure de la durée, on s'intéresse non à son aspect relatif ou absolu, mais à sa propriété de continuité qui, ici, est niée. L'action, le quantum d'action, est au centre de la physique quantique: il n'y a action, c'est à dire mise en œuvre d'une énergie

pendant une certaine durée, que par paquet, de façon discrétisée, le plus petit paquet étant lié au temps de Planck; en effet de même qu'il existe une limite inférieure à une longueur, il existe une limite inférieure au temps-durée. Cette quantification aboutit à une dualité corpusculaire et ondulatoire de la matière et à une description statistique du monde "microscopique" subatomique ainsi qu'à la notion de mécanique quantique des champs.

Matière et onde (dans l'espace-temps) sont dissociées, rapprochées, confondues et le cadre Espace-Temps-Matière fondu en une seule entité, le quantum d'action, A, conforté comme cadre d'explication du monde.

La physique quantique ne décrit la matière en train de se transformer à l'échelle microscopique *qu'en termes de probabilités de transformation entre un **état de départ** connu et divers **états d'arrivées** (simultanément) possibles.* -MBrune Une particule donnée a une **probabilité de présence** en tout point du champ; une particule ne se trouve pas "quelque part" mais a une loi de probabilité de présence en tout point. *Un électron de ma main peut se trouver instantanément à l'autre bout de la planète* Ouanounou. Une trajectoire et un sens de parcours sur celle-ci n'a plus de signification, une vitesse non plus. *À toute petite échelle ET serait discontinu plutôt que lisse, ou n'existerait pas vraiment, ou posséderait plus de 4 dimensions* Klein . *À l'échelle subatomique le temps n'est plus unidirectionnel; les lois ne portent pas l'empreinte d'une direction du temps* Ricard-Thuan. *À l'échelle de Planck, la distance a t-elle un sens? Le temps s'écoule-il du passé vers le futur? .... Est-ce que dans un système clos le* *désordre, ou l'entropie, croît avec le temps* ?Hawking. Ou plutôt *pour que les particules ne remontent pas le temps est-ce qu'il ne faut pas qu'on les réinterprète comme antiparticule.... antimatière... Alors l'existence de l'antimatière est la preuve de l'existence du temps et de son sens unique* Klein L'invariance CPT en TQ implique que les lois de notre monde sont aussi celles d'un monde d'antimatière observé dans un miroir et où le temps s'écoulerait à l'envers. À moins que *l'irréversibilité et le recours aux probabilités* ne *soient renvoyés par la mécanique quantique* qu'*à l'acte d'observation* Prigogine acte qui semble introduire un élément "subjectiviste" en Physique.

Dans ce monde quantique relativiste *une horloge* peut être *mise dans un état quantique ambigu: elle avance et retarde "en même temps"*MBrune! Et *en cosmologie quantique, le temps est quelque chose de construit à partir des champs de matière et de leurs configurations... La notion de temps n'apparaît plus explicitement; c'est une simple étiquette* JD Barow. Il y aurait une toute petite durée où le temps n'existe pas: des milliardièmes de milliardièmes de seconde pendant lesquels des physiciens observant des photons ne peuvent dire quel phénomène se passe « avant » ou « après » un autre. Étrangeté propre aux lois de la physique quantique qui échappe au monde ordinaire auquel nos sens ont accès.

RR et PQ sont désunies mais une expérience en PQ pourrait rendre observable la dilatation de la durée (Fabriquer une horloge de Schrödinger dans 2 états de vitesses différentes avec un atome de rubidium dans un état à 5m/s et un état 15 m/s Il suffirait que la superposition dure 10s pour rendre observable cette dilatation.)

Réversible ou pas,

- le temps-coordonnée quantique ne semble plus être qu'une étiquette distribuée de façon discrète avec une durée élémentaire associée qui peut être longue et courte à la fois, et la vitesse d'écoulement de ce temps n'a plus de signification au niveau microscopique ;
- l'important est l'existence du quantum d'action, paquet d'énergie qui s'exerce sur une durée élémentaire donnée.

Les théories de la Physique classique se sont développées en admettant la réalité du monde physique et en cherchant à en obtenir des **représentations**,*... à donner une description de la réalité physique, à en suivre l'évolution en se servant toujours du cadre de l'espace et du temps, donnée première de notre vie quotidienne ... et en établissant un lien causal entre les phénomènes successifs* de Broglie *. Pour la science le temps est alors une succession de petites durées de plus en plus petites alors que deux horloges censées mesurer le temps ne comptent pas le même nombre des secondes dès lors qu'elles s'éloignent ou se rapprochent l'une de l'autre !*Lassagne Il a donc fallu ensuite *abandonner les représentations concrètes* pour passer à la théorie quantique des champs mais.... *il restera toujours difficile pour le physicien d'admettre qu'il n'existe pas une réalité... indépendante des hommes qui l'observent* de Broglie . En effet la Physique a pour tâche de représenter ce qui se passe dans la Nature, dans l'Univers ; *une théorie physique ne peut prétendre décrire que des phénomènes incluant dans leur définition le contexte expérimental qui les rend manifestes, et non* *une réalité prétendument objective* Klein . Les lois qu'elle énonce se veulent immuables, chaque théorie essayant de contenir les précédentes, immuables à tel point qu'on peut se poser la question: *les lois physiques....étaient-elles déjà là, à attendre patiemment qu'un univers veuille bien se donner le mal d'apparaître afin de les rendre effectives?* Klein

La Physique s'intéresse aux choses qui existent, qui durent; le temps de la Physique est avant tout le temps-durée et pour parcourir la durée a été introduit le temps-coordonnée. *Le temps entrant dans les équations physiques est* alors *un paramètre mathématique* et *la sélection physique que constitue la flèche du temps doit être établie dans le cadre de la Physique* Felden Cette flèche concerne l'évolution des systèmes; par contre le principe de causalité n'entre pas directement dans les équations. *En physique newtonienne la causalité implique que le temps est linéaire et non cyclique; en relativité restreinte elle interdit qu'une particule puisse se propager plus vite que la lumière; en mécanique quantique elle est garantie par la structure de l'équation de Schrödinger (l'opérateur est générateur infinitésimal de translations dans le temps)… Le principe de causalité ...vient imposer un ordre obligatoire et absolu entre divers types de phénomènes... C'est une méthode de rangement des événements* .Klein *Les lois mathématiques qui reposent sur la notion de probabilité sont,* elles, *tenues de mettre tous les événements sur le même pied, alors que l'unicité est le caractère le plus essentiel de la réalité* Omnès

Il faut alors peut-être distinguer temps réel, physique, du temps de la "Physique"! Pour Bergson il faudrait permettre à la philosophie de se libérer du temps scientifique,

éloigné de la réalité et du devenir. Néanmoins *la physique contemporaine considère qu'il existe un cours du temps, dont la structure <u>garantit à tous les instants le même statut</u> au sein duquel le devenir vient prendre place.* Klein
Si le temps physique ne prend sens qu'avec un système matériel, il ne peut exister qu'avec l'apparition de l'univers... Le temps... n'a de sens qu'associé à l'énergie-matière.... On ne peut a priori exclure l'existence de certaines connexions entre le temps physique, l'énergie-matière relativiste et quelque dynamique quantique sous-jacente. Felden

Tous les temps de la Physique concernent la durée et le temps-coordonnée de la durée; la Physique ne semble pas s'intéresser au temps qui "fait passer", celui qui engraine un instant au suivant, à la dynamique sous-jacente, au temps-moteur.

Que reste-t-il de tous ces temps subjectifs, historiques et ceux inventoriés ci-dessus de la Physique? Il reste :

-	**un temps-durée**, T_d, continu parcouru par un temps-coordonnée, T_c, lui-même continu, durée qui peut être mesurée, par une seule horloge ou plutôt par toute horloge locale, ou plus simplement par un dénombrement d'événements et qui peut être relative, différente suivant les circonstances. Il faudrait toujours dire : la **durée d'**un événement, d'une expérience.... **par rapport à** un autre événement, à un tel observateur…

- un **temps-transfert** ou temps-moteur, T_t, celui qui fait passer du passé vers l'avenir, de l'avant vers l'après, qui agit **pour faire durer la durée**. *Aucune de nos sensations n'indique comment une succession d'instants ponctuels par définition, parvient à s'épaissir en une durée continue* Klein Quand le poète **Miossec** chante que le *temps est vraiment la seule et unique chose commune à tout le monde*, il ne peut pas s'agir de la durée qui est propre à chacun, mais de ce temps-moteur, ce temps-création.

Le cours du temps, à sens unique, indique *la sortie du monde immanent, et donc le progrès. Il est la condition sine qua non de l'existence de l'espérance et de la liberté. Car il n'y a pas de liberté dans le temps circulaire: là, il n'y a qu'un destin* Delsol   Il y a *deux sortes de changement:... le cours du temps,... renouvellement irréversible de l'instant présent,...* et *la flèche du temps, c'est à dire l'évolution irréversible des phénomènes temporels* Klein.

Pour l'évolution des changements dans la Nature, la Physique s'en occupe ; mais qui a étudié comment le renouvellement de l'instant présent se faisait?

2 Peut-on mesurer temps-moteur et temps-durée?

L'expression populaire *Je n'ai plus le temps d'avoir le temps* est surtout employée pour dénoncer l'accélération du rythme de la vie moderne; elle consacre la relativité de la durée mais cache, en fait, bien des ambiguïtés. *Nous n'avons plus le temps*-moteur *pour avoir du temps*-durée, ou *Nous n'avons plus le temps*-durée *pour avoir le temps*-moteur?

2-1 Temps-transfert

Considérons d'abord le temps-transfert, celui qu'on ne mesure pas avec une unité de durée.

La définition d'une unité de temps-transfert *ne peut pas se faire avec un concept exclusivement temporel parce que le temps*-transfert *est une notion qui nous échappe.... Pour mesurer la distance entre deux points je peux aller de l'un à l'autre puis de l'autre à l'un et maîtriser, saisir et figer l'objet à mesurer. Pour le temps*-transfert *il s'agit d'un phénomène subi, que je ne peux ni maîtriser ni reproduire, ni figer* Ouanounou car je ne peux pas, par exemple, retourner de l'instant postérieur à l'instant antérieur. Je ne sais pas créer de la durée mais grâce au temps moteur, je sais qu'il y aura un instant suivant : je peux innover, je peux projeter, je peux espérer.

Peut-être faudrait-il mesurer l'intensité, la valeur de ce temps-création, la puissance ou le rendement de ce moteur-temps? Il faudrait chercher dans le domaine de la caractérisation des moteurs, de la valorisation de l'action? Il existe des temps plus agréables que d'autres, plus productifs, plus importants, plus graves…. <u>Pour l'instant on ne sait pas faire</u>. Le temps-moteur est-il d'ailleurs une grandeur mesurable ?

2-2 Temps-durée

Insaisissable, le temps-transfert ne peut s'appréhender qu'au travers des durées et une durée est faite d'instants qui ne coexistent même pas!

Pourtant les durées sont mesurées en les rapportant à un mouvement périodique astronomique (lune ou soleil…) mécanique (clepsydre, horloge, montre..) ou quantique (horloge atomique..).

C'est la durée que l'on mesure. *La mesure précise des intervalles de temps… permet de donner à ceux-ci un sens physique défini: eux seuls sont opératoires* Felden Comment s'effectue la mesure?

Gnomons, cadrans solaires, clepsydres, sabliers, bougies graduées, calendriers, horloges mécaniques, électriques ou atomiques, agendas, montres, chronomètres, méthodes de datation … combien de moyens avons-nous pour dater les événements, organiser le présent, planifier le futur, pour mesurer le temps-durée toujours avec plus de fiabilité et plus de précision? Et cela sur une échelle immense permettant la description de l'interaction entre particules fondamentales (*10^{-15} s* ou moins) à l'âge de l'Univers!

À l'origine le temps..., la durée plutôt, n'est pas une grandeur mesurable mais une *grandeur repérable, étant entendu par là qu'on sait classer... des quantités de cette espèce ...par les signes = ,<, >* comme pour la température Costa Jusqu'à une période récente, la durée des unités de mesure n'était pas fixe; les heures variaient avec les saisons, le jour et la nuit, les journées étaient divisées en fonction de critères purement qualitatifs, entre le lever du jour et le crépuscule. Ensuite *la mesure des durées,* et non du temps, *se fait par le biais d'un mouvement régulier dans l'espace* Klein. Il n'y a pas d'autre possibilité d'effectuer cette mesure que par l'impact du temps-durée sur l'espace ou la matière. Cet impact est observé directement, ou, lorsque cela devient impossible, par des méthodes de datation mises au point avec difficulté.   *Ce n'est pas le temps qu'on mesure   mais la rotation de la terre, l'oscillation du quartz, un échange de chaleur* .Rovelli

Une histoire est un empilement de durées, un âge une succession d'événements séparés par des durées ; une durée est elle-même une succession de durées plus élémentaires. Le temps-durée est discret : il s'égrène par petits paquets. Et c'est en choisissant arbitrairement une origine   sur une durée qu'on peut définir un temps-coordonnée.

-    ***Méthodes de datation***

Il en existe de très nombreuse. *Voir Annexe 9*

*- **Observation directe de mouvements réguliers:***
Voir Annexe 10

Les rythmes biologiques et les régularités cosmiques sont à l'origine de la prise de conscience de l'écoulement du temps-durée Crozon

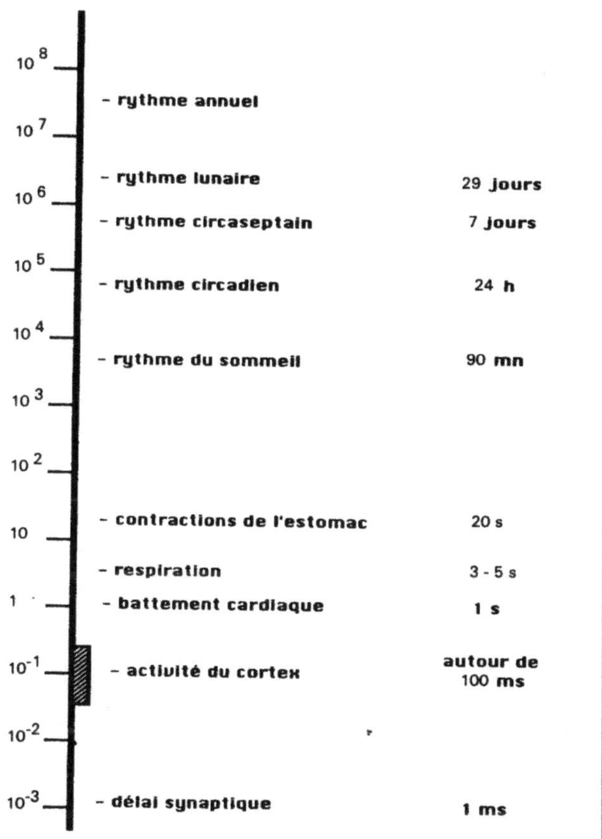

Fig. 1 — Échelle logarithmique graduée en secondes de différents rythmes auxquels est soumis le corps humain, qu'ils soient endogènes ou synchronisés par des horloges externes.

Bergé

259

Remarquons que pour mettre en équation l'oscillation d'un pendule, qui mesure le temps-durée, on décrit l'évolution de l'angle du fil par rapport à la verticale en fonction du temps-coordonnée; or ce temps est repéré par l'angle de l'aiguille d'une montre; au final on compare deux angles et on se passe du temps-coordonnée! Lorsqu'on mesure la cadence d'un pendule avec le rythme cardiaque, et celui-ci en le comparant au pouls, le temps-coordonnée n'intervient pas! Ce qui est pris en compte c'est l'évolution d'un mouvement par rapport à un autre... d'un angle, d'une masse, d'une température par rapport à un autre angle, une autre masse , température,..

Ainsi entre temps-durée et temps-moteur peut-on constater des différences de propriétés:

- La durée est mesurable avec les unités de temps-durée bien connues: années, heures, secondes ou... chronons, alors qu'on ne sait pas encore mesurer ou quantifier le temps moteur.
- La durée peut être parcourue, dans les deux sens, par un temps-coordonnée mathématique, abstrait, à la limite non indispensable; le temps-moteur, lui qui, à chaque instant, fait passer du passé au présent puis à l'avenir a-t-il une direction, un sens unique, est-il irréversible?

La fête juive de *Hanoucca*, pendant laquelle on allume chaque jour une bougie en l'additionnant à celle du jour précédant, et cela pendant huit jours, *symbolise le temps-dual... comme multiplication du temps en succession, et étirement en durée,* M Israel

3 La durée passe-t-elle d'un début passé à un présent actuel, un futur et une fin?

3-1 La fin?

Commençons par la fin, la fin éventuelle de notre Univers, c'est-à-dire toute la région observable de l'espace d'où la lumière a eu le temps de nous atteindre depuis le Big Bang, il y a 13,8 milliards d'années.

Le Big Bang, création surpuissante, doit se terminer par un effondrement aussi instantané, le Big Crunch, ou par le Big Freeze, la mort thermique, ou par l'extension sans fin de l'Univers qui prendrait 10^{32000} ans : il y a de quoi voir !

LR 584 Les théories des Big Bang et Big-Crunch successifs prévoient la possibilité d'un cycle infini d'Univers; or l'univers recréé n'aurait rien à voir avec le précédent, le temps, « notre temps » au moins, n'étant créé qu'au moment du Big Bang; encore, c'est vrai, faudrait-il savoir ce qu'on entend par *"créé"*! Entre ces mondes supposés successifs *il y a rupture temporelle: l'un n'est pas la suite de l'autre* Ouanounou Même si les théories de pré-big bang supposent un "passage" d'un Univers plus ou moins miroir au notre, ils admettent que ce passage s'est effectué en oubliant ce qui aurait précédé.

S'il y avait fin de l'Univers, de notre Univers, ce serait une vraie fin pour lui et pour nous! Il n'est pas exclu qu'elle arrive et l'on est même sûr de notre propre mort, de la fin de la Terre, de celle du Soleil et des étoiles qui "meurent" en brûlant leur combustible qui, lui-même, se transforme. La Terre n'aurait que quelques milliards d'années à « vivre », si la folie des Humains ne précipitait sa mort ! Et une transformation dans notre univers n'est pas une fin. Celle-ci serait le néant total, l'absence totale; or *nous ne parvenons à penser l'absence de toute chose que par la représentation de quelque chose...; l'absence devient présence, le non-être s'habille d'être...: en affirmant son existence, on le substantifie.* E Klein

La fin des temps est en l'Homme lorsqu'il perd foi en sa quête.... qu'il n'a plus la force ni le désir d'espérer de Wever La fin des temps, *le Jugement dernier dans le christianisme, est moins une échéance à situer au terme du calendrier cosmique qu'une réalité ultime fondant notre présent,* Balmary et dans le judaïsme, elle est associée à l'arrivée des temps messianiques, *ère messianique qui **n'est pas** conçue,* d'après le rabbin Bernheim, *comme l'attente d'une apothéose qui se produirait au terme d'un temps linéaire et continu;* d'après M Israel *le messianisme est la possibilité qu'a l'instant présent d'ouvrir immédiatement* *sur un instant différent.... Nous pouvons à chaque instant être au sommet de l'Histoire ;* donc, pour nous, pas de terme et pas de vraie fin, sinon pour chacun sa propre mort?

3-2 Au commencement?

Au commencement, la scène paraît vide mais elle ne l'est pas ... Personne ne peut penser un Néant absolu ... et *l'Être pris "absolument" n'est pas davantage concevable. ... Au début était le champ, qui est une espérance..., le champ fondamental non excité, le vide..... Le vide c'est l'état latent de la nature* Cassé Ainsi au début il y aurait déjà un "il y a": de la matière ou de l'énergie virtuelle *en puissance, en latence.* Et ensuite Tout se fait (*lahassot* en hébreu) dans l'immanence.
Ou alors, le « vrai » commencement, l'*"origine"...* est le *passage de l'absence de toute chose, le néant, à la présence d'au moins une chose* E Klein. *Créer c'est produire du nouveau... marquer le néant... L'être qui surgit du néant le différencie de l'autre... Au commencement est donc la relation et non pas l'être. Le principe, le commencement, qui préside à toute œuvre est création.* Abecassis. Le mot *Bara* utilisé dans la Genèse, signifie **faire** passer du néant à l'être par le Verbe (en hébreu *pahral* dont des dérivés: travail, action…), donc par la *mise en action.*
La Bible, dès son premier mot,"Bérechit", s'était déconsidérée... Jusqu'au début du 20ième siècle il n'y avait aucune raison de supposer que l'Univers avait un commencement Ouanounou. La théorie du Big Bang, actuellement reconnue, en admet un, en tous cas pour

"notre" univers. Si l'Univers, le nôtre, était infini et éternel, "dater" serait sans importance; par contre stipuler qu'il a un commencement et qu'il évolue, le dote d'une histoire. Il aurait un âge, d'après les dernières estimations, aux environs de 14 milliards d'années. Son comportement dépend des lois qui gouvernent le comportement des particules qui le composent mais il dépend également des fameuses conditions initiales et des paramètres fondamentaux qui font que notre Univers ne serait pas le même après un nouveau Big Bang. Ces lois et conditions initiales ont déterminé la flèche de notre temps-durée; d'où l'asymétrie du comportement de l'Univers entre le temps en aval et le temps en amont.

Voir au loin, on le sait, c'est regarder dans le passé, remonter le temps-durée.
Notre ciel vu par temps clair, et aidé par de bons instruments d'observation, nous permet de contempler notre Univers local d'un âge d'environ 5 milliards d'années.
Si l'on veut atteindre l'âge des ténèbres, il faut remonter à 12 milliards d'années pour constater la naissance des étoiles et des galaxies.
L'ère de la lumière, c'est plus avant: le cosmos était dense et brillant 380 000 ans après le Big Bang. *La lumière* qui nous éclaire *naît quand la matière se dissocie de l'énergie.... La matière qui s'organise occupe alors des volumes délimités, laissant un espace vide, disponible.... à la propagation de la lumière..., première chose qui se dégage de la soupe originelle* Ouanounou
Les neutrinos ont été émis 1 seconde après le Big Bang.
Il y a eu *inflation de l'univers d'un coefficient de 10^{50} en une durée de 10^{-35} s!!!* Ouanounou

Phase primordiale: la matière élimine d'abord l'antimatière, son double antagoniste Klein
Le rayonnement de fond gravitationnel a été émis 10^{-43}s après le Big Bang.
Avant c'est l'ère de Planck : $^{Pl}t = 10^{-43}$s
Même pour les théories du pré-Big Bang, l'univers est passé alors par un minimum en-deçà duquel le temps n'existait pas: "notre" Univers a bien commencé là!

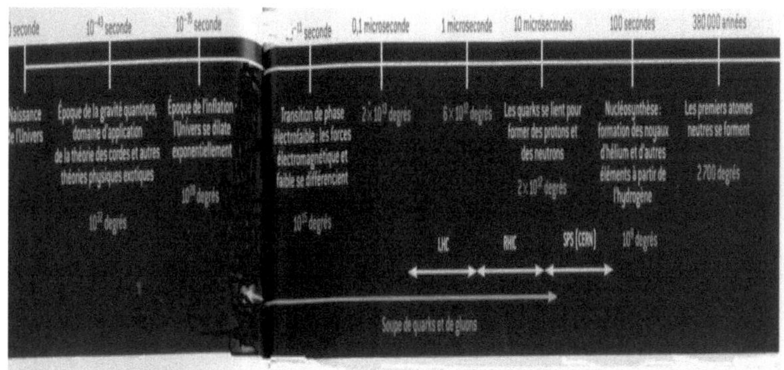

La structure espace-temps a pu être instable à l'origine jusqu'à perturber la structure causale du temps …
Si l'Univers est âgé de 15 milliards d'années, il nous est impossible de savoir quoi que ce soit d'une galaxie qui serait situé à 30 milliards d'année lumière, car tout signal qu'elle aurait pu émettre n'a pas eu le temps de nous parvenir; il existe donc un "horizon",(une frontière fictive), au-delà duquel il est impossible de connaître ce qui se passe Klein *et* l'âge que l'on donne au Big Bang est celui vu de notre Terre ici et maintenant. *Une pulsation de1hz émise au Big Bang aurait été émise dans un espace confiné qui est en pleine expansion et dont le ratio d'expansion est du même ordre que celui des températures*

de l'Univers, c'est à dire de la dizaine de millions de millions (10^{13}); elle durerait sur Terre 317 000 ans Ouanounou

On est arrivé dans les études sur l'origine de l'univers jusqu'à $t = 10^{-35}$s. *Le prétendu âge de l'univers ne court pas depuis son éventuelle création, mais seulement depuis la plus ancienne étape à laquelle les équations des cosmologistes ont un accès sûr.* E Klein. *La barrière de Planck est celle de nos connaissances. Les physiciens préfèrent jeter un voile pudique sur la scène des origines, le temps zéro!* sv En tendant vers l'origine il y aurait eu une énergie quasi-infinie qui serait apparue de façon quasi-instantanée, la lumière primordiale kabbalistique ?; or une énergie qui s'exerce pendant une durée s'appelle, en physique, une action, grandeur de dimension $M.L^2.T^{-1}$; cette grandeur peut être interprétée comme le produit (la production) d'un moment (M.L) et d'une célérité ($L.T^{-1}$), produit d'un bras de levier et de c, la vitesse de la lumière, donc produit d'une "pichenette" réalisée à la vitesse de la lumière, ou aussi comme produit de la matière, de l'espace et du temps (ou plutôt d'une fréquence, inverse d'une durée ! *L'instant zéro n'est pas sur la ligne du temps... L'origine temporelle n'existe pas; du point de vue physique.... On connaît au moins deux cas analogues: le zéro absolu de la température et la vitesse de la lumière ne sont jamais atteints.* Levy-Leblond *. La singularité initiale ... n'est pas un événement elle n'appartient pas à ET mais constitue un bord temporel* Luminet *Parler de l'origine du temps devrait nous conduire à situer le temps dans un "a-temps".... la question du Début est sans fin* Klein

3-3 Y-a-t-il des différences entre passé, présent et futur?

C'est à la totalité des événements que nous pensons quand nous parlons du "monde extérieur réel" _{Einstein}. La réalité est ce qui advient aux objets de l'Univers dans un espace-temps. *Aujourd'hui, ... ma naissance,... ma mort,... ont autant de réalité... sont des éléments de mon univers-bloc. Jamais je ne cesserai de vivre cet instant; jamais cet instant ne cessera d'exister; cet instant a toujours existé... L'éternité se situe en dehors de l'espace-temps. L'éternité, c'est "maintenant".* Pourtant *on a vraiment le sentiment que le temps passe;* alors c'est *mon esprit conscient* qui *éclaire une section de l'ET et... le passage du temps est le mouvement ascendant de mon esprit;...* mais... *quel est le temps qui s'écoule pendant que l'esprit déplace son attention à travers l'ET?... s'écoulant à l'extérieur de cet ET...?* Rucker

Rucker

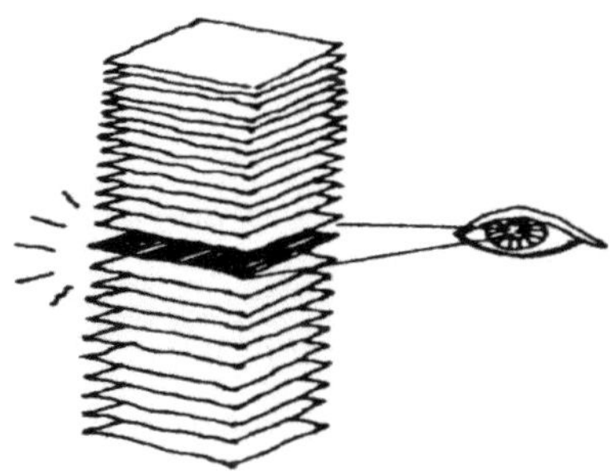

Fig. 142. **L'œil de l'esprit en mouvement engendre le temps.**

Il existe bien réellement *des différences entre le passé et le futur; par exemple l'astronomie... se fonde sur la détection d'un flux de rayonnement externe sous la forme de particules et d'ondes (*qui viennent toutes du passé*); ainsi on trouve des traces, des enregistrements du passé... et rien du futur* Gell-Mann. De plus et quoi qu'il en soit, *tout événement qui arrive crée une différence entre le passé et le futur* Prigogine

Pour les Aymanas, le passé est devant soi et le futur derrière: ce que l'on voit est déjà passé et le futur n'est pas encore visible.

Exister est-ce avoir un Passé?

Tous nos atomes qui constituent présentement mon corps viennent du passé S Jodra Et *la conscience* qui *concerne le passé : c'est notre mémoire* Atlan. Nous sommes donc fait ni de choses à venir, ni du présent fugace. *Le passé, lui, est donné...pas volatil, mais,* c'est vrai, *il est...'évanoui'...* et *jusqu'à l'invention de l'écriture, le passé n'avait pas d'autre lieu que le cerveau des hommes* d'Ormesson *Quand on se penche sur son passé on risque de tomber dans l'oubli* dit **Coluche**. Le passé est évoqué sous forme de souvenirs et transcrit sous forme d'histoire. Or *le souvenir ... n'est qu'un morceau du présent: loin de sauver l'être du passé, il ne vous permet, ici et maintenant, que de prendre conscience de son non-être comme n'être-plus.* Comte-Sponville

En effet *le réel ne se donne qu'au présent;* mais *on ne peut dénier au passé une certaine réalité car il a été 'présent'* Aristote ce qui peut être énoncé : *le passé est en partie irréel car déconnecté du présent et en partie réel car il a occupé une fois le site du présent* S Jodra Le passé n'est pas mort:

au fur et à mesure que le présent change, le passé change avec lui Lewis.

Le passé, même lointain, n'est pas tré(s)-passé...!. Le passé est présent ...de diverses façons par notre...*mémoire collective...*ou *personnelle* M Tournier

Exister est-ce avoir un Avenir?

Le souci de connaître l'avenir.... est... dû au désir, parfois inconscient, d'avoir des repères : donc de relier des événements à des chaînes causales, qu'elles soient d'origine physique ou religieuse Bergé. De tout temps *la raison des hommes a essayé de franchir la barrière d'opacité* pour *prévoir l'avenir...;* l'homme *a espéré chaque jour...que le Soleil allait briller demain matin...*Il *a créé des calendriers, des projets...* Mais *l'avenir est la surprise même, l'inattendu.* d'Ormesson. *Nos projets et nos espoirs, tout autant que nos souvenirs, ne sont que des morceaux du présent... qui ne sauraient donner (au futur) l'être qui lui manque* Comte-Sponville

L'avenir n'est présent que dans nos âmes capables de représenter ce qui n'est pas ... Ce qui n'est absolument pas saisi... c'est l'avenir; "l'extériorité" de l'avenir est totalement différente de l'extériorité spatiale. s Jodra *Le futur n'est pas une anticipation mais un possible* Ouaknin *Le nouveau vient dans le noir;* il arrive d'une *interaction esprit-matière telle qu'elle se produit chaque fois qu'une observation est effectuée* Atlan. *L'avenir..., ce qui tombe sur nous et s'empare de nous... c'est l'Autre.... La présence de l'avenir dans le présent s'accomplit dans le face à face avec autrui* Levinas.

Devenir est-ce l'enchaînement de la Causalité ?

Le temps est lui-même ce devenir, advenue et passage..., Chronos est celui qui engendre et dévore ses enfants : Hegel
Tout phénomène procède d'une cause qui est elle-même l'effet d'une cause. Un effet présent, pense-t-on, dépend de causes passées et une cause présente aura des effets futurs. En fait en espérant deviner l'effet créé dans l'avenir par des causes passées et présentes *la logique de la causalité est ce qui nous permet d'évoluer sans angoisse* Ouanounou.

La causalité est devenue une méthode de rangement des événements qui les place dans un ordre contraint: le temps ne fait pas de caprices; la causalité interdit au temps d'être cyclique et garantit que des événements ne peuvent se reproduire Klein. En effet selon l'hypothèse de Jarrosson, *il convient de renverser la causalité entre le temps et l'événement. Ce n'est pas l'existence du temps-*durée *qui permet l'événement, mais l'événement qui est temps. Il n'arrive pas quelque chose parce que le temps passe; c'est plutôt que le temps passe quand il arrive quelque chose.* Néanmoins quand il n'arrive rien, c'est un événement et le temps court toujours! On peut définir ainsi le *principe de causalité: l'état d'un système au temps t dépend de son état à l'instant qui le précède.... Ce principe, est-il dû à la nature même du temps ou au fait que l'énergie mobilisable est finie?... Peu importe, ce principe fonde la nature intrinsèque du temps qui, nous est accessible...,* et seulement celui-là *: la façon causale d'aborder le temps... ne fonctionne qu'à* *notre échelle! En mécanique quantique le phénomène d'intrication fait disparaître la causalité* SV. Dans les mouvements des corps qui gravitent ensemble il n'y a rien qui puisse être appelée cause ou effet. De plus d'après Kant : dans le moment où l'effet commence à se produire, il est nécessairement simultané avec la causalité de sa cause puisque si cette cause cesse d'être un instant auparavant, l'effet n'aurait pas pu se produire ! En outre *une pensée strictement causale laisserait supposer qu'il n'y a jamais rien de nouveau... La théorie de l'évolution, au contraire, implique qu'à tout instant apparaissent des formes nouvelles et l'uni-directionnalité des phénomènes n'est pas fondamentale* Einstein. *Le monde n'est pas déterministe...* et *l'idée que les mêmes causes produisent les mêmes effets est fausse* Prigogine sinon pas toujours exacte.

On peut plutôt se référer à la définition *de* Kistler: *Deux événements sont liés comme cause et effet si et seulement s'il existe une grandeur physique, soumise à une loi de conservation dont une quantité déterminée est transférée entre cause et effet....une sorte d'interaction.*
Tout devenir, changement, toute vie demande de consommer de l'énergie, de faire intervenir de nombreuses actions et inter-actions ; chaque action consomme, coûte, dépense une énergie-valeur pendant une durée et donc tout devenir ne peut avoir lieu que dans la durée, dans ET_d.
L'asymétrie temporelle est, elle, bien *liée à la causalité...* à celle *qui remonte à la CI; la formule pour la grandeur D, fournissant les probabilités des histoires possibles de l'Univers contient l'asymétrie entre passé et*

futur... et *pour le futur la formule contient une sur-sommation de tous les états possibles.* GellMann.

Être, n'est-ce qu'au Présent ?

Ce qui est à l'œuvre c'est le "présent", ce qui est entre, entre le nouveau et l'ancien... Que ce soit 'avant' ou après', *toute "re-présentation" est une présence affaiblie qui manque de présence* Nicolescu Occupons-nous donc du présent-présence. Et encore faudrait-il comprendre la singularité qu'a l'instant présent particulier que chacun d'entre nous est en train de vivre et qui permet notre présence!

Aucun corps, jamais, n'a vécu que dans le présent, aucun esprit, jamais, n'a rien pensé qu'au présent d'Ormesson. *Le présent ne m'a jamais fait défaut, je ne l'ai jamais vu cesser, disparaître, mais toujours durer.... L'instant présent, comme instant réel est..."toujours le même"...Il n'y a qu'un seul temps, et ce temps c'est le présent....; la journée d'hier... n'est plus: elle ne fut réelle, et même elle ne **fut** que quand elle était l'aujourd'hui du monde... Je suis ce que je suis, non ce que j'étais ou serai.* Comte-Sponville Mais *existe-t-il un présent du monde, un présent universel, ou le présent n'est-il que la marque de notre présence au monde,... un présent relatif?* .Klein *Si je suis présent dans une pièce... bien que je n'occupe pas tout le volume, ma présence englobe le volume disponible parce que je peux appréhender l'ensemble du volume. Il y a une différence* *entre ma présence dans l'espace et ma présence dans le temps: ma présence dans le temps ne couvre que l'instant que je vis* Ouanounou. . *L'Espace donne la consistance de ce qui a volume et diversité... Le Temps défait toute consistance. Si je suis présent au présent, j'insiste dans mon existence éphémère. Si je m'absente du présent, c'est pour m'évader momentanément dans un espace fictif.* Israel.

Or *dans l'instant sans épaisseur que nous appelons le présent, toute dynamique est impossible; rien de ce que nous appelons la réalité n'y peut prendre place; l'instantané, c'est le néant* Jacquard. Ainsi par exemple quand, en se référant à l'expression orale ou écrite des hommes, *la langue est coupée de son passé et donc aussi de sa puissance d'invention des futurs, elle contribue à enfermer les hommes dans un présent sans recours ni alternative* Orwell 1984   in Prigogine. *Le présent est une prison sans barreaux... sans odeur et sans masse... n'ayant* ni *apparence, ni existence et dont nous n'en sortons jamais !!!* d'Ormesson

Autant dire qu'il est bien difficile de ne vivre que dans un présent, *un présent toujours en train de s'évanouir et toujours en train de renaître* d'Ormesson. *Quand un jour cesse d'être le jour présent, il est sorti du présent dans le passé ; mais le jour présent tout en passant son temps,* en venant du futur, *à entrer toujours plus dans le présent, passe aussi ce même temps à en sortir toujours plus. En tant qu'il reste le jour présent, il entre, mais en tant que le présent n'est que l'instant présent, il sort. Le présent n'est pas un lieu où puisse entrer quelque chose qui n'en sortirait pas aussitôt* Israel...*Si une angoisse encore m'étreint, c'est de sentir cet impalpable instant glisser entre mes doigts comme des perles de mercure... .* Mais *je*

ne me plains pas, je me regarde naître Camus in Wever... Bien
sûr *la réalité n'est définissable qu'au présent.... même si le
présent n'advient que (pour nous échapper) en cessant
d'exister; il est à la fois persistant et éphémère* S Jodra *Par
quoi l'instant présent, physiquement si quelconque,
devient-il pour nous si singulier?.... Le temps ... conjugue
la présence et l'absence, la singularité et la continuité, le
surgissement et l'effacement, la mobilité et l'immobilité, la
variation et la persistance* .Klein *Et c'est dans la
présentification de l'aiguille qui avance que le temps se
donne à voir de façon limpide.... Le présent est toujours
présent... mais il n'est jamais le même. Le temps allie
donc, au sein du présent, la notion de statique à celle de
dynamique* Heidegger *L'hypostase est l'événement par lequel
l'existant contracte son exister...: c'est le présent.... Le
présent est fonction de l'exister... et vire en existant.... Il
vient de soi en ne recevant rien du passé, n'est pas un
héritage, est évanescent comme tout commencement.... Le
caractère matériel du présent ne tient pas au fait que le
passé lui pèse ou qu'il s'inquiète de son avenir;...il vient
s'engager en soi-même.... En nous donnant le présent,
nous ne nous donnons pas... le temps comme série linéaire
de la durée, ni comme point de cette série* Levinas. D'autant
plus que, *des "présents" presque identiques conduisent à
des futurs différents* Ouanounou. *Je* **suis** *maintenant mais
aussi n'importe où dans le temps par ma faculté de sortir
du présent vers le futur ou vers le passé.* Israel. *Comme en
français, présent (cadeau) et présentation (offrande) sont
liés à présence, le fait d'être là ou d'être proche.* Grunewald

     Ainsi le "présent" *est un don qu'il faut mériter*
Nicolescu qui se situe entre passé et futur car, simplement,
nos habitudes de pensée veulent que tout événement est

précédé par un autre événement et suivi par un autre Jodra.
D'où l'importance de la causalité dans le concept de temps
en ce sens qu'il contient et distingue passé, présent et
avenir.

*"Aimer" est un verbe difficile à conjuguer: Son
passé n'est pas si simple, son présent n'est qu'indicatif et
son futur conditionnel* Cocteau
*Dire à un enfant :"pense à ton avenir ne suffit pas. il faut
surtout lui dire :"prépare ton passé" car le passé se
nourrit des minutes présentes* Guitry

*Notre corps est délimité dans l'espace par notre peau;
notre enveloppe dans le temps est liée à notre vouloir qui
prépare le futur et à notre conscience qui est notre
mémoire. En réalité notre unité temporelle vient d'une
combinaison de notre construction de l'avant stabilisée en
mémoire et de notre mémoire orientée vers l'avenir... Nous
appelons passé le connu qui n'est pas perçu, présent le
perçu et futur l'inconnu* 'Atlan
*Dans la grammaire hébraïque il existe aussi un "temps"
passé-futur et un futur-passé (par l'ajout de préfixe) pour
la relation Dieu-sa création: ce qu'il crée pour le futur est
un passé pour lui; le temps*-moteur *n'est pas un continuum
qui passe* R Cohen.

La relation, la liaison qui s'établit entre passé et
avenir s'établit au présent, à l'instant présent où tout est
possible, au cours duquel le nouveau peut apparaître de
façon irréversible: c'est l'action du temps-moteur, action
immuable sans cesse répétée.

La durée, quant à elle, est une notion relative,
tellement propre et locale qu'elle pourrait n'être qu'attachée

à l'observateur et à son environnement immédiat, là où la décohérence des événements infinitésimaux locaux et lointains est possible: ainsi la durée serait ramenée à sa dimension "humaine", en tout cas pour l'Homme. Pour l'Univers, le nôtre, la durée est certainement plus longue, semi-infinie, partant d'une origine et en attente, peut-être, de la fin des Temps.

Ce qui persiste c'est toujours ce qui se régénère. Le temps ne dure qu'en inventant **Mallarmé**

4 Existe-t-il ou y a-t-il un Temps Un?

D'abord précisons rapidement ce que l'on entend ici par "être" et "exister".

Être est pris au sens absolu, immuable, atemporel, celui de Parménide. L'être comprend l'avoir été. *Dieu est le seul **étant** qui **soit** son être...; les autres **étants** ... se contenteraient **d'avoir** l'être, ce qui n'est pas la même chose qu'**être** son être* E Klein

Exister, au sens étymologique est :*ex-sistere.... se dresser par une sortie* ; c'est être présent (se dresser) dans l'espace et le temps-durée: c'est être physiquement présent. Il n'y aurait donc d'existant que dans le présent qui dure, le reste est déjà mort, donc inexistant actuellement, ou pas encore là et donc encore inexistant. Pour paraphraser **Comte-Sponville** (mais en remplaçant être par exister): *pour assurer sa présence,* exister *c'est devenir, c'est changer.* Il faut « sortir ».

*Changer et/ou être...: Si un être ou un objet particulier... est nécessairement identique à lui-même, il ne peut en toute rigueur changer...; changer , c'est, par définition ne plus être identique à soi-même;... changer, ce n'est pas être remplacé, ce n'est pas cesser d'être soi, c'est être soi autrement : une identité **perdure** donc toujours **dans et malgré** le changement* .E Klein *Nous n'avons nullement à dire; "les choses existent et elles n'existent pas", mais "elles existent et d'autres ensuite existent" qui d'ailleurs ne nient selon aucune nécessité les premières.... L'essence de la raison est d'introduire de la fixité dans le changement,* *d'insérer de l'identité (de l'"être") dans la réalité (dans l'"existence").*Benda

Et pour exister il faut que le présent "dure", qu'il ait une épaisseur, qu'il permette le transfert d'un instant à l'autre, qu'il ne soit justement pas qu'un instant ponctuel. *La perception de la durée présuppose elle-même une durée de perception* Husserl in Wever. *Nous sommes incapables de décrire et peut-être même de concevoir un changement qui concernerait le néant* E Klein *car l'existence elle-même de tout ce qui existe est une sorte d'événement incompréhensible : « il y a » plutôt qu' « il n'y a rien »; c'est un mystère à nommer : YHWH, ... « Qu'il y ait ».... La préférence qu'il y ait quelque chose plutôt que rien semble aller avec une distribution de l'existence au plus grand nombre d'existants possible dans l'espace et le temps....Il y a multiplicité et succession..., coexistence et relais !*M Israel

Le temps est-il l'astuce qu'a trouvée la nature pour que tout ne se passe pas "en même temps" ? Wheler.
Le temps (-moteur-ou-durée) est-il simplement une propriété de l'Univers que Dieu a créé Couderc ?

4-1 0-temps: le temps est-il nécessaire?

L'existence du temps est un mystère. Sa réalité n'est pas nécessaire. Il n'est pas nécessaire que quelque chose arrive Barrow .Vraiment, à ce jour, le moins qu'on puisse dire est que *la notion de temps ne peut se dire parfaitement définie ... et ne le sera peut-être que lorsque les physiciens auront appris à s'en passer!* SV Cette dernière affirmation semble-t-elle crédible? On peut, en effet, le penser car il a été admis par les physiciens que *tout est contenu dans les lois (de la nature) et dans les conditions initiales dans un monde déterministe; les lois étant équivalentes à des principes d'invariance, elles sont des énoncés stipulant qu'une quantité ne change pas: le temps apparaît comme superflu.* Prigogine.

En Physique, c'est vrai, les lois ne sauraient bien sûr dépendre du moment particulier de l'expérience : l'invariance par translation du temps, le temps-coordonnée de la durée, équivalente à la conservation de l'énergie, entraîne qu'il n'existe pas d'instant particulier qui puisse servir de référence absolue. On pourrait ainsi, au moins éventuellement et on l'a déjà vu, se passer du temps-coordonnée. *Le temps-*coordonnée *est une entité locale et relative qui n'a d'intérêt que s'il est enregistré en rapport avec les événements que l'homme peut observer* Atlan. *Le temps-* coordonnée *est un concept* simplement *rendu nécessaire par l'expérience* Ouanounou .

D'après le Bihan : *dans ET le temps n'est pas un paramètre universel externe au monde permettant d'enregistrer son évolution... ce que nous appréhendons comme passé, présent et futur coexiste de la même manière que les choses localisées en différents lieux....L'extinction des dinosaures et votre anniversaire de l'an prochain ont la même réalité ... Le temps ne s'écoule pas ; c'est l' ....univers bloc,* sans temps ou un temps purement imaginaire !

*L'observation du temps-*durée *n'est pas une expérience immédiate.... Nous sommes seuls, avec notre mémoire, face à l'expérience du temps... Le temps-*durée *est la partie réelle d'un monde imaginaire* (régi par le temps-coordonnée) Ouanounou. Car le temps-durée est, lui, bien là, lié à l'existence de la substance et des choses ainsi qu'à à leurs devenirs; des événements ont bien lieu, même si ce n'est qu'en apparence dans notre imaginaire et durent, sans quoi ils n'existeraient pas! La durée est le cadre pendant lequel les événements, les actions sont réalisés.

Quelque chose arrive: *après destruction de toutes choses... il reste le fait qu' "il y a"... le champ des forces de l'exister... impersonnel, anonyme... qui s'impose parce qu'on ne peut pas le nier* Levinas. Et justement comme les événements "changent tout le temps" *l'évolution est* **ce** *processus par lequel les êtres viennent à l'existence* Atlan Pour qu'il y ait cette venue à l'existence le temps-moteur serait la source d'action en cours de réalisation et non une source de simple potentialité d'action; le temps-moteur est donc nécessaire pour que la durée puisse exister, pour que l'existence soit possible.

     Ainsi le temps-coordonnée pourrait ne pas exister, le temps-durée permet l'existence et le temps-moteur crée la durée.

4-2 Entre 0- temps et éternité: nécessité d'une dynamique complexe dans la durée?

     En admettant qu'*il existe une "logique vraie", nous n'avons pas encore compris la description logique des relations temporelles* von Wizsacker, relations qui réalisent le devenir ou permettent du moins sa description.

Le maintenant qui passe fait le temps-durée; *le maintenant qui demeure fait l'éternité* Boèce. *Ce n'est pas le présent qui passe en nous, c'est nous qui passons en lui...*

*contemporain de l'éternel, toujours, mais pas **pour** toujours.* Comte-Sponville *Dans le jardin d'Eden ... la mort ne guette pas l'*homme*:* dans ce jardin l'homme *ignore le temps*-durée Halter; il est éternel. L'éternité, le Destin, l' "être" (pas "l'étant") imperturbable, inéluctable, immuable, parménidien! Ce qui "est", est toujours, *ad aeternam.* Une chose, un phénomène, une parole dite, une idée..."est" : elle le restera comme "être" car elle a eu lieu! *Le Destin: ce qui ne peut pas ne pas arriver ... L'être vrai d'une pensée est indépendant du temps... L'éternité ... n'est pas autre chose que le toujours-présent du vrai. Aucune vérité n'était ni ne sera vraie: une vérité **est** vraie... L'éternité semble exclure toute succession ... succession qui n'a de sens que pour l'esprit.* Comte-Slponville. *L'éternité est durée pure où rien n'arrive car, depuis toujours, tout y est déjà* C'est un *... méga-instant où rien ne se passe plus, où tout dure sans qu'il y ait la moindre succession... Un sujet à qui tout serait présent à la fois n'aurait aucune idée du temps... ; il contemplerait l'éternité.* Pomian *Le Destin est la fermeture de l'être sur lui-même* Levinas.

Mais *il n'y a pas pire châtiment, pire horreur que de transformer un instant,* un maintenant, *en éternité, d'arracher l'homme au temps et à son mouvement continu* Kundera. L'homme est un "étant", n'existe, ne vit que dans le passage du temps: la chose-homme ne devient homme que dans son devenir. Il en est de même en physique: *la synthèse physique de la matière et du rayonnement... est sous-tendue par la synthèse métaphysique de la chose et du mouvement...,* du corpuscule et de l'onde, synthèse *opposée violemment ... à l'expérience usuelle qui divise sans discussion la phénoménologie en deux domaines: le phénomène statique (la chose) et le phénomène dynamique (le mouvement)* Bachelard.

En effet *soutenir*, d'une part, *que les choses suivent une trajectoire statique prédéterminée assortie de quelques escapades qui s'écartent peu du chemin préalablement tracé n'est plus d'actualité*; de même on ne peut pas considérer, d'autre part, tout mouvement comme dynamique car, pris seul, quand il est régulier, cyclique ou apparaît comme tel, un mouvement peut être l'expression d'un état purement statique. *L'idée* même *de perturbation ... paraît devoir être éliminée. On ne devra plus parler de lois simples qui seraient perturbées mais de lois complexes et organiques parfois touchées ... par certains effacements* Bachelard. La complexité de l'Univers est bien trop grande pour que nos petits cerveaux en déchiffrent tous les contours; c'est nous qui simplifions les choses pour essayer de les approcher *Il n'y a pas de phénomène simple... pas de substance simple... pas d'idée simple.... Les idées simples* ne *sont* que *des hypothèses de travail* Bachelard. Nous vivons dans un monde 'flou', sans certitudes absolues. *La probabilité* peut bien sûr *provenir de notre ignorance...; mais il existe* aussi par exemple *des mouvements pour lesquels nous aurons beau préciser les CI, du moment que la précision reste finie, la loi probabiliste demeure valable...: la loi probabiliste reste fondamentale tandis que la loi déterministe relève d'une idéalisation incorrecte* Prigogine.

Dans ce contexte de complexité dynamique Aristote avait déjà défini le temps-coordonnée *comme le nombre du mouvement dans la perspective de l'avant et de l'après; cette définition... mettait face à face l'"âme" qui compte, établit des mises en rapport* d'une part, *et le mouvement des astres, ...expression de l'immobilité... de l'étalon... permettant la mesure... d'autre part.* Alors reste la question : ... *Quelle est l'âme qui* compte et *détermine la perspective de l'avant et de l'après?.... Aujourd'hui les mouvements dynamiques ne sont plus mesurés de manière intrinsèque par un temps-nombre... mais définis par une loi (du devenir)... qui impose cette perspective de l'avant et de l'après* Prigogine. Il ne faut plus parler de mouvement, éventuellement associé à l'étalon statique de mesure, mais de dynamique liée au devenir. Et est-ce que dans cette dynamique l' "après" pourrait être identique à un "avant"?

*Le linéaire a prévalu sur le cyclique par héritage du judaïsme pour lequel le salut est à venir... L'homme ne peut penser le temps-*durée *qu'en partant* d'un commencement *de béréchit; ses 3 dimensions passé, présent et avenir n'existent qu'en fonction de l'homme* Weeler. Les notions de répétition (cycle) et de nouveauté y sont intimement associées: l'année, *chana* en hébreu, est liée au changement (*chinouï*) et à la répétition (*cheni*: deuxième); le mois lunaire, *hodesch*, est associé au nouveau, *hadasch (*d'après Atlan*). L'homme féconde le temps dans le monde avec la Loi; l'âme sensible (rouah) éprouve les sensations dans le présent: l'âme intelligente (néchama) apprend les leçons du passé; l'âme vivante (nefech) animant la matière de notre corps a dans son inconscient le futur* Gaon de Vilna in Atlan. Ainsi dans le judaïsme et chez les croyants, Qui "compte" le nombre du temps?: Dieu ? *C'est un syllogisme de dire que Dieu est* **dans** *le temps*Couderc. Dieu c'est : *Ehyé achèr éhyé: je suis celui qui est;* ou *je suis qui je suis ;* ou *je serai: je suis;* ou *je serai en tant que je serai;* ou *je serai avec vous comme je serai avec les générations futures* autant de traductions différentes proposées par Ouaknin. *Les lettres mêmes du tétragramme yhvh écrivent les mots du temps: hové: présent; haya: passé; yehé: futur .... Pour* Rav Ezra *le tétagramme exprime les modalités du temps; c'est **l'être** du temps!* Ouaknin *Pour nous, physiciens* (croyants?), affirmait Einstein, *cette séparation entre passé, présent et avenir ne garde que la valeur d'une illusion.* Le temps est un, à la fois passé, présent et avenir?

Alors le temps est-il la limitation même de l'être fini, l'homme, *ou sa relation à Dieu?... Le temps signifierait,* pour l'être fini, *la dispersion de "l'être de l'étant" en moments qui s'excluent,... instables,... s'expulsant dans le passé... en fournissant cependant l'idée fulgurante de leur présence...,* et *l'éternité* serait ... *l'idée d'un mode "d'être" où le multiple serait un....* Il nous faudrait donc *penser le temps non comme une dégradation de l'éternité mais comme une relation entre soi et "ce" qui ne se laisserait pas "com-prendre"* Lévinas.

4-3 Entre temps dual et temps Un

Temps-durée et temps-moteur ou temps moteur-et-durée?

Du temps-durée au concept unifié Espace -T_d- Matière ?

La Physique ne s'est pas posé la question: qu'est-ce que le temps, l'espace, la matière... La Physique *"représente"* ces notions en leur donnant un statut *mathématique* Klein Dès que la notion de temps-durée a été introduite dans l'espace, les notions de cinématique, de vitesse, accélération, ont suivi. *En Physique le concept de temps*-durée a été *pensé (*au début*) comme cadre naturel, avec l'espace, dans lequel les phénomènes se produisent... ou (*plus tard*) comme défini et déterminé par les phénomènes physiques* Paty. Il s'agit de *savoir si le temps-*durée *constitue un arrière-plan absolu sur lequel se jouent les événements tout en n'étant pas affecté par eux, ou s'il constitue un concept secondaire que l'on peut dériver des processus physiques* Y. Les phénomènes produisent-ils de l'espace et du temps ou l'ET n'est-il seulement que le cadre absolu où sont représentés les événements?

En un point et un instant (un point coordonnée de la durée) donnés de l'Espace-Temps de la Physique, que peut-il "se passer"? S'il n'y a pas de "durée" autour de l'instant et d'espace, d'étendue, autour du point, il ne peut y avoir, "là", aucune matière, "rien"; même un seul atome prend une "place" non ponctuelle et pour exister, là, il a besoin de durer; qu'est-ce qu'une "chaise" si sa durée de "vie" n'était réduite qu'à l'instant "t" sans épaisseur? *Il est insensé que quelque chose puisse se produire dans l'espace sans que le temps-*durée *n'y soit impliqué* R Feynman. *Tous les instants-*durée *qui se succèdent* forment *tout-le-temps* Ouanounou (pour nous, la durée car un instant a lui-même une durée discrète et une durée ajoutée à un durée peut la rendre infinie). L'Univers est ce lieu espace-temps où ont pu, peuvent ou pourraient se réaliser une de toutes les éventualités possibles d'événements et donc où des phénomènes peuvent se manifester. (Remarquons que l'univers probabiliste est l'ensemble des éventualités et l'événement probabiliste un de ses sous-ensembles). Un *événement*, au sens large, est la manifestation d'un fait ou d'un ensemble de faits, arrivés ou pas, une situation circonstancielle. Un événement peut être potentiel, en puissance: c'est une éventualité, une possibilité; il peut être accompli, réalisé: c'est une occurrence. Un événement, potentiel, est impossible s'il n'appartient pas à l'ensemble des éventualités; il est certain s'il est composé de l'ensemble des éventualités possibles; il est réalisable s'il est une des éventualités. Soulignons que l'univers probabiliste ne prévoit rien pour l'événement en cours de réalisation. Un événement (élémentaire), résulte d'une double coïncidence dans l'espace et le temps; c'est ce qui arrive ou s'est passé à l'endroit précis X à l'instant précis t du présent ou du passé; c'est un élément de l'ensemble des éventualités qui peuvent arriver en X et à t précis de l'à-venir. X et t sont deux valeurs déterminées pour chaque observateur ayant choisi ses repères d'espace et de temps. Un événement, une situation événementielle, est explicitée par ce qui se passe en un lieu donné de l'espace et du temps en interaction avec ce qui se passe dans son environnement: le domaine espace-temps concerné (le lieu donné de l'espace et du temps) a un volume quadri-dimensionnel (un domaine relativement confiné de l'espace et une durée limitée) et le domaine de l'environnement peut être large et comprendre du passé lointain et même du futur par rapport au domaine concerné. Cette nécessaire épaisseur de l'E-T$_d$ est réaliste car on peut concevoir de diviser une longueur en deux, re-diviser une des parties en deux, et cela indéfiniment, mais sans préjuger de la limite à l'infini: elle peut être non nulle, avoir une 'longueur" finie (par exemple celle de Planck); il en est de même de la durée; longueur et durée auraient une valeur limite "discrète", prise comme échelle élémentaire de mesure; ce n'est que macroscopiquement que ces notions apparaissent comme "continues". Il n'existerait pas d'intervalle d'espace ou de temps infiniment petits moindres que

$$^{\text{Planck}}l = 1{,}6.10^{-35}\,\text{m} \qquad \text{ou} \qquad ^{\text{Planck}}t_d = 5{,}4.10^{-44}\,\text{s}!$$

Dans cet ET_d ayant une épaisseur locale et temporelle, le concept plus général d'*action, suite de choses qui arrivent et s'écoulent dans le temps-durée*, prend sens. Avec lui, les concepts de valeurs énergétiques attribuées, à un instant figé mais fini, à des portions d'espace sous forme de masse, d'énergie potentielle ou cinétique, ainsi que le concept de force, action dans un espace et un temps figés, deviennent possibles, comme l'action élémentaire de Planck $^{\text{Planck}}h$. La matière, en particulier, qui prend une énergie de l'univers pendant une durée pour se manifester dans l'espace est donc soumise à une action, et notre Monde n'est plus un simple ET mais est déjà un ETM un Espace-Temps-Matière géré par la constante de Planck associée aux constantes de gravitation G et de célérité de la lumière c.

L'Espace (mesuré) et le Temps (le temps-coordonnée de la durée) de l' E_m-T_c sont bien des concepts mathématiques, des repères, où la matière mesurable trouve une expression, une représentation en forme-longueur et durée. Mais la nature de la matière est plus, va plus loin qu'une synthèse de "la chose et de l'onde"; *les champs (d'électrons, de photons, de neutrinos) sont des lyres fondamentalement cachées dont les excitations sont* justement *les particules réelles;   l'état de repos des champs est le vide... le faux-vide... champ fondamental non excité mais pour autant doté d'énergie ...; il est très excitable, un rien suffit à le froisser.... Tout ce qui existe autour de nous sont... comme des notes* Cassé . Remarquons que de ce faux-vide ondulatoire peuvent surgir matière mais aussi anti-matière avec une dualité toujours prégnante. Ainsi la matière se trouve être l' expression de l'énergie du vide, ou celle des nœuds de vibration des cordes d'une lyre cachée, donc se manifeste comme résultat d'une Action: ne peut-on pas alors parler d'un ET-MA$_r$, Espace-Temps_Matière-Action réalisée, ou, comme matière et énergie sont semblables et que l'action est une énergie utilisée pendant une durée, parler d'une notion unitaire ETA ?

Le temps n'est pas un décor à l'action. Il en est une des principales dimensions in Chetboun

Du temps-moteur à l'Action en cours de réalisation?

Le temps n'est pas qu'une simple expérience de la durée, mais un dynamisme qui nous mène ailleurs que vers les choses que nous possédons... et *vers un à-venir,.... vers l'Autre.... La réalité du temps est ... l'impossibilité de trouver dans le présent l'équivalent de l'avenir... Il y a diachronie du temps: le temps signifie ce "toujours " de la non-coïncidence... et ce "toujours" de la relaxation, de l'aspiration, de l'attente. Le temps n'est pas le fait d'un sujet isolé et seul, mais il est la relation même du sujet avec autrui* Levinas. Ainsi *au début il y avait le chaos, et dans cet univers ... rien ne se distinguait de rien* Abecassis*...* Mais *le cycle du temps a explosé: le premier instant est mort pour donner naissance au suivant, et indéfiniment, engendrant, à chaque instant temporel, son pendant spatial puisque temps et espace sont une même entité* Ouanounou. *En cette initiation du temps, l'être se fait parlant, ça parle et ça dit: "soit la lumière"; c'est un appel de l'être. Et le retour de cet appel s'écrit... "**et** soit la lumière".... Ainsi entre l'appel et la lumière, entre l'appel d'être et l'effet qu'il produit, il y a l'écart d'un "et" qui... fait tourner le temps, amenant l'avenir au passé ... L'appel de lumière et sa réponse lumineuse produisent une boucle qui devient cycle du temps.... L'acte créatif est un transfert de lumière, de la lumière portée par l'être: là commencent l'espace et le temps "en même temps". La lumière déclenche le temps et le temps ensuite se fait prendre en charge par d'autres lumières... Il n'y a pas d'espace sans lumière, non pour le rendre visible mais pour le constituer* SibonyD. *Le temps est d'abord alternance et donc séparation à cause de la lumière.* Abecassis

ET serait né bien « après » le Big bang «temps zéro »!

S'il est dit dans L'Ecclésiaste *:"il n'y a rien de nouveau sous le soleil",* c'est à dire dans *notre petit monde quotidien où l'inversion du temps n'est qu'illusoire, faite en pensée,* ...au contraire *"au-dessus du soleil il y a du nouveau"* .... *Dévoilements du vouloir inconscient et conscience volontaire (forment le support) de notre autonomie... notre unité temporelle ... Lorsque l'inconscient se 'dévoile' il fait des signes susceptibles d'être reçus par quelqu'un... et, en fait, chaque état* *instantané est mémoire d'un passé qui ne permet de définir qu'un futur limité* Atlan. *Notre conscience passe continuellement d'un état à un autre ; c'est cela le temps, la succession ... Le temps est la substance dont je suis fait; le temps est une rivière qui m'entraîne avec elle, mais je suis la rivière... Le temps est le problème fondamental de l'existence... ; exister* (ou plutôt "être") *c'est être le temps* Borges. *Il s'agit pour nous d'articuler l'exister en temps au lieu de le figer dans la permanence du stable... L'ontologie, le discours de l'être en tant qu'être, n'est pas une science mais un questionnement* Levinas et le temps fait partie de ce questionnement. *On ne peut espérer comprendre l'être qu'à partir du temps* **Heidegger.**

Le temps est le gardien de la mémoire du monde et le support de son avenir... Il transporte, d'instant en instant, les lois sans les modifier;...les conditions physiques changent, l'Univers évolue Klein *Le lien entre deux instants... séparés par l'intervalle qui sépare le présent de la mort.... n'est pas une relation de simple contiguïté qui transformerait le temps en espace.* Levinas En effet *qu'est-ce qui pousse le présent à s'écouler vers le futur en fabriquant du passé?.... À supposer que l'instant présent n'amène pas de lui-même un autre instant présent, il faut bien imaginer que quelque chose accomplit le travail à sa place* Klein.

Le temps crée de la continuité dans l'ensemble des instants... par un mécanisme par lequel, sitôt apparu, tout instant disparaît pour laisser place à un instant présent... C'est ce moteur par lequel le futur devient d'abord présent puis passé Ouanounou Un moteur a pour vocation d'agir, de mettre en œuvre une énergie. *Le mystère du temps réside moins dans la ligne par laquelle on le figure que dans la dynamique cachée qui* **construit** *cette ligne.... Quel est le moteur du temps? Notre subjectivité... notre mode d'insertion dans l'univers... l'univers lui-même?... Le véritable moteur du temps est-il physique, objectif, ou intrinsèquement lié à notre rapport au monde?.... Dans le temps qui passe,* la durée, *il y a quelque chose...* que le temps *n'affecte pas.... Le cours du temps est considéré comme ce qui échappe au devenir au sens où il ne change jamais sa façon de renouveler l'instant présent* Klein.

En se ramenant à la forme ponctuelle de "l'instant" Ouanounou souligne *toute la temporalité d'un point* qu'il appelle *Tout-le-Temps. Le cours du temps... ne change pas sa façon d'être le temps, de produire des instants... ; il échappe au devenir.* La temporalité du temps, le temps-moteur est hors devenir. Soit le temps, comme le présent et le passé, est toujours là, et ce serait les "observateurs" qui dérouleraient le fil du temps et découvriraient la réalité pas à pas, (alors le temps *ne fait que parcourir un territoire déjà existant...); soit le cours du temps crée le monde à mesure qu'il passe, instant après instant.... Le cours du temps... est représenté... par un axe... (sur lequel) on place ... une petite flèche... pour signifier, d'une part, que le sens d'écoulement du temps peut être défini,... d'autre part,... qu'on ne peut pas... passer deux fois par le même instant.... Nous ne pouvons pas changer de place dans notre temps propre.* Klein.
Toute instance coordonnatrice fonctionne conformément à un programme; en ce sens le temps n'est possible que parce qu'il existe quelque chose qui lui est extérieur et qui

reste invariable (lois de la physique, de l'univers, de l'hérédité?).... L'instance coordonnatrice transforme une séquence en suite d'actions ou d'opérations Pomian. Et alors *il s'agit moins de savoir si une action est antérieure ou postérieure à une autre que si elle est accomplie ou inaccomplie;* (c'est pourquoi dans la "conjugaison" des verbes *en hébreu on utilise un préfixe pour l'inaccompli, un suffixe pour l' accompli complet et le préfixe "vav" pour le temps du récit... pour changer l'inaccompli en accompli* (le passé simple); en fait le présent n'existe pas: on utilise le pronom personnel suivi du participe présent signifiant *l'action concomitante).* HadasLebel exemple: je mange se dit: je (suis) mangeant. *Les rites et l'identité juive manifestent la centralité du **passage** et l'importance de la célébration de ce passage.... Distinguer l'entre-deux :... mezouza, pessah, chabat.*   Pourtant *la transition n'a nul besoin d'être marquée pour avoir lieu... ; chacun vieillit même sans fêter ses anniversaires....* Mais *le rite suggère que l'engagement humain modifie les transitions de nos vies... en ce que nos paroles et nos actes ont une incidence sur la réalité. La responsabilité humaine y est engagée et fait de l'homme un gardien des portes et des transitions de son temps.... L'homme ne constate pas simplement le temps qui passe, mais se fait acteur et témoin de cette traversée* Horvileur

Le temps- moteur est ainsi assimilé à l'action ponctuelle en train de se réaliser.

Synthèse par l'action ou le spirituel?

Tout d'abord il faut bien que l'énergie du moteur-temps soit injectée, il faut bien jouer, tirer sur les cordes pour obtenir la musique! Il faut qu'une action soit projetée, être en cours de réalisation avant d'être réalisée. De l'action en puissance, potentielle, à l'action réalisée qui demande de la durée pour exister, il est nécessaire de passer par un moteur sans quoi le potentiel ne resterait que virtuel.

Tout a une valeur mais en relation seulement à son contenu spirituel; les grandes masses physiques de l'univers et les vastes étendues d'espace et de temps-durée *sont de peu de signification si leur contenu spirituel est faible.... Dans la Bible les 6 "jours " sont des modes de révélation... qui manifestent la valeur relative des concepts énoncés.... extérieurs à notre monde; chaque acte est interprété dans notre trame de pensée comme une séquence de temps infinie* **EDessler**

Le temps est "en même temps" ponctuel (hors durée) ou éternel (dans une durée qui pourrait être éternelle). Et comme une *onde est représentée par ... une amplitude qui varie dans le temps* (donc dans la durée par une *représentation infinie*),... *ou un spectre de fréquence* (donc par une *représentation finie,*)... *agir en un point du spectre de fréquence... revient à modifier le signal sur une durée infinie* Ouanounou Le Temps, au sens de **Ouanounou** est donc Un, instantanné et éternel avec sa dimension spirituelle.

Dieu a créé le temps et l'a doté de propriétés comme la matière ;

le temps est l'une des trois dimensions qui permettent de définir toute chose, être ou événement, par son lieu, son temps, sa nature ou identité et l'âme est l'identité d'une chose...

Espace, temps, identité .... Voilà, d'après **Chetboun**, notre univers figuré en hébreu par les initiales de ces trois mots *... fumèe !*

....

Dans le judaïsme c'est l'Espace-Temps-Matière-Nefesh (âme) qui serait le concept unitaire Rosine Cohen. (ou *ÉTÉ* espace-temps-éthique pour **M Israel**)

Du point de vue de Dieu le temps n'existe pas.... Tout est contenu dans les potentialités Le non-temps ne se déroule pas.... Dans l'intissé du temps divin vient se superposer le plissé du temps humain... Le Ari Zal enseigne que c'est une brisure entre l'infini et le fini qui fut à l'origine du temps .in Chetboun

Soulignons qu'Aristote considérait l'Univers comme composé de la terre, *la matière*, de l'air, *l'espace*, du feu, *l'énergie, (les trois directement liés au temps)*, et de l'eau. L'eau, dans la Torah est associée à la spiritualité.

Le vide convoque et révoque des messagers virtuels: les bosons, les photons, les particules W et Z, les gluons, les gravitons;.... virtuel et réel jouent ensemble Cassé. *La note jouée est le "maintenant" de la musique, son instant actuel mathématique.... La mémoire des notes passées et l'anticipation des notes à venir... constituent le "présent vivant" de la musique chez Husserl ou la "durée " de la musique chez Bergson. Chez Levinas la sortie du "maintenant" est à la fois promesse et transcendance vers le possible car la note actuelle modifie à la fois la note*

passée et la note à venir. Ce ne sont pas le passé et le futur qui viennent se coaguler dans le présent, mais le présent qui se diffracte et se dissémine dans le passé et le futur et construit le temps lui-même.... L'instant qui vient, comme la note de mélodie, ne doit pas être la certitude d'une note déjà écrite, mais toujours la possibilité d'une note à venir ou pas: ainsi le temps, comme la musique, est à la fois continu, la durée, et discontinu, le possible, ce que j'appelle le messianisme du temps Ouaknin *Messianisme... conçu ...comme la possibilité, sorte de grâce donnée à chaque instant du temps, de l'avènement du nouveau. ... Pour les juifs, chaque seconde devient alors la porte étroite par laquelle peut entrer le messie.* Berheim. *L'attente du Messie est la durée même du temps* Abecassis et *le temps-moteur se charge de réaliser le probable* Bachelard .*
Du point de vue de l'absolu on ne peut voir dans le temps-durée que ce qui diminue un potentiel de jours à venir .... L'existence n'est que ce qu'elle est : **de moins en moins***.... Du point de vue de l'homme... on prend en compte la manière dont celui-ci, loin d'épuiser un simple potentiel, transforme ce qu'il vit en mémoire, habitudes et souvenirs, ... se construit à la fois malgré le temps-durée et grâce au temps-moteur,... quitte l'extériorité du présent maintenu, pour l'intériorité toujours présente du passé retenu.* M Israel

Le temps est ce par quoi les choses persistent à être présentes Klein.

*La compréhension du temps-*moteur, *de sa structure* sera-t-il *le noyau de la compréhension de la physique* v Wizsacker ?

Le libre- arbitre ou la liberté ?

La fin (le but ou l'objet) *d'une réalisation est commencement,* conception ou début, *dans la pensée* Alkabetz

L'idée populaire du temps est celle d'une mesure de la durée (la durée comme différence de deux temps-coordonnées*); pour le scientifique c'est un paramètre du comportement de la matière, de l'Univers* (le paramètre du devenir, paramètre qui permet l'action*); pour le philosophe c'est une représentation que l'homme se fait de la place qu'il occupe dans l'Univers* (de l'action qu'il peut avoir) Goldberg

D'après la philosophie *hindouiste, seul le temps, cette invention démente, séparait l'homme de tout ce qu'il convoitait. C'était là un de ses appuis, une de ses béquilles dont il fallait se défaire si l'on voulait être libre* H Hesse. Mais *la seule liberté est l'acte de création ex-nihilo... On n'est libre que si l'on se disperse,... si l'on rejoint son nirvana,* Cassé, que si ... on est équivalent à Dieu!

Au contraire le rabbin Bernheim précise que *dès que l'homme oublie le temps, ses lenteurs, ses tâches, ses rythmes, il se précipite dans l'idolâtrie, dans l'extériorité pure. L'idolâtrie est ... un processus précipité qui érige le lent devoir de l'histoire en une revendication frénétique de l'instant.* Pour **Levinas:** *l'homme est humain dès lors qu'il est capable d'avoir un comportement "médiat", par opposition à immédiat.*

Or *le bon-temps est un temps où chacun vivra non pas le spectacle de la vie des autres, mais la réalité de la sienne propre: vivre libre, longtemps et jeune ...sans se" hâter de profiter"*Attali... en donnant une signification au temps. Le shabbat pendant lequel il n'y a ni action nouvelle, ni travail, aucune intervention humaine et pendant lequel le temps ne se mesure plus, est pour les juifs temps de réflexion, pas temps mort. *Certains expliquent que l'incapacité à trouver du sens au temps, à se montrer altruiste, est une maladie* Attali Par contre *'le' bonheur intellectuel est la marque première du progrès; ....la compréhension... est un élan spirituel, un élan vital* Bachelard. C'est ainsi que *le temps naît du pouvoir de distinguer entre le signes, de connaître un alphabet,* d'essayer de comprendre. Ouaknin *Entrer dans le langage c'est entrer dans la possibilité du temps* Ricoeur. S'informer, apprendre, connaître voilà ce qui est capital car *le savoir est une gestion du futur et donc une responsabilité.* Ouaknin En outre *une ignorance minimale imposée sur l'information - connaissance a pour corollaire une latitude accordée à l'information - pouvoir d'agir: ... l'action semble aussi pénible que l'observation semble facile....:* si la constante de Boltzmann était nulle, ($^{Bo}k = 0$), *on trouve que l'information est gratuite, et ... l'action libre est impossible si* $^{Bo}k = 10^{-16}cgs$ Costa Il se trouve que cette constante est entre les deux valeurs !!! Nous avons donc la possibilité d'une action libre. *L'homme ne peut pas... accéder tout à la fois à l'immortalité et à la connaissance car l'homme, dès cet instant, cesserait d'être homme.... La connaissance qu'il acquiert est d'abord celle de ses limites...:(il est mortel) il entre dans le temps.... Avec la connaissance du bien et du mal... lui vient le choix entre ce bien et ce mal, et avec... (lui, vient) la liberté de ce choix* .Halter

L'univers lui-même serait, d'après certaines théories, (celle de Prigogine en particulier), créé, recréé de temps à autres, en injectant de l'entropie; pourquoi cette durée ne serait-elle pas celle du temps de Planck? De quoi est fait notre univers : d'un champ quantique où les particules élémentaires sont la manifestation de fluctuations ; ce champ est discontinu, formé de « pixels » quantiques qui ne sont pas dans l'espace : ils **son**t les grains de lignes d'univers de *ET*. En effet si la longueur a une unité inférieure limite, et si le temps est lui aussi discret, il en est de même pour les lignes d'univers: un quantum de ligne d'univers est un morceau quantique de destinée; toute destinée individuelle est faite d'un grain d'existence appelé à " passer à" un autre grain? Pour "passer à " il faut qu'une action, une énergie se mette en œuvre pendant la durée de Planck. Or pendant cette durée le temps-coordonnée pourrait être multidimensionnel, multidirectionnel ou même *pourrait émerger d'un substrat d'où il est absent... surnageant sur des structures physiques plus profondes qui ne le contiendrait pas à toute petite échelle.* E Klein A ce niveau le temps pourrait-il avoir deux directions principales, l'une, moyenne de plusieurs directions, liée à la célérité de la lumière et à l'irréversibilité, une autre liée à une vitesse plus grande, infinie? qui permettrait d'expliquer le champ quantique (*un électron est dans ma main et à l'infini* Ouanounou) et l'intrication (deux particules intriquées "savent " avant que la lumière aille de l'une à l'autre)? *Il est étrange que l'on dise de Dieu qu'il a créé le monde, et non: Dieu crée continuellement le monde. Pourquoi faudrait-il que le fait que le monde ait commencé à être soit un plus grand miracle que le fait d'avoir continué à être?* Wittgenstein

Alors cela signifierait, pour l'homme, qu'il y a choix, libre arbitre pendant la durée étincelle de ce temps de Planck: je peux **faire, moi,** mon présent…, ou je laisse, comme le caillou, le hasard et l'environnement faire. *Le présent (est) un lieu où il est encore temps; (il n'y a) pas fatalité du destin mais (possibilité) d'explorer les potentialités encore ouvertes… et faire du présent un temps d'initiative et de liberté* Balmary.

Le temps-moteur appartient à la création, au surgissement du néant, et, pour l'homme, il appartient, au moins en partie, à l'homme. *Il est impossible de le mettre entre parenthèses. Le temps n'est ni absolu ni uniforme. Il était d'avis qu'il y avait une série infinie de temps, un lacis de temps divergents, convergents, parallèles qui allait s'élargissant en une croissance vertigineuse. Cette toile des temps…. englobe chaque possibilité; dans la plupart de ces temps nous n'existons pas; dans certains vous existez, pas moi* Borges. *En nous rendant compte de l'origine empirique de ces notions … nous prenons conscience de notre liberté* Atlan C'est contraire à l'avis d'Épictète *: être libre c'est vouloir que les choses arrivent, non comme il te plaît, mais comme elles arrivent.*

D'un côté la *part de spiritualité qui habite tout être… lui permet, intérieurement, de s'accorder une identité.* Et *ce choix, cette adhésion sont l'expression même de la liberté inexpugnable de l'humanité de l'homme. …. Le choix d'Adam et Ève* (de manger du fruit de la connaissance) *est action. Il met en mouvement la vie, le temps, le devenir.* Ils *doivent en subir les conséquences… : l'une d'elle… est la découverte de la liberté* Halter. *La liberté… consiste précisément, pour l'esprit, dans la faculté de concevoir plusieurs possibles et d'opter pour l'un d'eux, dans la liberté de choix* Benda

D'autre part *c'est parce qu'est reconnu, en droit, au savoir, le pouvoir de nous mettre face à un monde intelligible... qu'il "faut" que l'homme soit absolument libre.... C'est parce que les sciences....sont censées mettre à notre portée des avenirs possibles,...qu'il "faut" que la société humaine décide ...ce que sera son avenir* Prigogine *Quand on a le temps on a la liberté* Apollinaire. Déjà compter le temps c'est affirmer sa liberté; c'est le premier commandement (dans l'ordre d'apparition) de la Bible: compter les mois; et donc faire des projets.

Les hommes, bien qu'ils doivent mourir, ne sont pas nés pour mourir mais pour innover..... (Ils ont) la faculté d'interrompre ce cours vers la mort, *de commencer du neuf, faculté inhérente à l'action* H Arendt. *L'avenir appartient à ceux qui s'appuient sur la volonté plutôt que sur l'autorité, sur l'inconnu des lendemains plutôt que sur un présent prompt à disparaître* Peres *L'éthique du futur et sa transcendance (l'être) implique un travail de dépossession (l'avoir) ... de sortir du main-tenant pour aller vers le futur. Le présent est à la fois un "cadeau" et un "main-tenant": ambiguïté de la main qui s'ouvre pour donner et de la main qui tient pour posséder (mainmise).* Remarquons que le verbe *être* n'existe pas au présent et le verbe *avoir* n'existe simplement pas en hébreu: on ne dit pas *j'ai* mais: *il y a pour moi; l'objet est mis en relation par attribution, pas par appartenance* Ouaknin .

Le temps-durée *symbolise pour l'homme le combat perdu par excellence: le vieillissement et la mort sont inéluctables... La vie humaine est avant tout l'histoire d'un naufrage annoncé... C'est dans sa capacité à espérer*

lorsqu'il n'y a rien à espérer que l'homme se grandit **....** *C'est dans le désespoir du temps qui s'écoule ... que se mesure la sagesse humaine; ... c'est dans la capacité de l'homme ... à additionner sa vie face à un temps qui ne cesse de la soustraire, que se mesure sa grandeur.... Vivre, c'est régner sur le temps dont on dispose, au sens d'être responsable de l'usage qu'on en fait, comptable de ses actes.... C'est, malgré le combat perdu d'avance contre le temps*-durée, *d'accepter de le dompter, tout le temps que nous sommes là; c'est une prise de conscience de tous les instants.* _{Ouanounou,} une prise de conscience de notre possible action au niveau du temps-moteur.

Finalement la notion première serait l'action élémentaire, celle qui agit dans le grain élémentaire *ETA*: là, à l'intérieur , dans l'intime consistance de ce grain, le temps est un comparse, un élément indissociable du reste; néanmoins, si l'on peut dire, ce grain élémentaire "dure" un instant élémentaire, et dans ce grain l'action, qui agit, a pour propriétés à la fois de créer un instant suivant qui prend en compte les actions exécutées à l'instant précédant, d' ouvrir de multiples possibilités d'actions à réaliser pendant l'instant présent, et de laisser le champ entièrement libre à l'instant suivant. *Accorder à tout instant présent une singularité qui le distingue des autres* _{Peirce} : *chaque "maintenant" pourrait être caractérisé par un certain état des lois, permettant de le distinguer de tous les maintenant qui l'ont précédé et de ceux qui le suivront.* _{E Klein} Le passage orienté d'un instant à l'autre, car tributaire des effets du seul passé, vient du temps-moteur qui crée aussi bien les instants successifs que le cours du temps, leur ordre de succession sans retour. La simple addition des instants élémentaires donne la durée, seule notion traitée par la science actuelle, le temps-coordonnée étant le paramètre qui la parcourt; c'est celle, aussi, de l'histoire, y compris celle de notre univers comme celle de notre vie quotidienne le long de notre parcours terrestre. Néanmoins le temps-moteur étant lié à l'action et à l'innovation, il est d'intérêt majeur pour l'homme, en particulier par la notion de libre-arbitre. Au lieu de parler de *spiritualité de l'immanence plutôt que de la transcendance... qui vit... la tension de l'action plutôt que la distension de l'attente* Comte-Sponville ne peut-on pas plutôt proposer une spiritualité d'immanence et transcendance mêlées vivant la tension de l'action dans la distension de l'attente?

  Dans le calendrier hébraïque le jour commence la veille, à la tombée de la nuit. ... allusion selon les commentateurs au verset de la Genèse qui fait précéder le soir au matin dans la constitution du jour : « Il fut soir il fut matin jour un ».
  Une façon aussi de dire que le temps fait naître la lumière et de manière fondamentale que le temps est toujours celui d'une naissance et d'une espérance.
  Ce thème de la naissance et de l'engendrement est si important dans le rapport au temps, qu'à propos du calendrier hébraïque l'on parle de sod ha'ibour, *du « secret de la grossesse », expression qui s'explique entre autre par le fait qu'il existe des années dites* me'oubarot, *des années « enceintes », c'est-à-dire qui enfantent un mois supplémentaire, année de 13 mois permettant d'harmoniser le temps solaire et le temps lunaire, symboliquement temps masculin et temps féminin, pour que les fêtes tombent toujours dans la même période de*

l'année....Le Nouvel an juif est dit dans la liturgie « commencement de la grossesse du monde ». Hayom harat 'olam. *« Aujourd'hui commence la grossesse du monde ». Grossesse qui fera naître un nouveau monde, une nouvelle année qui ne commence pas le jour de la naissance mais au premier instant de la grossesse....Penser le commencement de l'année comme début d'une grossesse et non comme accouchement et une naissance est révolutionnaire dans la mesure où cela nous invite à penser à la fois le monde, le temps et la vie de façon différente... à repenser la question des engendrements, des filiations, de la maternité et de la paternité, des naissances, du désir d'enfant, des filiations et des héritages. Poétiques et symboliques, ces concepts sont formulés pour donner à penser. Le temps n'est pas un mouvement vers la mort mais une naissance renouvelée. Comme aimait à le dire Erich Fromm : « Vivre c'est naître à chaque instant ».* Rabbin Michaël Azoulay• Crédits : France 2 - Radio France

Si une angoisse encore m'étreint, c'est de sentir cet impalpable instant glisser entre mes doigts. Il vient toujours un temps où il faut choisir entre la contemplation et l'action: ça s'appelle devenir un homme Camus.

Conclusion éphémère

- Le temps multiple ? Oui dans ses déclinaisons en particulier en tant que temps-durée : temps cosmologique, temps de l'Histoire avec ses ères et époques, temps humains qui se déclinent en temps subjectifs, temps-mémoire, temps-émotions, temps-rationnels, temps scientifiques qui eux-mêmes se déclinent en absolu, relatifs, entropique, quantique. Le temps-moteur, lui, est unique, toujours présent, transcendant.
- Le temps passe ? Oui dans le sens que le temps-moteur crée le passage d'un instant à l'autre avec un cours irréversible
- Le temps s'écoule ? Oui si l'on parle du temps-durée qui s'accroit à chaque instant, suit un parcours avec amont et aval
- Et si le temps-moteur s'arrête ? Alors plus rien : pas d'autre durée, plus d'existence, plus de vie, pas de retour en arrière
- Début-passé-présent-futur et fin ? Oui pour toute existence, toute vie, toute durée : il y a toujours une naissance, un parcours et une fin.
- Existe-il ? Le temps-durée est partie intégrante de E_mT_sM et à ce titre « existe » ; mesurable ; sa plus petite valeur est la durée de Planck. Le temps-moteur « est » au départ et à chaque instant, porteur de l'action, de la mise en juxtaposition orientée des durées de Planck, de la possibilité d'un à-venir.

Assumer son passé, quel qu'il soit, assumer la responsabilité de la projection de son avenir, c'est assurer de vivre son présent dans la dignité, la sérénité et la complétude.

Rien n'est vieux sous le soleil, tout porte de plus en plus de lumière et de vie" **Rav Kook**

Les mots sont des quanta... ils disent ce qu'ils disent mais " en même temps" il y a entre les mots... un silence   qui emplit le monde et qui *permet la naissance du sens en tant que traversée de deux ou plusieurs niveaux de réalités* Nicolescu

Annexe 1 : Première relativité de Galilée

Il est nécessaire qu'il y ait au moins deux objets pour que la **position** ait un sens; un des objets sert de référentiel spatial: on lui associe un repère de coordonnées K (cf figure dans le texte et cf Descartes). L'autre objet est alors positionné dans ce repère
.

De même un **déplacement** et un **mouvement** ne peuvent se concevoir que relativement à un repère *supposé fixe*.
Si le sol est considéré comme fixe, un cycliste et son vélo en mouvement effectuent une translation linéaire alors que si les axes du pédalier ou des roues sont considérés fixes, les roues et le pédalier effectuent un mouvement de rotation autour de leur axe respectif, celui-ci étant en translation linéaire. Mais *si on choisit comme point fixe un point du pourtour de la roue...tout s'embrouille* Ouanounou Il faut donc bien *choisir* son repère de référence, celui qu'*on peut considérer* comme fixe.

Une **vitesse** absolue n'a aucune signification: la vitesse de l'objet X par rapport à l'objet X' est celle du repère lié à X' par rapport à celle du repère lié à X. Elle mesure la variation temporelle de la 'distance' entre les 2 objets.

Comment se représenter le mouvement de la Terre autour du Soleil? Voir le phénomène de la durée du jour ou celui des saisons n'est pas de tout repos: il faut des représentations particulières qui permettent de choisir le **bon point de vue**, géocentrique (à partir de la Terre) ou héliocentrique (à partir du Soleil) suivant le cas.

Galilée étudiant expérimentalement divers mouvements énonce (avec des mots de maintenant) le principe d'inertie suivant:

Une vitesse quelconque imprimée à un corps <u>se conserve</u> rigoureusement aussi longtemps que les causes extérieures d'accélération ou de ralentissement sont écartées Einstein

Le repère lié à ce corps est dit: repère galiléen (ou inertiel pour Einstein). Si deux référentiels, K et K', sont animés d'un mouvement rectiligne uniforme l'un par rapport à l'autre et si l'un d'eux est galiléen, il en est de même de l'autre; il y a donc autant que l'on voudra de référentiels galiléens et c'est souvent parmi l'un d'eux que **l'on choisit** le repère dit *fixe* ou *au repos.*

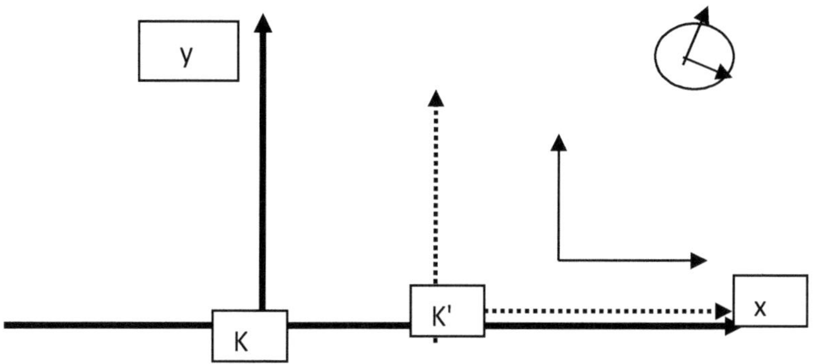

La relativité suppose qu'on compare 2 situations, le corps dans sa n^{ième} position par rapport à la première, le train pointillé K' en vitesse de croisière et le quai noir K immobile, le Soleil et la Terre,… et que l'on passe de l'une à l'autre; la relativité nous oblige à <u>passer d'un point de vue à un autre</u>.

Il n'y a pas de norme unique de repos. On pourrait aussi bien dire que le corps A est au repos et que le corps B se déplace à vitesse constante relativement au corps A ou que le corps B est au repos et A qui se déplace Hawking

Il n'existe rien qui ne soit absolument immobile Klein. Tout bouge, mais il s'agit de savoir, à chaque fois, par rapport à quoi? (et c'est pourquoi la notion de repère fixe n'est <u>qu'un choix arbitraire</u>).

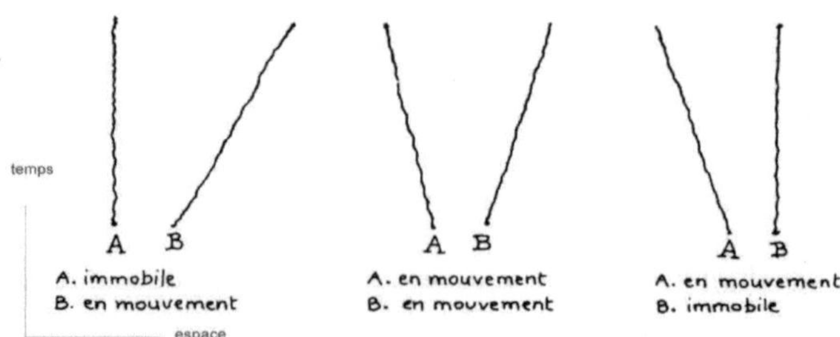

Fig. 148. Trois descriptions d'une même situation.

in Rucker

Remarquons que cette représentation d'un mouvement est différente de celle utilisée pour le vélo où l'on suivait la trajectoire en la paramétrant en temps; ici on fait intervenir <u>deux variables indépendantes sur des axes différents</u>: l'espace parcouru et le temps parcouru. Soulignons que cette représentation n'était pas classique au temps de Galilée et qu'on y reviendra.

Prenons l'exemple d'une voiture qui roule sur une route ou d'un avion en vol: il y a bien au minimum 2 objets, l'un le sol auquel on associe un repère K, un $2^{\text{ième}}$ K', la voiture ou l'avion supposés en vitesse de croisière sur une route droite; les repères sont galiléens. Alors considérons une hôtesse de l'air qui lance un crayon en l'air dans le repère K'; il retombe dans sa main; la balle que lance en l'air l'enfant dans la voiture retombe dans sa main s'il l'a bien lancée à la verticale; le gars, sur terre, qui fait le même geste vertical avec son pied voit le ballon retomber sur son pied, qu'il soit immobile, ou courant à vitesse constante en ligne droite!

Le 1er principe de relativité de Galilée est le suivant.

Dans tout repère galiléen tout se passe comme si le mouvement du repère est nul.
ou

Les équations traduisant les lois de la nature sont <u>invariantes</u> dans les transformations des coordonnées et du temps correspondant à un changement de repère galiléen Landau Lifschitz.

L'absence de sensations ne prouve pas qu'on soit immobile :

Principe de l'addition des vitesses; transformation de Galilée:

Soit, explique Einstein:
un train allant à vitesse constante sur une ligne droite, un passager assis et un passager faisant n pas dans le train
$V_{t/s}$ *la vitesse du train (la distance parcourue par le train ou le passager immobile dans le train pendant une seconde) par rapport au sol auquel on lie le repère K*
$w_{p/t}$ *la vitesse du passager mobile (ou la distance parcourue pendant une seconde par le passager en marche dans le train) par rapport au train auquel on lie le repère galiléen K'*
Δt *la durée de marche du passager mobile dans le train par rapport au train*
$W_{p/s}$ *la vitesse du passager mobile (ou la distance parcourue pendant une seconde par le passager mobile) par rapport au sol*
$\Delta t'$ *la durée de marche du passager mobile dans le train par rapport au sol*

En Mécanique classique on fait implicitement ces 2 hypothèscs:
1- l'intervalle de temps entre 2 événements (le début et la fin de marche du passager mobile dans le train) (donc la <u>durée</u> de marche du passager) est indépendant de l'état de mouvement du repère (donc $\Delta t = \Delta t'$)
2- la distance spatiale entre 2 points d'un repère est indépendante du mouvement du repère; donc la distance parcourue par la marche du passager pendant $\Delta t =\Delta t'$ dans le train, $w_{p/t}.\Delta t$ est celle parcourue par rapport au sol, $W_{p/s}.\Delta t$, moins celle parcourue par le train, $V_{t/s}.\Delta t$; donc

$$w_{p/t}*.\Delta t = W_{p/s}*.\Delta t - V_{t/s}.*\Delta t$$

on en déduit

$$W_{p/s} = w_{p/t} + V_{t/s}$$

En outre, on peut passer de la description dans le repère K, d'origine O, à celle dans le repère K', d'origine O', et inversement, par la transformation de Galilée:

Supposons, pour simplifier, que les repères sont cartésiens; que les axes Ox et O'x' sont colinéaires et les axes Oy, O'y' et Oz, O'z' sont parallèles; on considérera souvent dans la suite ces deux repères galiléens K et K' particuliers. Alors la transformation de Galilée s'écrit:

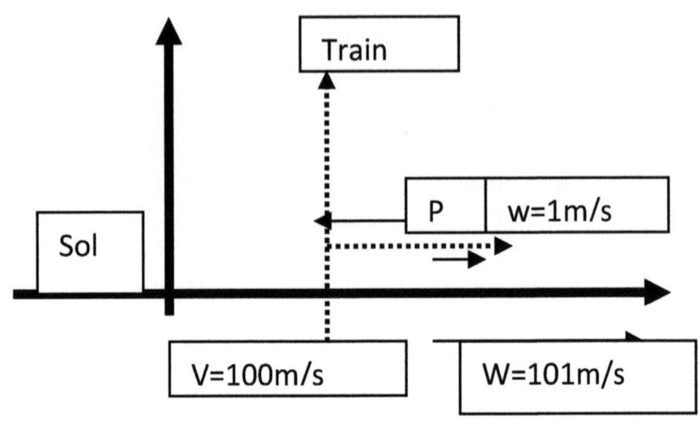

Eq 1 $x = OO' + x'$, $y = y'$; $z = z'$

Eq 2 $u = u_{K/K'} + u'$; $v = v'$; $w = w'$

Dans un changement de repères galiléens le temps intervient par les durées Δt et $\Delta t'$. Les repères font référence, sans le dire, à un axe temporel et admettent $\Delta t = \Delta t'$ …les durées sont inchangées lorsqu'on change de repères, ce qui semble tout naturel! La transformation de Galilée est équivalente à l'invariance des lois de mouvement dans ces repères.

Conséquences de la transformation de Galilée

-        *le temps, la distance entre 2 points du même SC* (système de coordonnées), *l'accélération   (pour un mouvement uniforme des SC),...les forces   ...sont des **invariants** de cette transformation* **Einstein**; il s'ensuit que la loi de Newton qu'on verra plus bas sera valable dans les deux systèmes de coordonnées en mouvement.

- autres conséquences vues par **Einstein :**
Imaginons ... une chambre (où un observateur parle et où, en conséquence) des ondes sonores se propagent...isolée du monde extérieur.........qui se meut uniformément. Un homme qui se trouve au dehors voit les murs en verre de la chambre en mouvement.

Des mesures effectuées par l'observateur à l'intérieur il résulte: la vitesse du son est la même dans toutes les directions.

L'observateur extérieur déclare: la vitesse du son qui se propage ... est plus grande que la vitesse normale du son dans la direction du mouvement de la chambre et plus petite dans la direction opposée... (conformément) à la transformation de Galilée.
<u>Il y a donc contradiction dans l'absolu!</u>
Si une parole d'un orateur...nous échappait, nous devrions courir avec une vitesse plus grande que celle du son pour atteindre l'onde produite et saisir la parole.

Un boulet tiré par un canon se déplace à une vitesse plus grande que celle du son, et un homme placé sur un tel boulet n'entendrait pas l'explosion du canon.

- *La physique de Galilée renvoie au fait que nous vivons dans un milieu où les forces de frottements sont souvent faibles* ; elle décrit le *monde éternel de la dynamique des corps sans frottement..... (Pour Galilée) le mouvement articulait l'instant et l'éternité. En chaque instant, le système dynamique était défini par un état qui contenait la vérité de son passé comme de son futur.* Prigogine

Annexe 2 : Le temps absolu de Newton

Temps apparent et temps vrai

En l'année 1720, pour Newton, il y a deux types de temps:
- le temps relatif qui permet *la mesure* approximative *vécue des durées* ....ce *temps relatif, vulgaire est déduit des impressions sensibles*
- et le temps *vrai* auquel sont rapportées les lois de mouvement ...., *le temps vrai, durée, est déterminé par les lois des mouvements célestes.*

On peut écrire les identités:

Relatif = apparent = vulgaire = sensible;

Absolu = vrai = mathématique = objectif = mesurable exactement

. En fait, pour Newton ces deux types de temps recouvrent un même concept, celui du temps *vrai*, le *vulgaire* n'apportant que des approximations et du flou au concept et il voit bien une difficulté à distinguer temps absolu et temps 'relatif'.

Remarquons que pour Newton le mot 'relatif' a un sens lié à la relativité (galiléenne) quand il qualifie un mouvement ou un lieu, mais qu'il signifie 'lié à nos perceptions' lorsqu'il est associé au temps. Newton parlant du temps associe toujours les notions d'espace, lieu et mouvement. Le mouvement des corps dans l'espace est désormais défini par les positions et vitesses à chaque instant.

D'après Einstein: *après avoir défini le temps absolu, l'espace absolu, le lieu toujours relatif, les mouvements absolu et relatif, Newton décrit l'expérience du seau en rotation au bout d'une corde ce qui permettrait de les distinguer. Lorsque s'établit un régime permanent, le mouvement relatif de l'eau par rapport au seau est nul. Pourtant l'eau s'élève près des parois: Newton voit là l'indication du mouvement absolu.*

Suivons le raisonnement d'Einstein:

Soit donné un système de coordonnées dans lequel les équations de Newton sont valables... (et) appelé "système au repos"....Si nous voulons décrire le mouvement d'un point matériel, nous exprimons les valeurs de ses coordonnées en fonction du temps....

en monodimensionnel: x = f(t); en 3Dim: P(x,y,z) = f(t)

Mais quel espace et surtout quel temps?

Il faut, poursuit Einstein, *....noter que tous nos jugements dans lesquels le temps joue un rôle sont toujours des jugements sur des **événements simultanés**. Quand je dis le train arrive ici à 7h, cela veut dire que le passage de la petite aiguille de ma montre par l'endroit marqué 7 et l'arrivée du train sont des événements simultanés.... Substituer (au mot) "temps"...l'expression "position de l'aiguille de la montre"....* suffit si elle concerne le lieu où se trouve la montre: le temps local est l'indication de la montre.

(Par contre en deux points A et B) on a un "temps A"... et un "temps B".... mais pas de "temps commun à A et B". Néanmoins *ce dernier "temps"* peut être établi en posant **par définition** que la lumière a une vitesse infinie ou que *le temps nécessaire à la lumière pour aller de A (à t_A) en B (à t_B) est égal (au temps qu'elle met pour aller de B (à t_B) en A (à t'_A). Les deux **horloges** A et B (se trouvant au repos dans des endroits différents) sont* (dites) **synchrones** *si*

$$t_B - t_A = t'_A - t_B$$

(exemple t_A= 8h; t_B =11h, t'_A=15h; $t_B - t_A$=3h; t'_A-t_B=4h : les montres ne sont pas synchrones; A est une horloge plus lente que B).
On a ainsi *"le temps* commun *du système au repos":* c'est l'indication des montres synchrones.
Et, *du fait qu'en principe rien n'empêche de synchroniser **toutes** les horloges, la mécanique galiléo-newtonienne conclut que le temps s'écoule uniformément, qu'il est* universel, absolu, immuable, indépendant du repère Luminet. *Partout, le temps des montres synchrones est le même.*

L'espace considéré par Newton, lieu du mouvement des corps, est celui d'Euclide, à 3 dimensions, tel que Descartes le conçoit: lui aussi *absolu, infini, immatériel.* C'est un cadre où se passe la mécanique; le temps newtonien en constitue un deuxième cadre.

Newton a, de façon tout à fait explicite, remarque **Einstein**, *introduit en tant que déterminant originaire "l'espace absolu", élément actif, omniprésent, participant à tous les processus mécaniques; par "absolu" il entend* manifestement *le fait que cet espace n'est pas soumis à l'influence des masses et de leurs mouvements.*

Néanmoins le principe de relativité de Galilée est admis: *les relations spatiales entre divers événements dépendent du référentiel dans lequel ils sont décrits. L'affirmation que deux événements ont lieu à des instants différents en un même point ou dans son voisinage n'a de sens que si on a indiqué le référentiel où cette affirmation est formulée* LandauLifchitz.

Par contre les propriétés du temps sont considérées indépendantes du référentiel; cela signifie que deux événements simultanés pour un observateur le sont pour tout autre observateur; plus généralement le temps écoulé entre deux événements est le même dans tous les référentiels LandauLifchitz

Postulats et lois de Newton:

- La physique ne définit pas le temps, elle le mesure.
- La loi d'inertie (1[ière] loi de Galilée-Newton) est admise;
- Le temps est universel, le même où que l'on soit dans l'Univers,
- il est absolu au sens
- Le temps s'écoule uniformément et est continu;
- il s'écoule du passé vers l'avenir
De ceci dérivent des lois de conservation de la **physique classique non relativiste**:
   ° conservation de **la quantité de mouvement** d'un mobile de masse m allant à la vitesse V
$$\mathbf{p} = m.\mathbf{V} = Cte$$
   ° conservation de **l'énergie** qui se compose en énergie cinétique et énergie potentielle.
   ° conservation de **la masse**.
Et de ces lois découlent toutes les lois de la mécanique classique newtonienne.

Le mouvement est en connexion avec les actes de pousser, soulever ou tirer...; il est essentiellement lié à l'action... Intuition, expérience idéalisée....le mouvement...est lié ...à la connexion entre la force et le changement de vitesse.... **Une force** *imprimée est une action exercée sur un corps pour changer son état de repos ou de mouvement uniforme sur une ligne droite. Elle réside uniquement dans l'action et ne reste pas dans le corps quand cette dernière est finie.* Einstein

Le temps mesurable de façon continue est devenu une variable suivant laquelle les évolutions peuvent être décrites continûment. On passe de la formulation de Galilée en durée et variation de vitesses à la **2ième loi de Newton** avec des vitesses au temps t:

$$\Delta V = \Delta t \,.\, F/m \qquad \text{Galilée} \;\to\; \text{Leibniz} \; dV/dt = F/m$$

Par cette loi (F = m.Γ) tout mouvement est bien défini et complètement déterminé comme déplacement dans l'espace absolu au cours du temps absolu. *La mécanique classique du point matériel est ...déterministe à condition d'appeler état d'un point.... sa position et sa vitesse.* Bachelard Dans les cadres d'espace et de temps, le mouvement peut être défini et étudié en propre: il est indépendant du cadre.

La mécanique newtonienne, essentiellement celle du point matériel, introduit ainsi de nombreux concepts, en particulier ceux de forces, de masse inertielle et de masse gravimétrique, de dérivées temporelles, etc...

Soulignons qu'*au temps de Newton le concept d'énergie n'existait pas* Einstein ; aussi <u>Newton n'utilisa pas la loi de conservation de l'énergie.</u> La notion anthropomorphique de force est calquée sur l'exercice de nos muscles. Sont introduites aussi les notions de force à distance (dérivée de l'énergie potentielle) et la loi de gravitation entre deux masses (**3ième loi de Newton** , loi des interactions*).*

La loi de gravitation de Newton relie le mouvement d'un corps **ici et maintenant** *à l'action d'un corps s'exerçant au* **même instant à une distance lointaine** Einstein Remarquons que cette loi prévoit *l'effondrement de l'Univers sur lui-même et...Newton avait été troublé par cette implication...; d'*où émit-il l'hypothèse *d'un univers infini symétrique...mais nécessairement instable....; d'*où *intervention de Dieu pour maintenir les étoiles à distance les unes des autres* Singh et nécessité de la Création de l'Univers: *Newton calcule son âge à 5000 ans (soit 500 de moins que la Bible)* de Wever .

D'après Einstein *l'importance des travaux de Newton consiste dans la création et l'organisation d'une base utilisable logique et satisfaisante pour la mécanique .... Depuis lors tout événement physique doit être traduit en termes de masse réductible aux lois de Newton.*

Conséquences et propriétés du temps Newtonien

Le temps étant postulé "universel et absolu", il implique la possibilité de synchroniser toute horloge à une horloge de référence c'est à dire de la régler au même rythme et en lui fournissant un même top de départ, que l'horloge soit au repos ou en mouvement: les horloges synchrones indiquent toujours et partout le même temps.

Le temps unique, uniforme, universel absolu, immuable indépendant du référentiel, sans interaction avec l'espace, indépendant des phénomènes qui s'y dévoilent dans un espace absolu est neutre; il ne crée pas, ne détruit pas, est indifférent, sans qualité, sans accident qui rend équivalents tous les instants; il est mathématique et continu: il y a représentation complète du temps par les points d'une droite fléchée (isomorphisme).   T

C'est ce qui justifie la figure espace-temps déjà utilisée (cf Galilée).

C'est un paramètre qui, ajouté aux paramètres qui fixent une position d'un objet dans un repère, permet de suivre l'évolution temporelle de sa position. Dans son interprétation postérieure de la mécanique newtonienne, **E Cartan** utilise la représentation espace-temps; en supposant l'espace réduit à 2 dimensions, ce que **Rucker** appelle *Terreplate*, tous les événements se passeraient dans des plans parallèles qui couperaient perpendiculairement l'axe *temps* tout de son long.

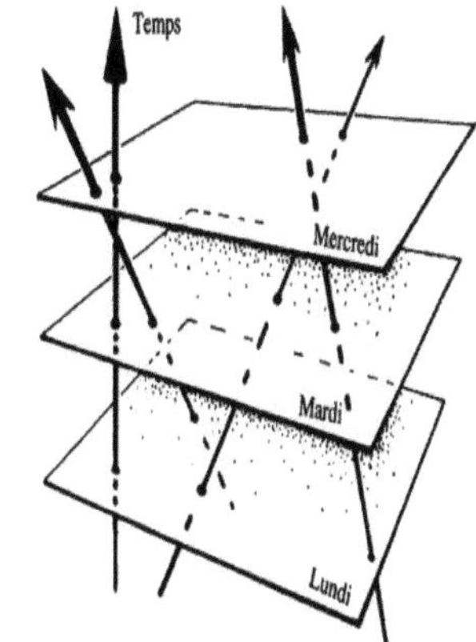

Fig. 1.6. L'espace-temps galiléen : des particules en mouvement uniforme sont représentées par des lignes droites.

fig Penrose

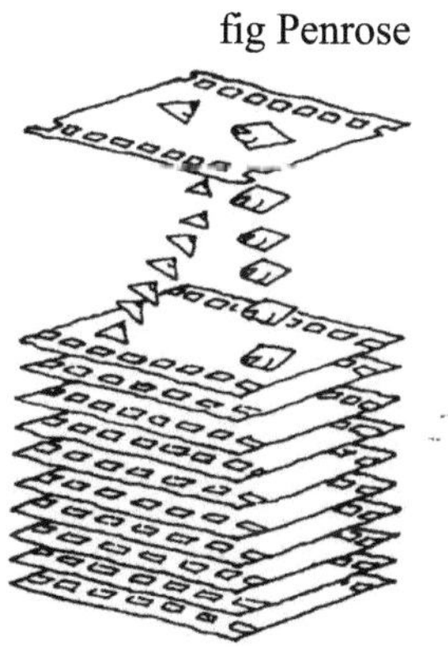

Fig. 138. L'espace-temps de Terreplate ressemble à une succession d'images de film.

fig Rucker

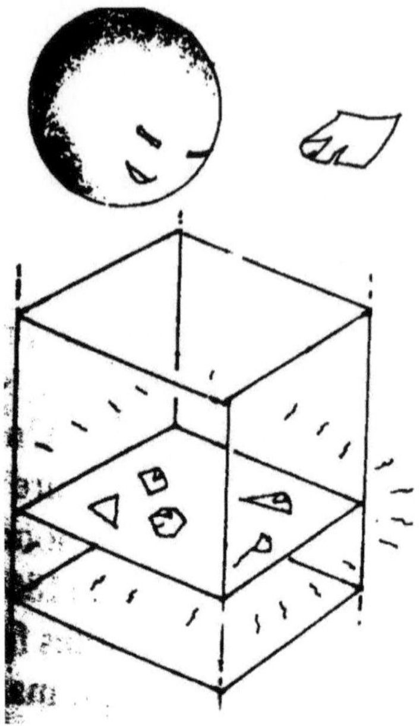

Maintenant fig Rucker

Tous les événements qui se passent dans un même plan sont simultanés. Les axes liés à l'espace-monde, ici plan, ne dépendent pas à chaque instant de ce qui se passe aux autres instants et le temps est imperturbable: *mardi* est vrai pour tout le monde représenté à cet instant. Et *maintenant* est vrai pour tout le monde.

Le temps et les coordonnées d'espace apparaissent ainsi comme des paramètres purement mathématiques et alors *c'est* seulement *l'inscription de l'espace et du temps dans l'équation du mouvement (d'un mobile) qui assure un caractère physique à ces 2 concepts, espace et temps, séparés l'un de l'autre, indépendants, impensables sans les corps en mouvement, sans être affectés par eux et qui introduit le **principe de causalité** .* Paty EKlein:

      Tout effet a une cause et la cause *précède* l'effet.

Mais *tous les systèmes représentés par les mêmes variables indépendantes et soumis aux mêmes conditions aux limites....* "reviennent au même", *connaissent un même destin* Prigogine

.

La séparation absolue de l'espace et du temps favorisait ... l'intuition analytique Bachelard   *En physique classique... le concept de temps a été pensé comme cadre naturel, avec l'espace... cadre... dans lequel tous les phénomènes se produisent.* Paty.
Tout est dit. Ce qui, interprété par Einstein, donne: *Au commencement (si jamais il y en eut un), Dieu avait créé les lois de Newton, ainsi que les masses et les forces qui leur sont nécessaires.*

Critique du temps newtonien

Remarquons d'abord que *Galilée* (et Newton) *avait raison d'affirmer que la Nature était écrite en langage mathématique mais il avait tort de croire que ce langage était la géométrie euclidienne ...géométrie partielle, parcellaire ou plutôt* géométrie *de la parcelle...pour mesurer les terres* Boutot.

Aristote et Newton croyaient tous deux à un temps absolu, celui qui permet de mesurer sans ambiguïté l'intervalle de temps séparant deux événements, le même quel que soit la personne qui mesure pourvu qu'il ait une bonne horloge Hawking *Les métaphysiciens de l'Antiquité avaient rencontré au bout de leurs méditations un temps abstrait, extérieur à la conscience, dégagé de l'espace et de la matière, indépendant du mouvement, d'une valeur universelle. Newton a emprunté cet absolu de mauvais aloi* Mach in Couderc, ... notion sublimée du temps...même temps pour tous, *car il serait absurde qu'un effet soit antérieur à sa cause: par égard au déterminisme **il parut indispensable de penser que l'ordre de deux événements est invariable** quel que soit l'observateur.* Couderc
*Il y a eu édification d'un temps pur, libéré des circonstances de sa mesure, dégagé de l'ambiance concrète où il prend naissance, où il est utile; le temps absolu s'écoulant uniformément, sa valeur étant universelle, une seule horloge suffit pour tous! ...C'est l'horloge qui rend objectifs les concepts de temps et durée: un phénomène physique répétable identique à lui-même autant de fois qu'on le désire supposé constant permet la mesure comme dans le sablier, le pendule, le ressort, la montre; **mais la constance de la période de ces instruments n'est qu'une hypothèse!*** Couderc. Newton, lui-même, avait

suggéré qu'il était possible qu'aucun mouvement ne soit parfait. De plus que signifie: *le temps "coule uniformément"* si ce n'est que…..*le temps avance de 24h toutes les 24h!!!?* Klein

Le temps newtonien a aussi une faille: **il est réversible**;   ($F = m \, . \Gamma$: si on change t en -t l'accélération, étant la dérivée seconde temporelle du déplacement, subit un double changement de signe à chaque dérivation ; donc l'équation garde la même forme). Ce n'est que par un postulat que le temps est censé s'écouler dans un sens. Le renversement des vitesses et le changement de sens de parcours de t fournit la même trajectoire parcourue en sens inverse; même trajectoire….même destin….

*Il serait absurde qu'un effet soit antérieur à sa cause: par égard au déterminisme **il parut indispensable de penser que l'ordre de deux événements est invariable** quel que soit l'observateur*

Un temps absolu impose, en outre, à l'Univers des propriétés draconiennes telles:

1 des propagations instantanées. Par exemple la gravitation agit instantanément d'un astre aux autres. De façon plus générale *l'interaction entre particules matérielles se décrit au moyen de l'énergie potentielle d'interaction qui est une fonction des seules coordonnées des particules: on voit que ceci implique l'instantanéité des interactions* Landau Lifschitz

2 l'existence d'une vitesse infinie; en effet *le temps mesurable et mesuré ne pourrait être absolu que dans un Univers où tous les observateurs seraient instantanément informés des événements* Couderc (ce qui rend possible la synchronisation de toutes les montres); par exemple *en mécanique classique on admet l'existence de solides parfaitement rigides aptes à signaler immédiatement à un bout de l'objet la production d'un événement passé à l'autre bout. Les concepts de temps absolu, espace absolu, vitesse infinie et solide parfait sont en fait solidaires; ils impliquent aussi celui de masse absolue* Couderc (d'où la loi de conservation de la masse).

3 l'uniformité du temps et l'existence d'un 'avant' se limitant au cycle des planètes, non à leur création…Newton développe une géométrie du temps: échelle graduée finie et universelle des durées. *Il coule uniformément* : nous sommes ici, d'après Pomian, en pleine métaphysique qui accorde la réalité à un temps indépendant des choses... *le tout de l'être pris dans l'ordre de succession, ordre immuable..!*

4 l'existence de la simultanéité:

Deux événements qui ont lieu en deux endroits donnés sont dits simultanés s'ils ont lieu *au même instant*; avec un temps absolu ceci signifie quelque chose et la simultanéité a une valeur intrinsèque. *Mais l'absence de norme de repos absolu* (principe de Galilée) *signifie qu'on ne peut déterminer si 2 événements qui ont lieu à 2 moments différents sont advenus dans la même position de l'espace.....la localisation et la distance entre 2 événements diffèrent* (suivant l'observateur ou le repère choisi) Hawking Sur ma petite Terre ronde pendant que je suis à mardi, quelqu'un est déjà, au même instant à mercredi!

De même *la distance entre les lieux où se passent deux événements A et B dans l'espace est relative si A et B sont séparés par un intervalle de temps; en effet si j'allume un instant dans mon bureau, à 24h d'intervalle, la même lampe électrique, pour moi, le signal A d'aujourd'hui et le signal B de demain se passent au même endroit; mais un observateur situé sur le Soleil déclarerait que les deux signaux se localisent à 2,5 millions de km l'un de l'autre, le chemin parcouru par la Terre autour du Soleil! Si deux événements n'ont pas lieu en même temps, la distance qui les sépare varie avec l'observateur!* Couderc

L'analyse du temps et de la mécanique newtonienne par **Einstein** va même plus loin:

Pour lui *on est parti d'un temps objectif local: on rapporte le déroulement chronologique de l'événement vécu aux indications d'une horloge, c'est à dire un système isolé à évolution périodique ... ;* (d'où un contenu empirique du concept temps); puis Newton est passé à un temps *objectif pour les événements de tout l'espace: le temps de la physique.* Et *l'illusion de la simultanéité...*nous a donné la *coutume de ne pas faire la différence entre "voir en même temps" et "se produire en même temps"; d'où différence entre temps local et temps physique effacée.*

5 l'indépendance des forces par rapport au temps: Pour **Einstein**, la mécanique newtonienne est basée sur deux lois: la loi du mouvement et l'expression de la force ou de l'énergie potentielle. *La loi du mouvement est précise, mais vide de sens tant que l'expression des forces n'est pas donnée. Pour ces dernières il existe une grande part d'arbitraire, particulièrement si l'on abandonne l'idée selon* *laquelle les forces ne doivent dépendre que des coordonnées (et non par exemple des dérivées de celles-ci par rapport au temps).*

6 La primauté des systèmes galiléens est contestable*: imaginons,* dit Einstein, *que des gens qui ne connaissent qu'un petit morceau de la surface terrestre et ne peuvent observer aucune étoile élaborent une mécanique. Ils seront enclins à attribuer à la dimension verticale de l'espace des propriétés physiques particulières,... justifieront que la terre est dans l'ensemble horizontale. Ils seront insensibles à l'argument qui dit que l'espace est isotrope... et disposés à expliquer que la verticale est absolue...Cette préférence accordée à la verticale est analogue à celle dont jouissent les systèmes inertiels par rapport aux autres systèmes de coordonnées rigides.*

7   Par ailleurs *l'accélération... n'est pensable et intelligible que par rapport à l'espace* *dans sa totalité... espace (qui) détermine l'inertie. ....L'espace... absolu... agit sur les masses, (et) rien n'agirait sur lui ?* Einstein

Annexe 3:Relativité restreinte d' Einstein:

"La Mécanique doit décrire comment les corps changent de lieu avec le temps": par cette définition je charge ma conscience de quelques péchés mortels contre l'esprit de la clarté car....il n'est pas clair ce qu'il faut entendre par "lieu"..."espace"... ni par "mouvement" ....ni par "temps".... Mais le sentiment subjectif primitif du flux du temps nous rend capable d'ordonner nos impressions... En outre en prenant comme unité de temps l'intervalle entre le commencement et la fin d'un événement qui se répète autant de fois qu'on désire (on crée) une horloge... Par l'emploi de l'horloge le concept temps devient objectif. Nos jugements dans lesquels le temps joue un rôle concernent toujours des événements simultanés... Néanmoins les montres réglées ne marquent pas le temps 'vrai' mais le temps 'local'; l'observateur voit les phénomènes en retard ou en avance mais sans s'en apercevoir, les montres réglées avançant ou retardant toujours. Einstein in-Bergia

Postulats d'Einstein de la relativité restreinte

1-Il y a équivalence de tous les systèmes d'inertie pour formuler les lois.

2- La lumière *se meut dans le système de coordonnées au repos avec la (même) vitesse qu'elle soit émise par un corps au repos ou en mouvement;* d'où il suit que *La vitesse c de la lumière dans le vide est la vitesse limite.*

3- *La mécanique newtonienne est une approximation valable* pour des mobiles animés d'une faible vitesse par rapport à *c*.

À cela il faut ajouter que dans la Relativité, l'irréversibilité du temps y fait figure de postulat... En effet c'est sur elle qu'est fondé le raisonnement d'Einstein sur la transmission des signaux lumineux entre observateurs et observés situés sur différents repères LoebJ

De ces 3 postulats Einstein déduit que:
- la quantité de mouvement d'un mobile s'exprime par

$$p = m.V/(1-V^2/c^2)^{1/2}$$

- l'énergie totale du mobile est

$$E = m.c^2/(1-V^2/c^2)^{1/2}$$

C'est la somme de l'énergie du 'mobile' au repos $\quad E_0 = m.c^2$

et de son énergie cinétique $\qquad\qquad E_c = m.c^2[(1/(1-V^2/c^2)^{1/2} -1]$

et surtout que:

- la quantité de mouvement se conserve

 - l'énergie totale se conserve

D'où $\qquad\qquad E^2 - p^2.c^2 = m^2.c^4 \qquad$ est un invariant

Conséquences:

° Quand V tend vers c: la quantité de mouvement d'une masse donnée, son énergie cinétique et son énergie totale du mobile tendent vers l'infini.

Exemple: un mobile de masse 1g, une particule, qui va à 270 000 km/s a une énergie cinétique de 10^{-3}kg*$(2,7.10^8$m/s$)^2 =$ 7,29.10^{13} J en mécanique newtonienne et 11.6.10^{13}J en mécanique relativiste. À 290 000 km/s on a respectivement 8,4.10^{13} J et 26,1.10^{13}J.

° On peut prendre comme unité de masse : une unité d'énergie/c^2! *Toute énergie résiste au changement de mouvement* au même titre que la masse.

Exemple : une masse de 1g est équivalente à une énergie de 10^{-3}*$(3.10^8)^2 = 90\ 10^{12}$J et réciproquement.

° Il n'y a pas nécessairement conservation de la masse: un échange d'énergie d'un système peut se traduire par une variation de masse du système; l'énergie peut se transformer en matière et la matière en énergie.

Exemple: une masse au repos de 1g et allant à une vitesse de 0,9c a une énergie totale de 20,6.10^{13} J. Si elle passe, sans apport extérieur d'énergie, à 290 000 km/s, sa masse devient 0.6g.

° L'énergie qu'un objet possède en vertu de son mouvement augmente sa masse au repos et donc n'augmente que plus difficilement sa vitesse.

Exemple: une masse au repos de 1g augmente quand la vitesse prise par l'objet résulte d'un apport d'énergie; à une vitesse de 0,9c l'apport d'énergie cinétique de $11{,}6.10^{13}$J équivaut à 1,29g; la masse au repos passe à 2,29g; si la particule de 1g est passée, avec apport d'énergie, à 0,99c sa masse au repos devient 7,1g...! Plus 'lourde' la particule pour se déplacer encore plus vite demandera une énergie encore plus forte!

° Si $V<<c$ on retrouve Newton : l'approximation introduite par la mécanique classique de Newton est inférieure à 1% si V < 0,14c soit V <42 000km/s! On voit que la mécanique newtonienne convient totalement pour tous les mouvements quotidiens!

° La lumière se déplace à vitesse constante par rapport à tout observateur: la lumière d'un phare me parvient à 300 0000 km/s que le phare soit au repos ou vienne à moi à grande vitesse et que je sois au repos ou que je m'enfuis à grande vitesse. L'invariance de c, la compression des longueurs et la dilatation du temps qu'on verra plus bas ne se compensent pas.

° *La loi de la constance de la vitesse de la lumière dans l'espace vide, corroborée par le développement de l'électromagnétisme et de l'optique, jointe à l'égalité de droit de tous les systèmes d'inertie (principe de la relativité restreinte) indiscutablement dévoilée par la célèbre expérience de Michelson, incline à penser que la notion de temps doit être relative.*

°L'éther n'existe pas:
Si, d'après la relativité restreinte, *l'éther ne peut être immobile par rapport à K et en mouvement par rapport à K', ... (il faut alors) adopter le point de vue:... l'éther n'existe pas. Les champs ne représentent pas l'état d'un milieu, mais sont des réalités indépendantes ... liées à aucun substratum, comme les atomes de la matière pondérable... Le champ n'apparaît que comme une forme particulière de l'énergie. Nier l'éther signifie... que le **vide** ne possède aucune propriété physique.* Il faut donc adopter une ... *nouvelle représentation des forces agissantes (1920):... les propriétés du champ seules paraissent essentielles pour la description des phénomènes (1950).*

° Le temps reste réversible dans les équations:; il n'est qu'un indexe qu'on peut déplacer dans les deux sens sur l durée

Le problème de la flèche du temps n'a rien à voir avec la relativité. Imagine qu'on ait filmé le mouvement brownien d'une particule et qu'on ait conservé les images dans l'ordre chronologique... mais on a oublié le sens de déroulement... (alors on est) incapable de trouver une flèche!.....

° Et que devient le principe de simultanéité newtonien? En fait *nous n'avons pas l'intuition de la simultanéité* souligne **Poincaré**.

Simultanéité

Partons du principe d'inertie de la mécanique classique et d'un repère galiléen: le mouvement d'un point est défini par ses coordonnées en fonction du temps. En substituant au terme "temps" l'expression *"position de la petite aiguille de la montre"* nous avons défini, avec Einstein, un **temps local**. Ensuite... *nous avons pu établir ... ce qu'il faut entendre par horloges synchrones se trouvant au repos en des endroits différents.* (Remarquons que le synchronisme est commutatif et transitif)... *Par là-même nous avons obtenu une définition de la "simultanéité"* (si les montres synchrones indiquent le même instant pour les événements en A et B) *et du "temps en tout système au repos". Le temps d'un événement est l'indication simultanée à ce dernier d'une horloge se trouvant au repos à l'endroit où cet événement se produit et qui est synchrone avec une certaine horloge au repos.*

Ajoutons le principe de la constance de la vitesse de la lumière. Pour déterminer des événements simultanés en des lieux différents il faut placer sur les lieux des événements des horloges synchronisées H_A et H_B. Alors, *soit donnée une tige rigide au repos de longueur l mesurée au repos. Imaginons que l'axe de cette tige coïncide avec l'axe x du système K de coordonnées au repos et qu'elle subisse une translation à vitesse V sur cet axe dans le sens des x croissants....*

*Supposons en outre qu'aux extrémités A et B de la tige sont fixées des horloges synchrones avec les horloges du système au repos...*Les observateurs se trouvant dans le système K au repos constatent que les horloges **sont synchrones**.
Imaginons encore que près de chaque horloge (en A et B) se trouve un observateur qui participe au mouvement...

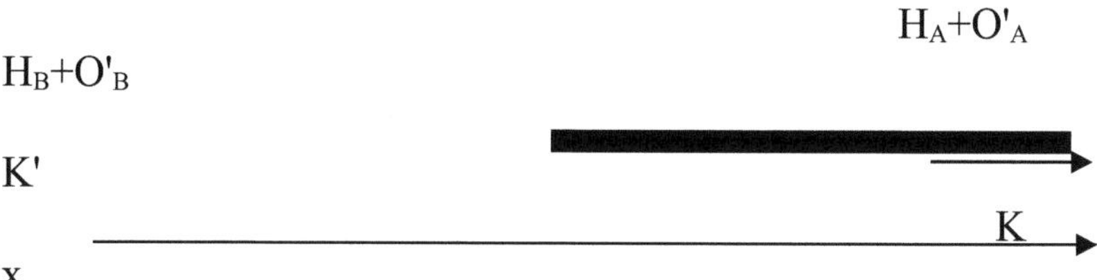

et supposons qu'un rayon lumineux parte de A au temps t_A se réfléchisse en B en t_B et revienne en A en t'_A et soit l_{AB} la longueur de la tige en mouvement. En vertu du principe de la constance de la vitesse de la lumière:

$$t_B - t_A = l_{AB}/(c-V)$$
$$et \quad t'_A - t'_B = l_{AB}/(c+V)$$

<u>*Il y a contradiction*</u>: *les horloges en mouvement **ne sont plus synchrones** dans le repère K'!*

Autres exemples:

-1 *La foudre frappe la voie ferrée* (ou, autre version, deux lampes émettent des signaux lumineux brefs) *en A et B deux points très distants, de façon 'simultanée ' si un observateur placé au milieu O de AB voit sur un même miroir les éclairs A et B au même temps (*si les rayons lumineux issus de A et B se rencontrent au milieu de AB).
*Qu'on imagine en A, B, O, placées des horloges de même construction et réglées de telle sorte que les positions de leurs aiguilles soient simultanées. On entend par "temps" d'un événement (*la foudre en A) *la position des aiguilles d'une horloge placée au voisinage de l'événement. A chaque événement est associée une valeur du temps mesurable.*

Si A s'allume quand la tête d'un train arrive de B, que B s'allume quand la queue du train passe et que les éclairs sont simultanés le train a une longueur L_{train} = AB.
Ces événements sont simultanés par rapport à un système K : la voie ferrée.
Un passager O' placé au milieu du train fait la même observation: le train emporte O' à la rencontre du rayon issu de A (durée1= $L_{train}/2(c+V_{train})$) et il fuit la lumière venant de B (durée2 = $L_{train}/2(c-V_{train})$): l'éclair de A précède donc celui de B et le train semble avoir une longueur supérieure à AB puisque la tête du train est passée en A avant la queue en B!
Des événements qui sont simultanés par rapport à un système K (la voie ferrée)   ne sont pas simultanés par rapport à un système K' (le train en mouvement galiléen).

-2 Deux personnes assises aux extrémités d'un wagon se déplaçant de gauche à droite prennent une photo au flash d'une personne assise au milieu du wagon; celle-ci reçoit les 2 éclairs en même temps; pour elle les 2 photographes ont pris la photo au même instant. Pour un individu qui regarde passer le train le photographié avance vers la droite et va à la rencontre de la lumière émise par le photographe placé à droite; la distance que doit parcourir la lumière émise à droite est donc plus petite que celle qui provient de la gauche pour atteindre le photographié qui "fuit" cette lumière; les 2 flashs n'ont donc pas été émis au même instant pour cet observateur sur le quai: le photographe de gauche a dû déclencher avant celui de droite pour que les flash éclairent en même temps le photographié!

-3   *Une fois de plus nous voulons nous servir de la chambre en mouvement et des observateurs intérieur et extérieur:... un signal lumineux est lancé du centre de la chambre:...*
Pour *l'observateur intérieur: le signal... atteint   les murs simultanément puisque ceux-ci sont à égale distance du centre et que c est la même dans toutes les directions.*
Pour l'observateur extérieur: ... le signal se propage à c... l'un des murs fuit le signal lumineux et l'autre s'en approche. C'est pourquoi le mur qui fuit sera rejoint par le signal... un peu plus tard que le mur qui s'en approche

Deux événements simultanés dans un SC peuvent ne pas être simultanés dans un autre SC.

Ceci suppose qu'on peut observer des durées d'un système à un autre.... Or il n'y a aucun lien phénoménologique de simultanéité entre deux événements se déroulant dans des repères différents; les temps sont étrangers l'un par rapport à l'autre Ouanounou

.

*Dans un Univers privé de vitesses infinies, la simultanéité est relative et le temps t d'un événement est, alors, réputé être la moitié de la durée écoulée entre le moment (t=0) où un rayon est envoyé (par un observateur en O) pour éclairer l'événement, et celui où sa réflexion a été reçue (par l'observateur qui s'est déplacé en O');... la distance de l'événement **par rapport à l'observateur** est :*

$$dist = c \cdot t \quad \text{Hawking}$$

Relativités

.

Addition des vitesses

Reprenons
un train allant à vitesse constante sur une ligne droite, un passager assis et un passager faisant n pas dans le train
V   la vitesse du train par rapport au sol (ou, en valeur absolue, la vitesse du sol par rapport au train; donc la vitesse relative des 2 repères sol et train considérés)
w   la vitesse du passager mobile par rapport au train (ou vitesse du mobile considéré, le passager, par rapport au repère mobile train)
Δt la durée de marche du passager mobile dans le train par rapport au train
W la vitesse du passager mobile   par rapport au sol (ou vitesse du mobile considéré, le passager, par rapport au repère supposé fixe, le sol)
$\Delta t'$ la durée de marche du passager mobile dans le train par rapport au sol
Avec la relativité introduite par Galilée en Mécanique classique on a fait 2 hypothèses que rien ne justifie:

-1 l'intervalle de temps entre 2 événements (le début et la fin de marche du passager mobile dans le train) (donc la durée de marche du passager) est indépendant de l'état de mouvement du repère (donc $\Delta t = \Delta t'$).

-2 la distance spatiale entre 2 points d'un repère est indépendante du mouvement du repère
(donc $w.\Delta t = W.\Delta t - V.\Delta t$ la distance parcourue par la marche du passager pendant $\Delta t = \Delta t'$ dans le train est celle parcourue par rapport au sol moins celle parcourue par le train),
ou, ce qui revient au même, $W = V+w$, ce qui implique la règle de
   l'addition des vitesses.

En mécanique relativiste restreinte ces deux hypothèses sont relevées.
   1- comparons les durées d'une même expérience dans un repère lié à l'observateur au repos et dans un repère en translation uniforme (exemple du train); la durée de l'expérience est plus longue au sol que dans le train; au sol le temps semble s'écouler plus lentement.
   2- la longueur du train mesurée au sol est plus courte que celle mesurée dans le train.

Dans un Univers privé de vitesses infinies, la simultanéité n'est pas absolue: des observateurs en mouvement les uns par rapport aux autres attribueront des durées différentes à un même phénomène et leurs mesures de longueurs seront discordantes Couderc.
   Le 1er postulat d'Einstein s'énonce plus complètement (en utilisant le deuxième principe):
les lois naturelles ne se modifient pas quant à leur forme si on quitte un système de coordonnées pour un nouveau effectuant un mouvement de translation uniforme par rapport au premier même à une vitesse proche de c.
C'est le principe d'inertie de Galilée mais étendu à toute vitesse relative jusqu'à $V = c$ une vitesse finie.
Le passage d'un repère K (x,y,z,t) à un autre K'(x',y',z',t'), galiléen, s'effectue alors avec la transformations de Lorentz:

$$x' = (x -V.t) / (1- V^2/c^2)^{1/2}$$
$$t' = (t - (V/c^2).x) / (1-V^2/c^2)^{1/2}$$

d'où

$$W = (w + V)/(1+V.w/c^2)$$

(Remarquons que ces équations peuvent se démontrer à partir des seuls postulats de la relativité restreinte et que la transformation de

Lorentz n'est pas commutative comme l'était la transformation de Galilée).
Ainsi il n'y a plus simple addition des vitesses.

En outre remarquons que la relativité appliquée à la lumière implique que le **nombre** de photons est un invariant.

Relativité des distances

On a vu que, même en mécanique Newtonienne, l'absence de norme absolue de repos signifiait que l'on ne pouvait pas déterminer si 2 événements qui ont lieu à 2 moments différents sont advenus dans la même position de l'espace: la localisation et la distance entre 2 événements, diffèrent suivant l'observateur ou le repère choisi. En relativité restreinte cela va plus loin.
Deux observateurs, en mouvement l'un par rapport à l'autre, qui mesureraient un même objet ne trouveraient pas le même résultat... La dimension d'un objet n'est pas une donnée objective! **Ou**anounou
Considérons une sphère rigide de rayon R au repos par rapport au système en mouvement K' et dont le centre coïncide avec l'origine des coordonnées du système. L'équation de sa surface qui se meut à la vitesse V suivant x relativement au système K au repos est:

$$x'^2 + y'^2 + z'^2 = R^2$$

et dans le repère K, après transformation de Lorentz au temps t=0

$$x^2 / (1-V^2/c^2) + y^2 + z^2 = R^2$$

Ainsi la sphère quand elle est *en mouvement et examinée du point de vue du système au repos a la forme d'une ellipsoïde dont les axes sont $R(1-V^2/c^2)^{1/2}$, R et R; la dimension suivant x est raccourcie.*

Relativité du temps

Si un éclair lumineux est envoyé d'un endroit à un autre... tous les observateurs ne sont pas d'accord sur la distance parcourue par la lumière... et ils sont en désaccord sur la durée du trajet.... Chaque observateur qui se déplace par rapport à un autre assignera un temps et une position différente que l'autre à un même événement Hawking *.*

Il y a contraction des longueurs mais il y a dilatation des temps dans les repères inertiels. En effet:

Imaginons qu'une horloge au repos dans le repère au repos K, indique le temps t, tandis qu'au repos dans le système en mouvement K' une autre horloge synchrone indique le temps t' et qu'elle soit placée à l'origine des axes de K'. Quelle est la marche de cette horloge, considérée à partir du système au repos?

Avec transformation de Lorentz on a pour le repère galiléen K' se déplaçant à vitesse, relative, constante V par rapport à l'autre repère galiléen K :

$$x = Vt$$
$$et \qquad t' = (t - x.V/c^2)/(1- V^2/c^2)^{1/2} = t.(1-V^2/c^2)^{1/2}$$

le facteur de *t* est plus petit que *1* et donc *t'* est plus petit que *t*.

exemple:
quand l'horloge de K marquera   t = 12h;   si V = 0.9c
l'horloge en K' n'indiquera que t' = 12.(1-0.9^2)$^{1/2}$ = 5h 14mn

L'horloge en mouvement, considérée dans le système K' au repos, retarde par rapport à celle restée au repos dans K.: la durée s'est bien dilatée.

S'il se trouve en A deux horloges synchrones et si l'on déplace l'une d'elle à vitesse constante V le long d'une ligne fermée jusqu'à son point de départ, ce qui pourrait demander t secondes, cette horloge retardera de 0,5t.(V/c)^2 de secondes sur celle qui est restée immobile en A.

exemple: avec t =1000s et V=300km/s, le retard est de 0,5*1000*(300/300 000)^2=0,0005s!

Plus on va vite, plus le temps ralentit. (Il est ralenti aussi, on le verra plus loin, par la gravité). Plus ces grandeurs sont élevées, plus la vie " semble" longue pour l'horloge restée au repos et courte pour celle en mouvement: on y reviendra. *L'horloge voyageant à 87%c tournerait 2 fois moins vite que celle restée à terre; à 99,9% le temps ralentit 22,4fois*Ricard Thuan .Le coefficient de dilatation du temps croit avec V ; quand un événement se produit à la vitesse V = c, il est instantané pour celui qui est dans le repère en mouvement (à la vitesse c) et éternel pour celui qui est resté au repos: le temps s'arrête!

Plus un bâton se meut, plus il paraît court....un bâton se réduit à rien si sa vitesse atteint celle de la lumière.....et une horloge s'arrêterait tout à fait.

Conséquences:

La dilatation du temps bien réelle dans le repère K' affecte tous les événements qui se passent dans K': le mouvement de K' est "comme nul" car c'est un repère galiléen! Et tout dans ce repère semble normal, au repos.

Un événement observé d'une galaxie A à l'autre B dure toujours moins longtemps dans la galaxie dans laquelle il s'est produit (B)....le repère dans lequel la durée de l'événement est la plus courte est celui où l'événement s'est déroulé.

Dans les expériences réalisées sur la terre, nous ne transcrivons jamais rien du mouvement de translation de la terre ni de tous les autres mouvements dans l'Univers. *Si, sur une étoile en mouvement quelqu'un allume un faisceau lumineux pendant 1s et que, l'observant de la Terre je mesure la durée de cette émission... il y aura distorsion d'autant plus grande que la vitesse relative des deux repères est voisine de c.... L'écoulement du temps... dépend de la situation spatiale dans laquelle nous observons ce temps. Si une galaxie se déplace à 0.95c par rapport à nous, 1h terrestre est perçue dans la galaxie comme ayant une durée de 3h12mn. Mais, aussi 1h de la galaxie est perçue par nous comme 3h12mn.... Quelqu'un allume une lampe pendant 1h dans la galaxie; dès que j'aperçois la lumière, j'allume une lampe; si sa lampe reste 1h allumée la mienne reste 3h12mn allumée. Mais, si lui aussi m'observe et qu'il mesure la durée pendant laquelle ma lampe reste allumée il la verra allumée pendant 10h14mn: deux événements synchrones ne durent pas le même temps, le synchronisme n'est* bien sûr *qu'une illusion!* Ouanounou

Le temps n'est plus une donnée du problème mais une manière de voir le problème! E Klein

Temps propres et espace-temps ET

- **1908** : **Minkowski** précise:

Les objets de notre perception impliquent invariablement lieux et temps combinés; il n'est arrivé à personne de voir un lieu autrement qu'à un certain moment, d'observer un temps autrement qu'en un lieu... Les notions d'espace et de temps ne sont que des ombres portées d'une réalité plus vaste qui n'acquiert une existence autonome que parce qu'elle reflète un certain type d'union entre les deux. Pour **Barjavel**: *sans le temps l'espace disparaît car pour aller d'un point à un autre de l'espace il faut du temps.*

Néanmoins séparons un instant encore ces deux notions et voyons d'abord le temps. *Le temps est le même pour tous mais différent pour chacun; c'est l'illusion des illusions et la base du réel* Barjavel. En fait ce qui nous intéresse: *le temps propre d'Einstein est un temps non universel, local, adapté à tout observateur qui se déplace dans l'univers, un temps intégré le long de la trajectoire suivie par l'observateur* Eseinstaed. Le temps propre lié à l'observateur prend en considération le chemin parcouru sur *sa ligne d'univers tracée en 4dim* dont on parlera plus loin.

*Les temps locaux de tous les points de l'espace, pris dans leur ensemble, constituent le "temps" dans le système inertiel choisi dès lors qu'on s'est donné un moyen de "régler" ces horloges les unes par rapport aux autres...*mais *les "temps" des divers systèmes inertiels, a priori, ne concordent pas entre eux,* on l'a vu en particulier lorsqu'ils se déplacent à grande vitesse.

Le temps propre d'un corps en mouvement est toujours plus court que le temps propre correspondant au même événement vu dans un repère fixe. *Si 2 particules suivent des chemins différents, tout en allant d'un même lieu vers un autre même lieu, elles ne mettront pas le même temps propre à parcourir leur trajectoire.* Esenstaedt

On peut *passer d'un temps propre particulier à un autre, radicalement distinct, sans qu'on puisse dire que l'un s'écoule plus vite que* l'autre car on est alors dans ce nouveau repère.... *Ce qui est universel... ce n'est plus le temps lui-même mais le fait que chacun ... en possède un* Klein .

Par exemple:

*Les **muons**, sortes d'électrons lourds découverts plus tard et produits dans la haute atmosphère par le rayonnement cosmique, ont une durée de vie propre de quelques microsecondes. L'intervalle de temps mesuré entre la création d'un muon et sa désintégration ne coïncide avec sa durée de vie propre que si ce muon naît et meurt en un même point de l'espace et que s'il est immobile par rapport à celui qui effectue la mesure; sinon sa durée de vie effective, et donc la longueur du trajet qu'il parcourt dans l'espace, dépend de son énergie, de sa vitesse: plus il va vite et plus il dure longtemps, au point que si sa vitesse est proche de celle de la lumière, il a tout loisir de se manifester pendant une durée bien supérieure à sa durée de vie propre.* Klein

Par ailleurs la relativité restreinte implique un espace qui n'est plus l'espace newtonien mais un espace bien différent, l'espace minkowskien, qui a une structure, une topologie aucunement comparable au newtonien, de caractère non-euclidien et où existe une vitesse limite. Les notions de distance classique absolue et de solide rigide n'existent plus. Il n'y a plus de temps absolu capable de définir la simultanéité de 2 événements.

*Considérons divers observateurs mesurant, chacun dans un système, le temps t et la distance l qui séparent deux événements A et B; l'invariant qui concerne ce couple d'événements est l'**intervalle***

$$s_{AB}{}^2 = c^2 . t^2 - l^2$$

L'intervalle s_{AB} a une valeur intrinsèque, une individualité Couderc.
C'est bien un intervalle, non entre deux points, ni deux instants, mais un intervalle entre deux événements.

La métrique de l'espace de Minkowski: $\qquad\qquad$ dist(AB)^2
$$= c^2 * dt^2 - (dx^2 + dy^2 + dz^2)$$
est bien invariante dans la transformation de Lorentz.

L'intervalle s = dist(AB) en 4dim est homogène à la dimension [L] = distance en 3dim.

En relativité restreinte le temps se transforme en partie en espace et réciproquement.

Par exemple, on a vu que regarder loin dans l'espace c'est regarder dans le passé. Pour les astronomes distance et temps sont vraiment liés à tel point que la distance peut se compter, chez eux, en années, secondes, microsecondes- lumière!

Une année lumière = 9 460 990 821 000 km = 63240 u a

1 u a = unité astronomique = 1dist (terre-soleil)

=149 600 000 km

Proxima du Centaure est à 4.2 années lumière du soleil; doit-on traduire en km ou en m de platine iridié du pavillon de Sèvres? ... Temps et mouvement, notions inséparables par essence, après un long divorce artificiel dans les pensées et les formules, se retrouvent étroitement mêlés ... dans l'espace-temps. *Le temps perd son caractère absolu,.... est associé aux coordonnées spatiales en tant que grandeur de même espèce que celles-ci.* En outre *la nature ignore tout d'un espace et d'un temps qui lui appartiendraient en propre et posséderaient des caractères absolus: le temps et l'espace ne signifient rien en dehors de ce que nous percevons et mesurons.*

L'espace et le temps constitue un seul continuum (E-T)

Par commodité tout événement peut être décrit par 3 coordonnées pour le lieu (souvent ramenées à 2 pour un espace *Terreplate* ou même à 1 symbolisant l'espace) et une pour le temps, et dans cet espace mathématique à 4 dimensions l'événement est représenté par un point appelé **'point d'univers'**.

Par exemple une particule se trouve à un endroit à un moment donné: c'est un événement. Si la particule est immobile, seule la coordonnée *temps* peut évoluer: la particule suit au cours du temps une ligne d'univers qui est une droite parallèle à l'axe des temps. Plus généralement les points de la **ligne d'univers** d'une particule en mouvement fournissent sa position à tout instant. Cette ligne trace l'histoire complète du mouvement de la particule. Si la pente de cette ligne, supposée être une droite, est constante, la particule se déplace à vitesse constante représentée par cette pente.

(Le concept Espace-Temps a été utilisé prématurément pour illustrer la mécanique de Galilée et Newton).

Considérons les repères K et K' habituels.

Soit un premier événement consistant en l'émission d'un rayon lumineux en A_1 de K, et un deuxième événement dû à son arrivée en A_2: le chemin parcouru par la lumière, du fait qu'elle se propage à la vitesse finie c, est

$$c(t_2 - t_1) = A_1A_2;$$

d'où
$$c^2(t_2 - t_1)^2 - A_1A_2^2 = s_{12}^2 = 0$$

Ces deux événements sont observés dans K'; alors:

$$c(t'_2 - t'_1) = A'_1A'_2$$

d'où
$$c^2(t'_2 - t'_1)^2 - A'_1A'_2^2 = s'_{12}^2 = 0$$

L'expression s_{12} désigne l'intervalle entre les événements départ et arrivée du signal lumineux.

Si l'intervalle est nul dans le système K il l'est dans tout système; c'est un invariant, alors que les distances entre les points et les durées de parcours entre les points sont différentes dans K et K'. L'intervalle s_{12} est la distance entre les deux événements dans l'espace 4dim d'une géométrie qui est donc non euclidienne.

Ainsi l'intervalle entre deux événements est toujours le même dans tous les repères galiléens; c'est une conséquence de la constance de c. En outre lorsque deux événements sont relatifs à un même corps l'intervalle est toujours un nombre réel. Mais l'intervalle s , dans d'autres cas où les événements concernent des corps différents, peut être un nombre imaginaire.

L'espace est fait d'endroits; l'espace-temps est fait d'événements Rucker *L'Espace-temps* permet la différenciation entre *représentation dynamique d'un mouvement* et **représentation** *statique: le mouvement est représenté comme quelque chose <u>qui est, qui existe</u> dans le continuum espace-temps et non comme quelque chose qui change dans le continuum espace en fonction du temps.... Le monde des événements ... peut être <u>décrit par une image statique</u> qui est projetée sur l'arrière-plan du continuum quadri-dimensionnel.*

La véritable raison pour laquelle on a introduit l'univers-bloc (ET) était de se débarrasser de l'écoulement du temps Rucker *Une ligne d'univers est une représentation figée, sans écoulement de temps* Felden). *ET met en scène ...un substrat d'univers privé de tout flux temporel....le temps ne passerait pas de lui-même, nous le ferions passer en circulant dans ET.* Klein L'évolution d'un événement est représentée par sa ligne d'univers dans E-T, ou par son segment d'univers s'il a une durée de vie

Avec cette notion de continuum *ET* le temps propre n'est rien d'autre que le temps ou /et la distance qui sépare 2 événements dans l'espace-temps, un intervalle de *E-T* compté en nombre de vitesse *c* de la lumière. Le temps propre d'une horloge est égal à $c^{-1}\int_a^b ds$ étendue à la ligne d'univers de cette horloge. Si elle est au repos, sa ligne d'univers est une droite parallèle à l'axe des temps; si elle décrit un mouvement non uniforme et revient à son point de départ la ligne d'univers sera une courbe passant par deux points pris sur la droite d'univers de l'horloge immobile (et cette intégrale est plus courte que le segment de droite!). Par ailleurs *chaque observateur, à chaque instant de son temps propre, fait une coupe dans l'espace-temps: 2 événements qui sont dans une même coupe sont simultanés pour lui seul*. Couderc

Dans tous ces raffinements des localisations dans l'espace et dans le temps**, *la position et l'instant conservent néanmoins un sens parfaitement nets*. *Si l'on constate que 2 segments de droite sont égaux à un moment donné et en un lieu quelconque, ils le seront toujours et partout   (mais cela s' ils sont au repos et restent au repos l'un par rapport à l'autre); de même si 2 horloges marchent au même rythme en un moment et un lieu quelconques, elles marcheront toujours au même rythme n'importe quand ni où (mais seulement si elles sont et restent au repos l'une par rapport à l'autre)(1921).*

Avec la technique ingénieuse de la fente qui se déplace **Durand** montre par exemple le cheminement de la chenille dans un espace 2Dim

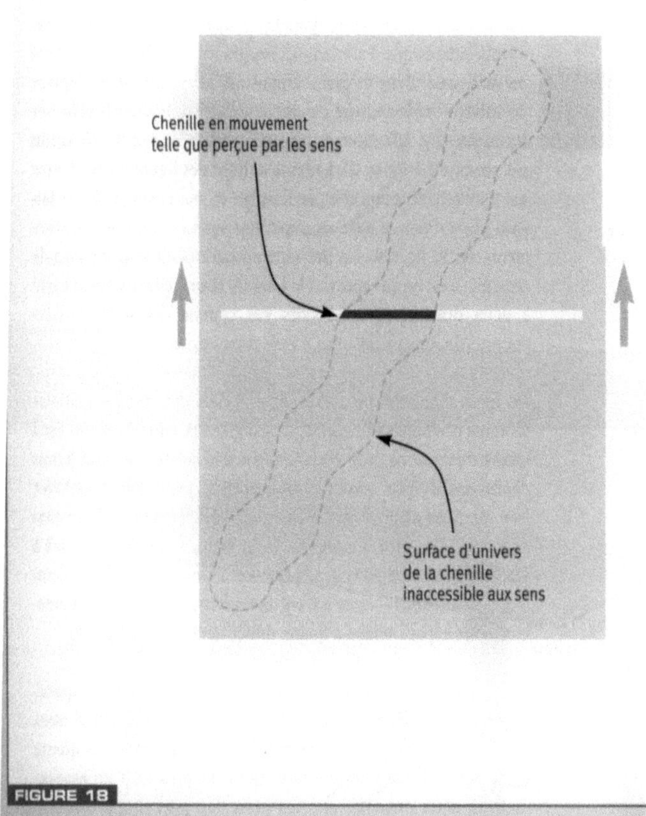

FIGURE 18

Interprétation de la figure 12. Ce qui apparaît dans la fente en mouvement correspond au monde sensible (perceptib par les sens) tandis que la figure complète sous la feuille à animation est au-delà (inaccessible aux sens). La ban ondulée, qu'on appelle «surface d'univers», n'est pas une surface ordinaire : elle possède bien deux dimension mais une de ses dimensions est temporelle.

Vitesse limite c, l'espace-temps comme espace 4D, et le cône de lumière.

Il y eu en électromagnétique un grand *succès de la théorie de Maxwell -Lorentz; d'où* une grande *confiance en l'énoncé: la lumière se propage dans l'espace à un vitesse constante c.*

Le principe de la constance de la vitesse de la lumière dans le vide trouve son origine dans l'optique des corps en mouvement ou dans l'interaction entre les corps matériels. L'expérience prouve qu'il n'y a pas d'interaction instantanée dans la nature, comme l'impliquait la mécanique newtonienne. Si un corps subit un changement, la répercussion sur un autre corps a lieu au bout d'une certaine durée; le premier corps émet un "signal" pour informer l'autre de son changement; la vitesse de propagation du signal est le quotient de la distance entre les corps et cette durée: c'est la célérité. Du fait que la lumière soit une onde électromagnétique progressive, la lumière met une certaine durée pour aller d'un point à un autre: elle a une célérité. Rohmer a mesuré cette vitesse et l'a trouvé **finie**. Fizeau l'a confirmé et montré que les vitesses n'étaient pas additives.

Mais Einstein admet, en même temps, la constance de la vitesse de la lumière (ou de toute vitesse maximum de transmission d'un signal) **et** l'application de la relativité galiléenne, y compris à la lumière. *La vitesse de la lumière est la même dans tous les SC, que la source émettrice soit en mouvement ou pas*

Si le voyageur du train qui roule à $V_{train/quai}$ a une lampe à la main, la vitesse du photon émis par cette lampe est $V_{photon/train} = c$ mais on a aussi :

$$V_{photon/quai} = (V_{photon/train} + V_{train/quai})/(1 + V_{photon/train} * V_{train/quai}/c^2)$$
$$= (c + V_{train/quai})/(1 + c*V_{train/quai}/c^2)$$
$$= c^2 * (c + V_{train/quai})/[c(c + V_{train/quai})] = c$$

c = 300 000km/s environ dans le vide!

La lumière se propage dans le vide à célérité constante quel que soit l'observateur: c'est une vitesse limite.

Conséquences:

- **1** S'il existe une vitesse limite dans la nature, la même dans tous les référentiels inertiels, alors cela revient à dire qu'il n'existe aucun déplacement, aucune propagation à vitesse supérieure à celle de la lumière dans le vide. En relativité restreinte il y a ainsi **impossibilité de transmettre de l'énergie ou de l'information à une vitesse supérieure à celle de la lumière** dans le vide.

- **2** La finitude de c entraîne: *ce qu'une plaque photographique reçoit est une image vieillie dont l'âge dépend de la durée mise par la lumière pour nous parvenir: l' "instantané" que l'on fait d'un paysage, qui correspond à la durée d'ouverture de l'obturateur, photographie différents plans, le chat, l'arbre, la lune pris au même moment mais dont les âges sont différents; l'image est la superposition des ondes lumineuses qui, piégées au même instant, sont nées antérieurement à des âges d'autant plus grands qu'ils proviennent de plus loin; il n'y a que le déclic qui est instantané; l'image du chat met 10^{-10} s pour nous parvenir, celle de la lune date d'1s, celle des étoiles de plusieurs années ou milliers d'années.*

L'étoile Véga nous apparaît telle qu'elle était il y a 26 ans, Deneb telle qu'elle était il y a 3000 ans. **Aucun objet observé ne nous est contemporain;** le soleil que je vois est celui qui existait il y a 8 mn. Andromède, la galaxie la plus proche de la Voie lactée est à 2,2 millions d'années lumière. Lorsque nous regardons un objet céleste, ce n'est pas son "maintenant" que nous voyons mais son "avant".

Une image du ciel (est un) empilement de plans (de sphères), de temps, d'évènements qui nous tombent sur la rétine depuis le commencement du monde Esenstaedr

Les astronomes ont une méthode infaillible pour voyager dans le passé: lever les yeux au ciel.... Avec les télescopes, c'est toute l'histoire de l'Univers qui se révèle à nous... jusqu' à l'orée du Big Bang; nul besoin d'une hypothétique machine...le paysage céleste est spatio-temporel...observer dans l'espace c'est aussi observer dans le temps. Klein

Ce que vous voyez est toujours légèrement dans le passé; ce que vous entendez est encore plus dans le passé; et les odeurs voyagent encore plus lentement que les sons...Il faut du temps à l'influx nerveux pour voyager de votre peau à votre cerveau Rucker

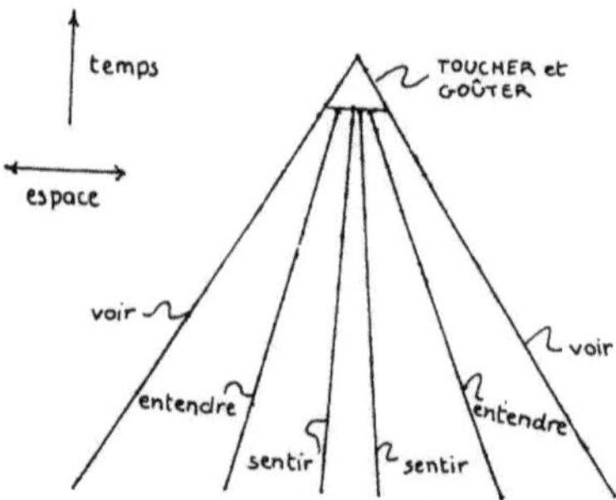

Fig. 151. Toutes les sensations proviennent du passé.

- 3 Le passé et le futur d'un événement sont placés dans un cône de lumière.

Partons d'un événement quelconque que nous prenons pour origine (O dans l'espace 4dim) et voyons comment seront représentés les autres événements par rapport à lui.

Si on restreint les coordonnées spatio-temporelles, pour simplifier la représentation sur une figure plane, à une coordonnée spatiale (prise horizontalement sur l'axe x,) et à la coordonnée temporelle (axe vertical), le mouvement rectiligne uniforme d'un objet qui passe en x=0 à t=0, (ce serait alors l'événement O) sera représenté par une droite passant par l'origine et faisant un angle dont la tangente est la vitesse de l'objet. La plus grande vitesse possible étant c, il existe un angle limite. Toutes les trajectoires possibles d'un objet passant par O sont donc comprises entre deux droites passant par O (*le cône de lumière*) dont la pente est la vitesse de la lumière: dans la région aOc, tous les événements qui s'y passent arrivent après l'événement O, et cela quel que soit le repère choisi: ils forment le futur relatif à l'événement O. *c'est l'ensemble des événements qui peuvent être influencés par ce qui arrive en O.* Hawking De même la région dOb est le passé relatif à O. *C'est l'ensemble de tous les événements d'où les signaux voyageant à la vitesse de la lumière ou presque peuvent atteindre O* Hawking. Passé et futur d'un objet passant par O sont donc strictement orientés et ce qui est en dehors du cône ne peut pas affecter l'histoire de l'objet ou être affecté par lui. *Vous roulez dans votre voiture dont la vitesse est évidemment limitée; **vôtre cône** c'est l'ensemble de vos possibilités des événements que vous pouvez* *atteindre (ou à venir)   l'ensemble des événements accessibles, l'extérieur du cône ne pouvant être atteint.* Esenstaedt

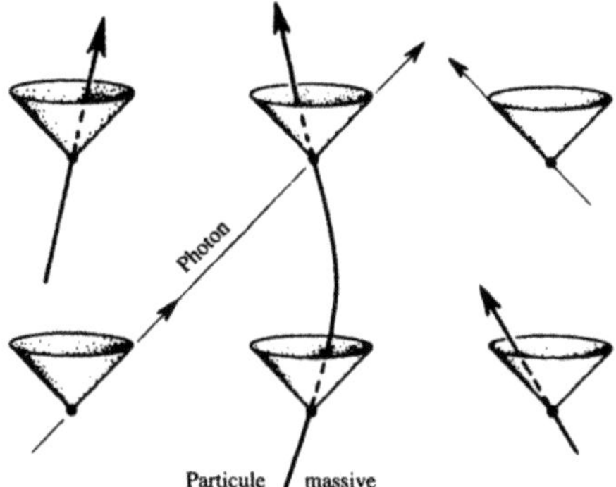

Fig. 1.8. Illustration du mouvement d'une particule dans l'espace-temps de la relativité restreinte (dit encore espace-temps de Minkowski ou géométrie de Minkowski). Les cônes de lumière aux différents points de l'espace-temps sont alignés et les particules ne peuvent que se déplacer à l'intérieur de leur cônes de lumière « futur ».

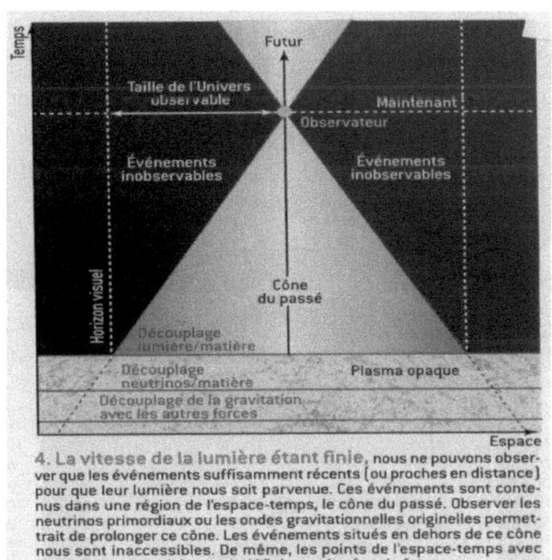

4. La vitesse de la lumière étant finie, nous ne pouvons observer que les événements suffisamment récents (ou proches en distance) pour que leur lumière nous soit parvenue. Ces événements sont contenus dans une région de l'espace-temps, le cône du passé. Observer les neutrinos primordiaux ou les ondes gravitationnelles originelles permettrait de prolonger ce cône. Les événements situés en dehors de ce cône nous sont inaccessibles. De même, les points de l'espace-temps avec lesquels on pourrait interagir définissent le cône du futur.

343

fig Penrose   La Recherche

Par contre si O est un événement quelconque et si on considère un autre événement B (non lié au même corps), appartenant à aOd ou cOb , ces événements ne pourront jamais, au cours de leur histoire, se passer au même endroit et il pourrait exister des repères galiléens où l'événement B serait ou antérieur ou simultané ou postérieur à l'événement O: l'ordre temporel n'existe plus. Il n'existe pas partout.

- 4 Si un éclair de lumière est émis à un instant, au fur et à mesure que le temps s'écoule ... une sphère de lumière, dont la grandeur et la position sont indépendantes de la vitesse de la source, grandit:... à 10^{-6}s la sphère est de 300m;... à 2.10^{-6}s, 600m; à 3.10^{-6}s 900m...et ainsi de suite comme les rides qui s'étendent à la surface d 'un étang quand un caillou y est lancé Hawking mais le centre de ces sphères avance dans le temps de telle sorte que les sphères soient toutes contenues dans le cône de lumière.

- 5 Plus la vitesse d'un objet est proche de celle de la lumière, plus la masse de l'objet est importante, et plus la masse est importante plus il est difficile freiner cet objet…: il faudrait une quantité de combustible infinie pour l'accélérer… jusqu'à c. La masse augmente de façon fantastique quand la vitesse tend vers sa limite. La limitation des vitesses par c implique que **temps, espace et masse sont des concepts relatifs et liés.**

La vitesse de la lumière est l'étalon vitesse qui permet d'aborder le temps. *c est au fond... le coefficient d'équivalence entre les espaces et le temps... $x^4 = i.c.t$ ... Si c nous semble si grande c'est qu'elle associe à de "grands" intervalles de longueur, de "petits" intervalles de temps... ce qui impose... de vivre et d'agir comme si le temps absolu de Newton avait cours* Costa

Principe de causalité:

.A nouveau *considérons divers observateurs mesurant, chacun dans un système, le temps et la distance qui séparent deux événements A et B; l'invariant qui concerne ce couple d'événements est l'intervalle $s^2 = c^2.t^2 - d^2$*

- si le trajet de la lumière pendant le temps t (le produit c.t) est supérieur à la distance d, il en est de même pour tous les observateurs (s a une valeur positive donnée).

Il existe un système où d=0 (les événements A et B paraissent au même lieu) et où la valeur de la durée qui sépare les 2 événements est minimal mais non nulle; (la durée qui sépare A de B étant toujours positive, ils ne peuvent pas être simultanés); l'ordre de succession de A et B est invariable: si A et B sont séparés par une seconde, c.t =300000 km or sur Terre ou pour les humains d est en général < 1km; (donc la lumière et l'information peuvent aller de A en B); c'est pourquoi les hommes sont d'accord sur l'ordre de successions des événements terrestres (et admettent le principe de causalité).

- si c.t <d pour un observateur, il en est de même pour tous; la lumière n'aurait pas le temps d'aller de A en B: A et B sont indépendants; A et B sont nécessairement séparés dans l'espace, mais leur ordre d'apparition est indifférent: il est possible de trouver des observateurs pour lesquels A précède B ou l'inverse. L'indépendance de A et B empêche tout lien de cause à effet d'exister entre eux. Couderc

La causalité est devenue une méthode de rangement des événements qui les place dans un ordre contraint: le temps ne fait pas de caprices; le renversement de chronologie est empêché. En outre la causalité interdit au temps d'être cyclique et garantit l'existence d'un passé causal: on ne peut pas remonter le temps.

Si quelqu'un trouvait dans le futur une machine à remonter le temps pourquoi n'en disposions-nous pas maintenant? La machine inventée en 2050 n'aurait que 50 ans à remonter:... une machine capable de visiter toutes les époques devrait être intemporelle! EKlein

Pseudo-paradoxe de Langevin

On sait qu'*une particule méson µ se déplace de quelques dizaines de kilomètres à la vitesse proche de c. Or au repos elle a une durée de vie de 2.10^{-6} s; elle ne devrait donc, avec c, ne parcourir que 600m! Donc le méson ne vieillit pas de la même façon quand il est en mouvement lent ou rapide...* Charon

Voyons maintenant le voyageur de Langevin:(d'après **Couderc**)

Pour décrire le voyage 3 systèmes de référence entrent en jeu : X supposé fixe (dans lequel je suis), Y et Z en mouvement uniforme de sens opposé.

Au repos les uns par rapport aux autres les axes de ces systèmes sont arpentés avec les mêmes règles matérielles, et des horloges identiques sont distribuées partout; au sein de chaque système les horloges sont synchronisées:

L'heure d'un événement est celle que marque l'horloge contiguë et tous les observateurs du système seront d'accord.

Sur l'axe du système X, un observateur fixe, O, un des jumeaux, sert d'origine; il est midi.

L'axe Y (lié à une fusée) défile à vitesse constante V, rectiligne et uniforme de 260000 km/s   (ou $3^{1/2}/2$ heure-lumière/heure) tel qu'il passe en O avec son horloge propre à midi; le voyageur *V*, l'autre jumeau, qui se trouvait près de O bondit, à midi, sur Y: le voyage commence.

Dans X: x=o; t=o au départ de *V*;

dans Y: x'=o; t'=o au départ de *V*;

la transformation de Lorentz donne:

$$x' = x/(1-V^2/c^2)^{1/2} - V.t/(1-V^2/c^2)^{1/2} = 2x - 3^{1/2}t \; ; \qquad x = 2x' + 3^{1/2}t'$$

$$t' = t/(1-V^2/c^2)^{1/2} - V.x/c^2/(1-V^2/c^2)^{1/2} = 2t - 3^{1/2}x \; ; \qquad t = 2t' + 3^{1/2}x'$$

d'où   x = f(x', t') et t = g(x', t').

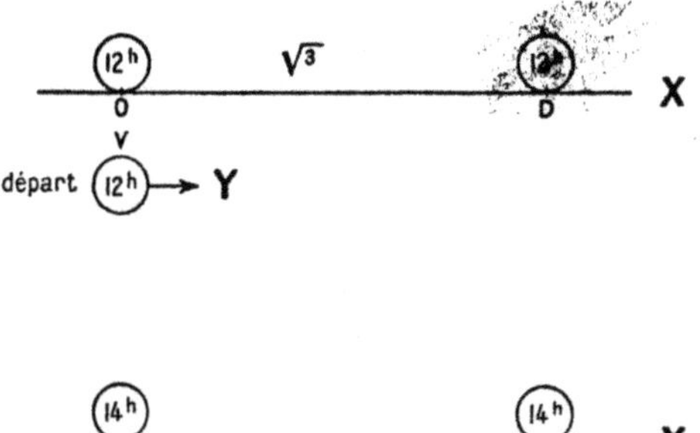

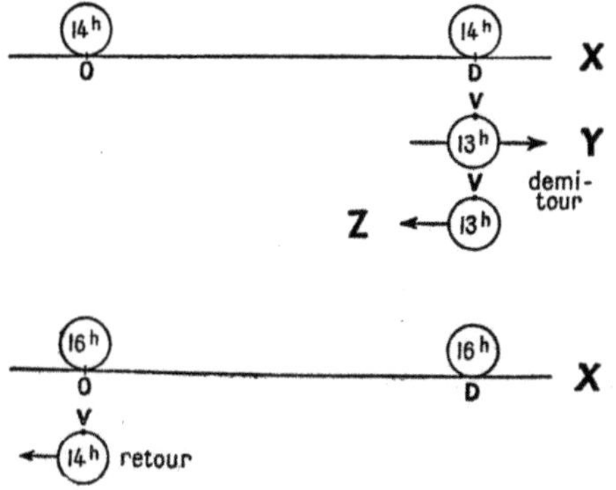

Récit de *O* sur X:

V part à midi de *O*; il arrive à la borne $3^{1/2}$ de X à 14h et de là il saute sur le système Z qui revient à la même vitesse V; il arrive à 16h: le voyage a duré 4 h.

Récit de *V*:

à midi *V* saute dans Y où il est midi; pour parcourir x=$3^{1/2}$ heure-lumière il met un temps t'=2.2h-$3^{1/2}*3^{1/2}$= 1h et il arrive à la borne $3^{1/2}$ de x à 13h à sa montre; là il emprunte la fusée de retour Z et en 1h de route il arrive en *O* à 14h; le voyage a duré 2h.

Le chemin d'univers de *O* est rectiligne; pour *V* le départ le met sur une ligne brisée de l'espace-temps: en géométrie tous les chemins entre I (départ) et J(arrivée) ne sont pas de même longueur; en relativité, d'un événement à l'autre le temps vécu dépend du chemin d'univers.

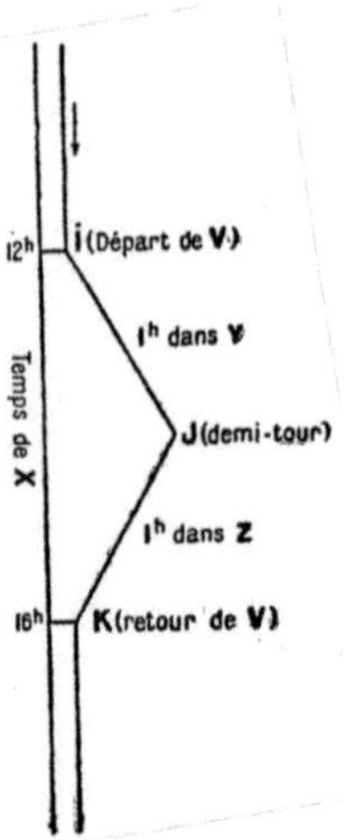

La distance spatio-temporelle pour le jumeau au sol est $c.t_{/terre}$, et $c.t_{/vaisseau}$ pour le voyageur; les "lignes d'univers" pour le jumeau fixe est IK, et IJK pour le voyageur; comme IJK>IK: $t_{/terre} > t_{)vaisseau}$; donc la durée du voyage est plus importante au sol que pour le voyageur.
Le jumeau resté au sol a effectivement vieilli deux fois plus vite que son jumeau voyageur! bergia

La symétrie du principe de relativité galiléenne est brisée dans l'expérience des jumeaux car le voyageur subit 3 accélérations, au départ, au retour et à l'arrivée alors que le jumeau au sol a une accélération nulle tout le temps (la Terre ne ressent aucune accélération quand elle 'quitte' ou 'rejoint le vaisseau) Bergia

Einstein *: si nous plaçons un organisme vivant dans une boite (qui) après un vol (revient) à son point de départ (il sera) très peu changé, alors que les organismes fixes... auraient laissé la place à des nouvelles générations (car) pour l'organisme en mouvement le long voyage ne représente qu'une courte durée si le vol était à vitesse proche de c.*
A cette vitesse pour aller dans la galaxie Andromède distante de $4.10^5.10^3.10^4$ So $= 4.10^{12}$So il faut 2 millions d'années ; mais un voyageur allant presque à cette vitesse ne vieillit presque plus; de retour sur terre celle-ci aura vieillie de 4 milliards d'années! Charon

Annexe 4 :Mécanique relativiste générale d'Einstein:

Le **postulat unique** de la relativité générale est:
tous les repères (de Gauss) en mouvement, y compris en rotation, sont équivalents pour la formulation des lois de la nature.
Il y a donc *extension du principe de relativité aux systèmes de coordonnées possédant une accélération les uns par rapport aux autres... Or l'introduction de systèmes de coordonnées accélérés, l'un par rapport à l'autre,... conduit... à la conséquence que les lois de mouvement des corps solides, en présence de champs de gravitation, ne correspondent plus aux règles de la **géométrie** euclidienne* mais à celle de Gauss-Riemann. *Dans la métrique riemannienne... les coordonnées n'expriment plus des relations métriques, elles signifient que tel objet décrit se trouve dans le voisinage de tel autre dont les coordonnées diffèrent peu (1936).... Dans un système de coordonnées arbitraire nous ne pouvons pas déterminer le point et l'instant où un événement se produit au moyen de barres rigides et d'horloges synchronisées... Le "bon" système de coordonnées d'inertie est seulement local, son caractère d'inertie étant limité dans l'espace et le temps (1970).*
D'après la théorie de relativité générale les 4 coordonnées de E-T sont des paramètres qu'on peut choisir arbitrairement et qui sont dépourvus de toute signification physique autonome. Ouanounou

La théorie développée par Einstein aboutit à une **relation 'simple' entre espace-temps et matière:**
Si Gij définit la courbure espace-temps et Tij la densité d'énergie de matière autre que le champ gravitationnel, alors ET et matière sont liés par les équations d'Einstein:

$$Gij = 8\ \pi.K.Tij$$

L'inertie apparaît comme un cas limite de la gravitation
Costa

Alors il s'en suit que *l'ET n'est pas plat mais gauche à cause de la distribution des masses et énergies qu'il contient* Couderc. Du fait de la courbure locale provoquée par la matière qui s'y trouve et crée un creux, tout se passe comme si tous les objets moins massiques qui se trouvent à côté tombaient dans ce creux... ce qui explique la gravitation. La constante universelle de gravitation G prend une part semblable à celle de la célérité, c, dans les théories de la relativité (*RR* et *RG).*

Avec Einstein les forces disparaissent; la courbure de l'espace les remplace d'Ormesson

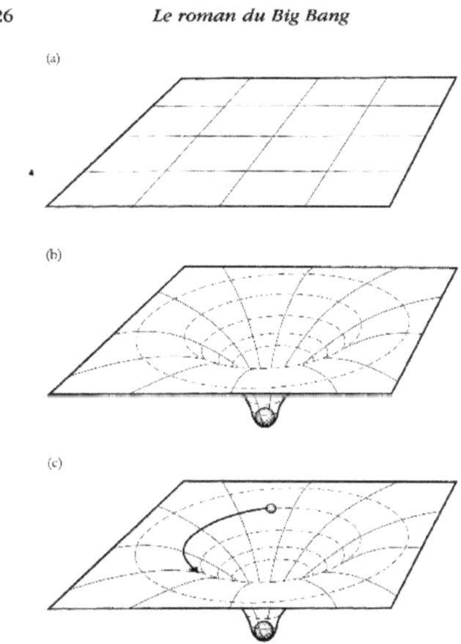

Figure 23 Ces diagrammes sont des représentations en deux dime sions de l'espace-temps à quatre dimensions, ne prenant pas (compte la dimension temporelle, et une des trois dimensions sp tiales. Le diagramme (a) montre un canevas plat, lisse et intact, repi sentant l'espace vide. Si elle devait passer à travers cet espace, ui planète suivrait une ligne droite.
Le diagramme (b) montre l'espace déformé par un objet tel que le Sole La profondeur de la dépression est fonction de la masse du Soleil.
Le diagramme (c) montre une planète orbitant autour de la dépr sion causée par le Soleil. La planète provoque sa propre peti dépression dans l'espace, mais elle est trop petite pour être représe tée sur ce diagramme, car la planète est relativement légère.

fig Sing

Pour simplifier, avec **Singh**, *considérons l'ET comme n'ayant que 2 dimensions spatiales et représenté par un quadrillage plan qui évolue dans le temps. L'espace-temps bidimensionnel ressemble à une pièce de tissu élastique; le quadrillage est là pour montrer que si rien n'occupe ET, son tissu est plat, rien ne venant le déranger; cela change du tout au tout si un objet (*le Soleil par exemple*) est introduit... Une balle (*la Terre*) introduite dans cet ET peut être en orbite autour de l'objet lourd et crée elle-même un creux.*

ET est ... souple, malléable et dynamique, en permanence déformé par les mouvements de la matière qu'il contient .Klein *La matière dit à l'espace-temps comment se courber et l'espace-temps dit à la matière comment bouger* Wheeler. *De même tout faisceau de lumière passant près d'une étoile... massive est attirée vers elle... par la force de gravité et la lumière devrait légèrement être déviée de sa trajectoire originelle.* Singh

Conséquences de la théorie

- Il résulte de cette théorie que **l'Univers est fini et n'a pas d'extérieur**! L'univers serait un ballon qui pourrait gonfler et sur la surface duquel sont dispersées les galaxies*: les taches du ballon* (les galaxies) *s'éloignent les unes des autres quand le ballon est gonflé sans qu'aucune ne soit au centre de l'expansion* Hawking. Entre les galaxies *l'espace vide n'est ni homogène, ni isotrope... (il est) privé de toutes les propriétés mécaniques et cinématiques, mais (il) détermine les phénomènes.*

L'ET étant assimilable à un ballon, *il est possible pour l'espace et le temps d'être finis mais sans bords ni frontières* Hawking

- *Comme, d'après nos conceptions actuelles, les particules sont des condensations du champ électromagnétique, ... notre représentation du monde reconnaît deux réalités ... liées par la connexion causale.*

- *La trajectoire* de tout mobile dans cet espace *est une géodésique de ET courbé par les masses présentes, comme la trajectoire de Hamilton est une géodésique de l' ET hamiltonien. **Ces géodésiques sont graduées en temps et peuvent être parcourues indifféremment vers l'avenir ou le passé*** LoebJ. Les cônes de lumière, liés au principe de causalité, sont toujours locaux mais n'ont plus nécessairement leur axe vertical; la causalité   ne peut s'exprimer que localement et le temps causal n'a pas toujours la même direction.

Alors que devient l'hypersphère de l'Univers au fil du temps, et **peut-on déterminer un temps?**

-            *La cinématique, qui étudie l'espace et le temps, ne joue plus le rôle d'une base indépendante du reste de la physique. Le comportement géométrique des corps et le rythme des horloges dépendent au contraire de champs gravitationnels qui sont à leur tour engendrés par la matière.... D'après la théorie de la relativité générale, une horloge bat à un rythme d'autant moins rapide que le potentiel de gravitation à l'endroit où elle se trouve est plus élevé*
Gibbs

L'interprétation de ces résultats est diverse:
(en) théorie de la relativité générale... la géométrie de l'espace et la vitesse d'écoulement du temps ne peuvent plus être fixées dans l'absolu et être indépendante du contenu matériel de l'espace et du temps;... il n'existe pas de temps cosmique privilégié en conclue **JD Barow**.
Et pour d'autres (**Ricard-Thuan**): *pour un physicien moderne le temps ne s'écoule plus ; il est là immuable comme une ligne droite infinie.*
Dans le concept d'ET, d'après **Le Bihan** les durées, les distances et la force de gravitation s'expliquent complètement par les propriétés géométriques de ET... Le temps n'est pas un paramètre universel externe au monde permettant d'enregistrer son évolution....L' *univers bloc*...ne prend pas partie sur la forme de la réalité physique.

Annexe 5 : Le modèle du Big Bang

Lemaître fait l'hypothèse que l'Univers est en expansion et que les galaxies s'éloignent d'autant plus vite qu'elles sont éloignées. Et il évalue l'âge de l'Univers à 1,8 milliard d'années environ.

Or *l'âge de l'Univers... doit certainement excéder celui de l'enveloppe solide de la Terre tel qu'on le déduit des minéraux radioactifs* Einstein (4 milliards d'années!). Les développements de l'astronomie et de la radioastronomie et la précision accrue des observations, ainsi que les développements de la physico-chimie conjugués aux théories de la Relativité et du Big Bang ont abouti au modèle standard actuel de l'Univers (1960-80), modèle qui conserve l'entropie et peut être réversible. L'âge de notre Univers est estimé de 13,7 à 14,5 milliards d'années **dans notre repère spatio-temporel.**

Mais... *dans le repère spatio-temporel du Big Bang? quel serait l'âge?* Ouanounou

Remarquons qu'on peut mesurer l'âge de l'univers de différentes méthodes, par le mouvement des galaxies, par la mesure de l'âge des étoiles ou de l'âge des atomes ... *cf Singh. Le modèle du Big Bang devait d'une manière ou d'une autre expliquer comment les particules fondamentales avaient été transformées au début de l'existence de l'Univers en atomes plus lourds et d'abondance variée* Singh. La proportion évaluée de molécules élémentaires dans l'univers et le bruit diffus cosmologique qui sera ensuite mesuré (1965) confirment totalement la réalité du Big Bang.

À 300 000 ans du Big Bang la lumière primordiale s'est libérée. Pendant les 380 000 premières années l'univers était opaque... la lumière ne circulait pas. 1% de la « neige » des téléviseurs est due au rayonnement fossile

À 10^{-43}s l'espace et le temps deviennent des concepts distincts

L'instant zéro est un *instant fictif inventé par extrapolation abusive d'une théorie de la gravitation incapable de décrire un univers très chaud et très dense.* E Klein

Le Big Bang: où cela s'est-il passé? Qu'y avait-il avant? Jodra
: Il est impossible de répondre à la question:"Qu'y avait-il avant le Big Bang?", parce que cette question n'a pas de sens...; .le Big Bang a

donné naissance... à la matière, au rayonnement mais aussi à l'espace et au temps... et si le temps a été créé au cours du Big Bang il n'existait pas avant lui!.... Qu'y a-t-il au nord du pôle nord? Singh

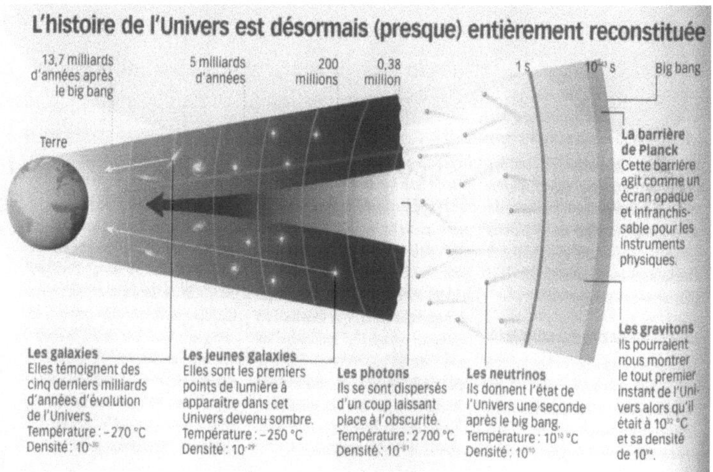

SV

On peut imaginer que Dieu a créé l'Univers (en expansion) à l'instant du Big Bang, ou même après, de façon qu'il ressemble à ce qu'il aurait dû être s'il y avait eu un Big Bang; mais ce serait un non–sens qu'il l'ait créé avant: un univers en expansion n'exclut pas la possibilité d'un créateur mais il définit l'instant où ce dernier aurait pu accomplir son œuvre Hawking

Les modèles du Big Bang bénéficient de 3 preuves: les galaxies s'éloignent les unes de autres d'autant plus rapidement qu'elles sont distantes...; le rayonnement diffus cosmologique... a été observé en 1965...; les proportions d'éléments chimiques légers ... correspondent aux mesures faites... *dans le cosmos.* E Klein

Annexe 6 : Physique quantique 1930-1950

!

On découvre que la structure de la matière est discontinue, que les particules de la matière sont inobservables au sens classique du terme et qu'il y a existence aux très petites échelles de processus discontinus.

Nous ne pouvons pas représenter le trajet d'un photon ou d'un électron de la même manière qu'en mécanique classique.... Dans l'exemple de l'expérience... des deux trous d'épingle les électrons paraissent passer par les deux trous!...L'électron se comporte comme une particule quand il se meut dans un champ électrique... il se comporte comme une onde quand il est diffracté par un cristal .... L'onde est une autre façon de concevoir du mouvement en propagation. Quand on considère *une corde vibrante, l'écart défini de la position normale à un instant donné correspond à chaque point de la corde et est exprimé par une fonction des coordonnées de la corde* (sa fonction d'onde*); par analogie on détermine, pour un électron, sa fonction d'onde (onde de probabilité), qui est continue 3D; elle forme le catalogue de notre connaissance du système quantique considéré (*l'électron dans son contexte*)... nous indique la probabilité de rencontrer l'électron dans un lieu particulier ou bien nous indique où nous avons la plus grande chance de le rencontrer.* Einstein.

L'outil de base de la théorie quantique résume simplement et directement les trois éléments, probabilité, onde, corpuscule, dans un seul objet théorique, la fonction d'onde.... (Celle-ci*) pourra décrire des interférences (*propriétés ondulatoires*) grâce à sa nature "complexe" (*c'est un vecteur dans un plan, et*) le carré de son module donnera la probabilité d'observer le corpuscule ... en un état donné (*l'angle définit la phase*).... Si un événement peut se produire de plusieurs manières différentes... les fonctions d'onde (*des vecteurs*) s'ajoutent... et comme la somme de deux vecteurs non nuls peut être nulle... un événement qui peut se produire suivant deux possibilités chacune très probable peut devenir impossible!* Nottale

Toute *fonction d'onde ... peut se décomposer en une superpositions d'ondes monochromatiques ... Son évolution au cours du temps répond à une équation réversible déterministe la célèbre équation de*

Schrödinger... déterministe comme l'équation d'Hamilton dont elle découle et où le temps est implicitement linéaire et réversible, mais les relations $E = {}^{Pl}h \cdot f_0$ et $\lambda = {}^{Pl}h /p$ *impliquent que les variables positions et vitesses ne sont plus indépendantes* Prigogine . *Au niveau qui lui est propre* (le microscopique) *la théorie est précise et déterministe* comme l'équation de Schrödinger et est *computable* .... Mais *quand on agrandit quelque chose au niveau classique on change de règle... on cesse de préserver les superpositions linéaires... L'indéterminisme s'introduit* Penrose

Alors que la faillite de la mécanique classique est liée à la finitude de la vitesse de la lumière.... la finitude de la constante de Planck entraîne une autre mécanique .... La physique quantique doit être comprise comme la description non d'un système individuel, mais d'un ensemble idéal de systèmes.... dont elle permet de calculer la moyenne de toutes les expériences réalisables. *Dans l'infiniment petit (*un électron a une masse de 9.10^{-31} kg) *....on dut renoncer aux lois causales et se contenter de lois statistiques* .Einstein
Au cœur le plus intime de la matière c'est le hasard qui règne.

Il y a dualité corpusculaire et ondulatoire de la matière et description statistique du monde quantique.

La mécanique quantique est fondée sur :

- le principe de superposition: toute superposition (combinaison) de deux états possibles d'un système est aussi un état possible du système. *Les superpositions d'états sont pondérées par des nombres complexes constants* Penrose. Chaque objet est représenté sous mode dual: simultanément sous forme d'un corpuscule et d'une onde.
- la relation d'indétermination de Heisenberg affirmant qu'on ne peut déterminer avec autant de précision voulue certains couples de grandeurs physiques comme la position et la vitesse de particules, la durée et l'énergie d'un événement.
- une particule quantique peut être "dans tous ses états", y compris dans deux états à la fois... *onde **et** particule à la fois ou... onde de matière **ou** corpuscule... suivant les situations, c'est à dire en fonction de la "question" posée à la matière* Brune... car à partir du moment où

il y a fuite d'information vers l'environnement il y a processus de *décohérence,* ce qui détruit les superpositions et interférences d'états.

- le comportement ondulatoire des particules quantiques n'est pas collectif mais individuel Brune et les figures d'interférence ne se construisent que peu à peu.

- ET est plat et figé.

- La théorie quantique des champs est la combinaison de la mécanique quantique et de la relativité restreinte Penrose Les *champs quantiques sont ... supposés être des sortes d'états latents associés à des distributions quantiques d'énergies dans un milieu appelé "vide quantique"* Felden Les champs quantiques sont des espaces vides où la matière virtuelle est **en attente** d'apparaître sous forme de matière et/ou antimatière.

Conséquences:

- Au quantum d'action de Planck correspondent les grandeurs minimales de Planck de longueur, temps et énergie:

$$^{Pl}h \; ; \qquad ^{Pl}t = (^{Pl}h.c^5/\mathcal{G})^{1/2}; \qquad ^{Pl}L = (\mathcal{G}.^{Pl}h/c^5)^{1/2}; \qquad ^{Pl}E = (^{Pl}h.\mathcal{G}/c^3)^{1/2}$$

- *La physique quantique a une conception substantialiste de l'espace* Klein

- *La description quantique du monde est statistique, c'est à dire que la physique quantique ne décrit la matière en train de se transformer à l'échelle microscopique qu'en termes de **probabilités** de transformation entre un **état de départ** connu et divers **états d'arrivées** (simultanément) possibles* Brune .

Une particule donnée a une **probabilité de présence** en tout point; une particule ne se trouve pas "quelque part" mais a une loi de probabilité de présence en tout point. *Un électron de ma main peut se trouver instantanément à l'autre bout de la planète sans par ailleurs être jamais passé par aucun des points intermédiaires.* Oanounou. *Il y a une variété infinie d'états quantiques de la particule où ni la position, ni la quantité de mouvement ne sont parfaitement connues, mais seulement une probabilité diffuse pour chacune... Si on considère deux électrons, ... du fait de leur interaction, leur état quantique commun est un état dans lequel les états des deux électrons sont enchevêtrés, corrélés.* Gell-Mann

*- Phénomène étrange : la **non-localité**... se manifeste à travers l "**intrication** quantique". Ce concept exprime une corrélation entre deux parties d'un système quantique composé, qui se manifeste indépendamment de la distance qui les sépare. Tout se passe comme si l'une des composantes "savait" instantanément ce qui est en train d'arriver à l'autre.... La corrélation à distance existe et peut être mesurée sans qu'il soit possible d'en profiter pour envoyer un signal ou un message* Grinbaum

La fonction d'onde d'un électron indique que *sa présence englobe simultanément tout l'espace; ... le fait qu'elle ait un profil oscillatoire signifie qu'une onde se propage et qu'elle comporte des quanta, c'est à dire des harmoniques: ...* il n'y a *pas de corpuscules, pas de positions ni de trajectoires de l'électron. ... Le modèle quantique est aléatoire et global: un électron est globalement dans tout l'univers mais sa fonction d'onde est centrée sur un espace réduit... Les énergies potentielles en présence vont appliquer sur la fonction d'onde des déformations qui* vont *réagir sur sa "trajectoire"* qui devient un glissement spatial d'une moyenne statistique. La mécanique quantique ne fait plus en réalité de différence entre l'onde et le corpuscule qui ne constitue plus qu'une aberration de l'espace en un point donné. *Les champs (d'électrons, de photons, de neutrinos) sont des lyres fondamentalement cachées.... dont les excitations sont les particules réelles* Cassé.

- En outre l' importance des interactions entre système à mesurer, appareil de mesure et environnement de l'appareil, ces deux derniers étant d'une forte complexité, est à l'origine du mécanisme de décohérence qui lève la contradiction apparente entre les descriptions classique et quantique de notre monde. Brune La décohérence est très rapide dès que de nombreuses particules sont en présence; c'est pourquoi le chat de Schrödinger n'est pas à la fois mort et vivant! *La décohérence, en voilant les effets des interférences, protège le caractère classique du monde macroscopique; elle permet le raccord entre quantique et classique* Klein

Après une mesure, le système est dans l'état donné par la mesure: il y a **réduction de la fonction d'onde...** *après qu'une particule a été mesurée en un point, on est sûr qu'elle est au voisinage de ce point* von Neumann. L'utilisation de la "réduction" de la fonction d'onde dans les calculs de cette mécanique introduit l'irréversibilité du temps et aussi les probabilités mais de façon arbitraire . *L'effet de la décohérence appartient à la famille des processus irréversibles* Omnès *L'irréversibilité et le recours aux probabilités, sont* d'abord *renvoyés par la mécanique quantique à l'acte d'observation,... à l'intervention humaine* Prigogine Les probabilités quantiques semblent introduire un élément "subjectiviste" en physique. *Le principe des quanta a pour conséquence le renoncement à la description causale des phénomènes atomiques dans le temps et l'espace (Bohr 1927) car on ne peut observer un phénomène sans le perturber: on ne peut plus séparer la quantité mesurée de l'appareil de mesure* Fernandez *Sans causalité dans un monde statistique* c'est alors seulement *le temps qui se charge de réaliser le probable* Bachelard

      - En théorie quantique la causalité s'exprime par des règles de commutation des opérateurs de champs... qui comportent des fréquences négatives; pour que les particules ne remontent pas le temps on les réinterprète comme antiparticule.... antimatière.... L'existence de l'antimatière est la preuve de l'existence du temps et de son sens unique Klein *Si changer le signe de la variable temps laisse inchangée la forme des équations décrivant les lois fondamentales des particules élémentaires, il y a symétrie; sinon il y a violation de symétrie: il y a dix à quinze milliards d'années l'Univers était minuscule (près de sa CI); dans 15 milliards d'années l'Univers sera peut-être petit ... mais son histoire ne sera pas symétrique* Gell-Mann

.

Annexe 7 : Irréversibilité du temps jusqu'en 1960 et après

Si je me considère personnellement, *je fonctionne à sens unique: quand je parle, ma voix s'envole dans l'air, elle ne revient pas s'engouffrer dans ma bouche*....En outre *nous nous rappelons du passé, pas du futur.* Feynman Et *si quelqu'un trouvait dans le futur une machine à remonter le temps pourquoi n'en disposions-nous pas maintenant? La machine inventée en 2050 n'aurait que 50ans   à remonter!* Klein (en l'an 2000*)*

Le temps ne peut donc être qu'irréversible. Il y a sûrement une flèche du temps.

Or considérons les lois dites classiques et déterministes de la Physique jusqu'en 1960.

Dans toutes les lois classiques *de la nature, connues aujourd'hui, rien ne semble permettre de distinguer le passé et le futur... La loi de gravitation est insensible à la direction du temps...;* de même les *lois de l'électricité et du magnétisme...* et qu'en est-il *de la radioactivité?* Feynman

On a vu que le temps newtonien est réversible. La mécanique newtonienne est le modèle idéal de la physique classique déterministe. Si l'on considère deux particules qui vont rentrer en contact *à première vue une collision semble réversible. Imagine,* dit Einstein, *qu'on ait filmé le mouvement brownien d'une particule et qu'on ait conservé les images dans l'ordre chronologique... mais on a oublié le sens de déroulement...* du film, alors on est *incapable de trouver une flèche!*

En fait, ce ne sont pas les lois *mais ce sont les différences physiques régnant aux limites de tout intervalle temporel qui induisent la flèche du temps* Felden ...

.Par ailleurs *le problème de la flèche du temps n'a rien à voir avec la relativité (*ni restreinte ni générale).Einstein.˙

Alors la flèche aurait-elle son origine dans l'état macroscopique des choses et/ou dans le fait qu'il faut utiliser une Physique non classique?

1cm³ de gaz contient des milliards de milliards de molécules. Les équations de mouvement des molécules *, qui lient espace et temps sont*

des équations aux dérivées partielles. Les équations hyperboliques, telles Euler pour les fluides parfaits, ou les équations d'ondes sont réversibles. Les équations paraboliques entrainent la diffusion ce qui entraine l'irréversibilité. Les équations elliptiques pour les phénomènes très diffusifs sont réversibles... (toutes les équations ne sont pas réversibles)

On montre *qu'il n'y a que des états d'équilibre macroscopiques* à l'inverse du microscopique....*Les singularités entrainent aussi l'irréversibilité...*

*L'<u>entropie</u> mesure le degré d'imprédictibilité d'un système qui est proportionnel au logarithme du nombre d'états microscopiques compatibles avec la donnée d'un jeu d'observables ;*et, *pour un système isolé, la différence d'entropie mesure la longueur de la flèche du temps. Pour un phénomène réversible il n'y a pas de flèche du temps ; sa valeur est 0.* Le Bihan

L'entropie mesure la qualité de l'énergie disponible au sein du système;... la variation d'entropie étant la manifestation de toute évolution irréversible, on peut l'utiliser pour caractériser la dynamique d'un système en la mettant en relation avec la durée d'évolution de celui-ci... Plus grande est l'entropie, plus faible est la capacité du système à se transformer;... en évoluant un système perd de sa capacité à évoluer davantage. Klein

La flèche du temps n'est autre que celle qui va de l'ordre vers le désordre EKlein. Il est alors *nécessaire d'ajouter aux lois physiques l'hypothèse que dans le passé, l'univers était plus ordonné.... Le sens unique mène toujours à une perte de disponibilité de l'énergie...* L'irréversibilité *est une conséquence assez lointaine des lois fondamentales de conservation* Feynman

En fait, *toutes les flèches du temps correspondent à divers traits des **histoires à gros grain** de l'Univers:... la plus célèbre est bien la tendance de la grandeur entropie* (une mesure du désordre) *à ne jamais décroître dans un système fermé; un tel système, parfaitement décrit, peut exister en une variété de micro-états, qui, regroupés en catégories forment des macro-états; l'entropie est mesurée par la puissance de 2* (le nombre de bits) *qui fournit le nombre de micro-états contenus dans le macro-état considéré* (par exemple 4 pour $2^4 = 16$ micro-états; $S = {}^{Bo}k.\ \log(P)$, S entropie, P probabilité d'un état macro, ${}^{Bo}k.$ constante de Boltzmann).

L'entropie est aussi, de ce fait, *une mesure du degré d'ignorance sur les micro-état du macro-état. Tous les micro-états dénombrés par l'entropie étant équiprobables la flèche ordre → désordre ou flèche temporelle thermodynamique relève de la Condition Initiale simple et de la condition finale d'indifférence.* Gell Mann

Effectuons avec **Feynman** *l'expérience d'un récipient à deux compartiments, l'un rempli d'eau colorée en bleu, l'autre d'eau claire... séparés par une cloison que nous retirons... Au bout d'un moment on a de l'eau bleu pâle...; vous aurez beau attendre... ça ne revient pas en arrière... Agrandissons les images ...: vous y voyez des atomes... gigotant sans arrêt par milliards et milliards...; observons (alors) une collision particulière: on y voit les atomes arriver l'un sur l'autre... Passons ce bout de film à l'envers... c'est conforme aux lois de la physique....c'est réversible... .Vous n'y comprendrez rien du tout, car chaque collision est réversible et cependant le film complet montre (l'irréversibilité) ... . C'est simplement la pagaille générale ... qui provoque l'irréversibilité.* On rejoint en quelque sorte la flèche thermodynamique. *Maintenant, j'aurais pu faire mon expérience,* dit Feynman, *dans une boîte assez petite pour ne contenir que 4 ou 5 molécules de chaque espèce, qui se seraient mélangées comme précédemment au cours du temps. Mais vous pouvez admettre... que si vous observez les collisions... vous pourriez les voir accidentellement revenir à leur état initial... (c'est-à-dire espèces séparées)... Alors l'irréversibilité ne serait qu'apparente dans la nature!* Feynman

L'irréversibilité ne serait qu'apparente et due à l'impossibilité de l'observateur de connaître la configuration d'un très grand nombre de degrés de liberté. Einstein
Le désordre croît avec le temps parce que nous mesurons le temps dans la direction où le désordre croît Hawking.

Depuis 1960 il y a eu un *changement de signification de la notion d'irréversibilité. Comment est-il possible que le second principe ait cessé de s'identifier à la disparition de toute activité (*la mort*), de toute différence, et puisse participer maintenant à la compréhension d'un monde intrinsèquement évolutif?* Prigogine
Tout d'abord *l'incapacité présumée des modèles réversibles de la physique classique (newtonienne, relativiste et*

quantique) à rendre compte de l'irréversibilité des temps cosmologique, géologique et biologique constitue le "paradoxe de Loschmidt"...et est remise en cause *: l'irréversibilité est inscrite dans la physique **la plus classique** qui soit. .... La physique classique... hamiltonienne ... donne naissance à de nombreux modèles irréversibles (par bifurcations, chaos déterministe, singularités hydrodynamiques),* LoebJ. L'influence des conditions initiales dans la transformation du boulanger, dans l'effet papillon et dans tous les systèmes non linéaires est par exemple bien connue...

       L'irréversibilité résulte d'*une ré-interprétation de la théorie de la dynamique:.... Depuis Poincaré, ... l'existence de points de résonance ... empêche de définir les systèmes dynamiques comme intégrables... ... Toute connaissance finie... se heurte ... à la même limite: après un temps d'évolution qui renvoie à la dynamique intrinsèque du système, la notion de trajectoire individuelle perd son sens et seule subsiste le calcul statistique des probabilités d'évolution* Prigogine.... Ainsi poursuit Prigogine: *c'est l'équilibre qui empêche la flèche du temps, toujours présente au niveau microscopique, d'avoir des effets macroscopiques.... .En revanche le non-équilibre permet à la flèche du temps d'apparaître au niveau macroscopique... par l'évolution vers l'équilibre... ou par la création de comportements collectifs cohérents* Prigogine

       L'irréversibilité du temps a, en fait, *été scientifiquement rencontrée pour la 1^{ière} fois en calcul de probabilités... dans les problèmes de probabilité des causes (...1763* principe de Bayes)... incluant le problème de... *la retardation des ondes (1862)...et celui du principe de Carnot (1824-50)...*

       Pour un seul système de particules *lorsque les positions et les vitesses initiales des différentes particules sont **assignées** de façon aléatoire, le chaos moléculaire est* bien *réalisé. En revanche quand l'état initial est **obtenu** par inversion des vitesses, les positions et vitesses initiales des particules ne sont plus indépendantes les unes des autres: l'inversion crée des corrélations entre particules... .L'inversion des vitesses n'a qu'un effet transitoire... mais pour des temps longs par rapport au temps de Lyapounov...; donc il est impossible de préparer par inversion des vitesses un état qui échappe à la flèche du temps* Prigogine

       En physique quantique des champs, lorsqu'on s'intéresse à la microphysique, on se trouve en mécanique probabiliste et la symétrie T semble écartée de façon arbitraire. En fait, d'après Prigogine *le monde quantique ne nous est accessible que par les événements qui l'affectent...; il a dû reconnaître « l'événement » sans pouvoir lui donner de sens objectif...* Or *la fonction d'onde (réversible) ne peut pas décrire l'évolution d'un être observable... et ne peut prendre un sens physique que par sa "réduction", elle, irréversible!...*

Si on s'intéresse, cette fois, aux très grandes distances, *au niveau cosmologique, la question du temps est née,* d'après **Prigogine**, *du problème de la création de la matière qui peuple notre Univers actuel..... La singularité du Big Bang est la conséquence directe du caractère statique de la cosmologie einsteinienne, de la symétrie des relations qu'elle établit entre l'espace-temps et la matière*

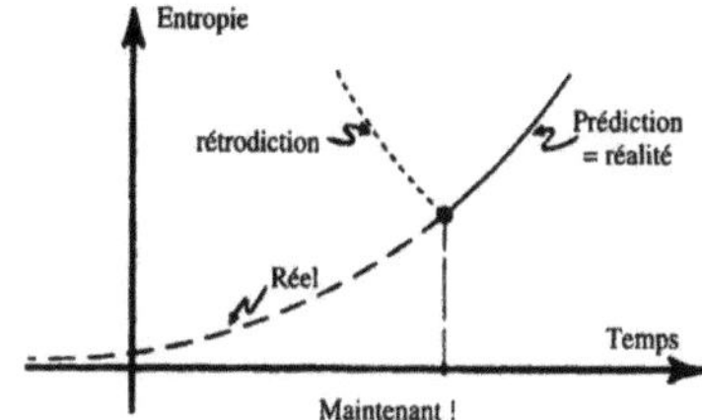

Fig. 1.26. Si l'on s'appuie sur l'argument que représentait la figure 1.25 en renversant la direction du temps, on montre par « rétrodiction » que l'entropie devrait également croître en allant vers le passé, par comparaison avec sa valeur présente. Cela est en contradiction grossière avec l'observation.

Penrose

La flèche commune à toutes les évolutions partielles est celle même du Cosmos global et se trouve imposée du fait que l'interaction n'est jamais nulle entre sous-systèmes Costa
La flèche du temps cosmologique... est fondée sur l'expansion de l'Univers Ricard-Thuan. *La durée cosmique* est indexée sur cette expansion et a commencé par la condition initiale du Big Bang. *La flèche du temps cosmologique qui implique le vieillissement de l'Univers,* celle *associée au rayonnement extérieur ou* celle *associée à l'enregistrement (du passé),* et même celle *psychologique qui renvoie*

au sentiment de l'écoulement du temps de l'amont vers l'aval ne relèvent que de la Condition Initiale Gell Mann.

Le "cours" du temps, selon l'expression de **E Klein**, c'est à dire le sens de succession des instants, est bien le support des événements qui s'y déroulent, mais s'en dissocie. *La flèche d'Eddington relève de la causalité; elle présuppose le cours au sein duquel les phénomènes sont irréversibles: une fois accomplis il est impossible d'annuler leurs effets .*EKlein *L'asymétrie temporelle est lié à la causalité, principe en vertu de quoi les effets suivent leurs causes, et la causalité remonte à la Condition Initiale; la formule pour la grandeur D, fournissant les probabilités des histoires possibles de l'Univers, contient l'asymétrie entre passé et futur:... Pour le futur, la formule contient une **sur-sommation** de tous les états possibles,* Gell Mann

Un aller et retour dans l'espace est toujours un aller sans retour dans le temps. *La physique contemporaine retrouve une certaine "consistance" au temps (grâce aux notions de causalité, d'irréversibilité et de flèche du temps de l'Univers)* Paty

Annexe 8 : Développement de la dynamique non linéaire et de l'étude des systèmes ouverts 1970-1990 à… :

La nature… des relations donnant l'évolution d'un système … implique que, souvent, les états calculés perdent de leur réalisme au-delà d'un certain laps de temps; cette limitation de la connaissance est inéluctable Bergé

La loi logistique de **Verhulst**: $P_{n+1} = K.(P_{max} - P_n)$ est un bon exemple d'évolution déterministe qui finit en indétermination; une bifurcation est créée dès une valeur critique de K et pour K=3,57 c'est infini.

Autre exemple: **Poincaré** montre que le problème à 3 corps n'est pas intégrable... et qu'il existe des solutions chaotiques.

Le devenir résulte en théorie des catastrophes de la bifurcation d'un attracteur ou du conflit entre deux attracteurs Thom in Boutet

Le phénomène de résonance possible entre les différents degrés de liberté d'un système dynamique serait, dans la théorie du chaos, une bonne caractérisation du système. À chaque fois les solutions peuvent être nombreuses et on pourrait penser que, seules, des valeurs statistiques moyennes auraient un sens, en particulier avec un ensemble d'évolutions temporelles possibles.

Remarquons néanmoins que, la théorie du chaos (**M Serres**), *toute révolutionnaire qu'elle puisse sembler, s'explicite au sein de la mécanique newtonienne la plus classique… et le temps de la théorie du chaos n'est autre que le temps newtonien* Klein

La morphogénèse est basée sur la stabilité des structures. Or *les structures dissipatives sont formées et stabilisées par le flux de matière et d'énergie qu'elles échangent avec le milieu qui les entoure…. Elles sont soumises aux phénomènes d'auto-organisation… à l'émergence d'un ordre, d'une morphologie spatiale ou temporelle au sein d'un grand nombre d'entités atomiques soumis à des contraintes externes particulières…. Un état homogène et indifférencié cède la place à un état hétérogène et différencié moins symétrique que le précédent* Boutet.

 Les exemples *du billard de* **Sinai** *(il faut tenir compte des spectateurs pour connaître le choc des 9 boules),… du chat d'Arnold* lié *à la* *transformation du boulanger,... ou de la suite de Fingenbaum (qui admet une solution bistable aléatoire)   montrent que seuls pour les systèmes stables les points de vue "individuel" et "statistique" sont équivalents* .de Wever.

Les états d'équilibre des systèmes dissipatifs, producteurs d'entropie, correspondent à des attracteurs ponctuels: on va... de l'état initial au point attracteur. C'est plus compliqué lorsqu'il y a cycle limite, ligne attractrice, ... surfaces ou volumes attracteurs,... attracteurs étranges à dimension fractale.

Aux nouveaux types d'attracteurs correspondent des comportements "sensibles aux conditions initiales"... Dans toute région ... occupée par l'attracteur fractal, passent autant de trajectoires que l'on veut, et chacune connaît un destin différent des autres...; des situations voisines peuvent engendrer des évolutions divergentes.

"Une même cause produit, dans des circonstances semblables, un même effet" n'est plus valable. Il peut y *avoir... comportement chaotique si des trajectoires issues de points, aussi voisins que l'on veut dans l'espace des phases, s'éloignent les unes des autres au cours du temps de manière exponentielles: exp(t/τ)   τ , le temps de Lyapounov,*
Près de l'équilibre, les lois d'évolution sont linéaires; il n'en est plus ainsi loin de l'équilibre.... Loin de l'équilibre les processus... s'articulent en des agencements singuliers, sensibles aux circonstances, susceptibles de mutations qualitatives.
Dans le cas d'un système idéal des sphères dures en collision... le comportement cinétique est caractérisé par le temps de relaxation (temps moyen entre deux collisions) et le comportement chaotique caractérisé par le temps de Lyapounov (horizon temporel)...: ces temps *sont identiques.*
Loin d'être hiérarchisés, ces deux modes de représentation caractérisent les deux extrêmes du spectre des comportements dynamiques lorsqu'on ne se trouve plus dans des conditions idéales.

L'instabilité... rend l'idéal de la raison suffisante illégitime... et ouvre un champ de questions où l'événement joue un rôle central. Prigogine

Annexe 9 ; Méthodes de datation

Il en existe de très nombreuses :

Le mouvement des galaxies (loi de Hubble), l' âge des atomes, le rayonnement fossile, la radioactivité, la luminescence (mesure de la dose d'irradiation reçue jusqu'à -200 000 ans), l' intensité du champ magnétique (changement du champ terrestre en différentes périodes connues, -100 000 ans), les couches géologiques, la stratigraphie, la sériation, la résonance PME (de -100 000 à -10 M. ans), le taux de salinité… (cf **Godberg** et **LR883**) sont autant de phénomènes liés à l'espace ou à la matière qui, étudiés avec précision, permettent de replacer un événement dans le cours d'une "vie", la nôtre ou celle de l'Univers; donc de le dater.

Par exemple citons la datation par *dendrochronologie*, qui consiste à étudier les cernes de croissance des arbres! Divers paramètres, comme la température, l'humidité, les pollutions… font varier la pousse des arbres et c'est le mouvement régulier du passage de la nature d'une année sur l'autre qui intervient : l'épaisseur des cernes est donc un indicateur de date, sur une période de quelques millénaires (8 000 ans, période de conservation possible d'éléments d'arbres) avec une précision au mieux d'une année (**S&V**).

Autre exemple pour des âges de 40 000 à 80 000 ans*: la datation au carbone 14: le $^{14}CO_2$ est radioactif; il se mélange au $^{12}CO_2$ à l'air libre et le mélange se fixe sur tout objet; enfoui, la radioactivité de l'objet décline d'autant plus que le temps passe* Klein. De façon plus générale tous les isotopes (potassium-argon : de -100 000 à -10M ans, uranium-thorium de - 100 00 à -500 000 ans) se comportent comme des chronomètres radioactifs: on prend un élément, on compte le nombre de désintégrations par unité de temps en fonction de l'âge: la demi vie, ou période de l'élément, est le nombre d'années pour lequel le nombre de désintégrations a diminué de moitié. Connaître le degré de désintégration conduit à l'âge de l'objet étudié. On peut provoquer la désintégration et dénombrer les rayonnements de scintillation qui l'accompagne, ou séparer les isotopes en fonction de leur masse avec un spectromètre de masse par accélération.   La précision est de quelques pourcents sur des milliards d'années.

Annexe10 : Observation directe de mouvements réguliers:

Les rythmes biologiques et les régularités cosmiques sont à l'origine de la prise de conscience de l'écoulement du temps-durée
Crozon

Notre perception de la **durée** *d'un événement est liée à la présence d'une horloge dans le cerveau, qui tel un métronome bat la mesure .... La base de temps, probablement des réseaux de neurones du cortex, émettrait en permanence des impulsions à un rythme régulier.... Des noyaux de l'hypothalamus indiquent au corps les alternances jour-nuit.... Un interrupteur, au début d'un stimulus, laisserait transiter ces impulsions dans un accumulateur où elles seraient dénombrées.... Le comptage se ferait dans le striatum.* Doit-Volet

Parmi les mouvements réguliers observés il y a, avant tout, ceux des astres. *Les astres ... doivent ... donner le tempo... battre la mesure*
Ouanounou

Mais *établir un calendrier n'est pas une mince affaire: ni l'année solaire, ni le cycle lunaire ne sont multiples entiers de la journée. Leur périodicité n'est stable que sur des durées de plusieurs siècles...; aussi faut-il établir une durée moyenne en jours d'un mois lunaire ou d'une année solaire .*Ouanounou

L'année sidérale, passage du soleil en face de la même étoile, est de 365j 6h 8mn 10s.

L'année tropique, cycle des saisons entre 2 équinoxes de printemps, est de 365j 5h 48mn 45s

L'année grégorienne (365j et 366j les bissextiles etc..) est en moyenne de 365, 2425 j: elle est en excès de 31j tous les 100 000 ans.[80]

---

[80] La dernière minute du mois de juin 2012 comptera 61 secondes. Une façon de permettre au temps universel défini par les horloges atomiques de compenser son avance sur celui rythmé par la rotation de la Terre, bien plus irrégulière. En "temps universel coordonné" (UTC), aussi appelé à tort GMT, le passage entre le 30 juin et le 1er juillet prochains se fera donc, non pas comme d'habitude à 23h59 et 59 secondes, mais bien à "23h59 et 60

Le **mois lunaire** peut varier de 29j 6h à 29j 20h; sa durée moyenne est de 29,530589j soit 29j 12h 44mn 3s.

La **journée solaire**[81], définie comme durée entre deux levers, deux couchers ou deux passages du soleil au zénith ou au méridien est de 24h exactement. Mais la constance du **jour solaire** n'est pas vraie: le 23 décembre le jour solaire a 51 s de plus que le 16 septembre; d'où la nécessité de définir un jour solaire moyen de 23h56mn 4s.

Le **jour sidéral** basé sur le passage d'une étoile au même méridien est plus court que le jour solaire moyen de 3mn 56s mais est plus stable; c'est le **jour civil**. Néanmoins la constance du temps sidéral n'est pas garantie pour de très longues durées à cause de la modification de la rotation de la terre: ralentissement séculaire dû au frottement des

---

secondes". Avant 1972, le "temps était donné par l'astronomie. C'est-à-dire que pour connaître l'heure, on regardait la position d'un astre, le Soleil ou d'autres objets célestes" par rapport à la Terre, résume le directeur du laboratoire Systèmes de référence temps espace de Paris. "Aujourd'hui, le temps est construit, défini et mesuré à l'aide d'horloges atomiques qui sont infiniment stables par rapport au temps astronomique. Cela permet d'être sûr que tout le monde autour de la Terre a la même heure", explique-t-il. Le parc mondial de plusieurs centaines d'horloges utilisé pour définir le Temps atomique international (TAI) mesure en effet des modifications internes intervenant dans les atomes de césium, qui permettent de "découper une seconde en à peu près 10 milliards de petites graduations". Une précision telle qu'elles n'enregistreraient qu'une "seconde de dérive tous les 300 millions d'années", souligne M. Dimarcq. Si le TAI est "une échelle de temps continue", le temps donné par l'"horloge Terre" est quant à lui beaucoup moins uniforme. La rotation de notre planète est en effet soumise à de nombreux aléas, notamment les marées liées aux effets de la Lune, les variations des vents, etc. Ainsi, un tour de la Terre sur elle-même en août est plus court d'une à deux millisecondes qu'un tour accompli en février.   UTC temps universel coordonné

81

marées, variation entre les saisons, fluctuations fortuites dues aux éruptions du soleil, aux météorites, aux flux du magma….

L'**étalon seconde** a été encore beaucoup plus difficile à définir: *l'étalon seconde est un "objet" éphémère: dès que l'étalon est fabriqué ... il a disparu* .Ouanounou

C'est d'ailleurs plutôt un *étalon de fréquence.*

1s est la durée de 9 192 631 770 périodes de la radiation correspondant à la transition entre les deux niveaux hyperfins de l'état fondamental de l'atome de césium 133.

La fréquence en hertz est l'inverse de la durée en secondes: entre deux impulsions à une fréquence de 1hz existe une durée de 1 s. La fréquence est donc une manière de compter la durée; le dénombrement de pulsations, qui mesure la fréquence, est donc aussi lié à la durée et non au temps-transfert.

Le mètre, le lumen, l'ampère sont définis à partir de la seconde.

Dans les mesures de durée on peut arriver à une précision jusqu'à 10^{-17} s!

La durée de vie minimale théorique des particules est de 10^{-23} s. La durée théorique la plus petite concevable dans nos concepts physiques est le *chronon* :10^{-43} s.

Remarquons que pour mettre en équation l'oscillation d'un pendule, qui mesure le temps-durée, on décrit l'évolution de l'angle du fil par rapport à la verticale en fonction du temps-coordonnée; or ce temps est repéré par l'angle de l'aiguille d'une montre; au final on compare deux angles et on se passe du temps-coordonnée! Lorsqu'on mesure la cadence d'un pendule avec le rythme cardiaque, et celui-ci en le comparant au pouls, le temps-coordonnée n'intervient pas! Ce qui est pris en compte c'est l'évolution d'un mouvement par rapport à un autre… d'un angle, d'une masse, d'une température par rapport à un autre angle, une autre masse , température,..

Ainsi entre temps-durée et temps-moteur peut-on constater des différences de propriétés:

- La durée est mesurable avec les unités de temps-durée bien connues: années, heures, secondes ou… chronons, alors qu'on ne sait pas encore mesurer ou quantifier le temps moteur.

- La   durée peut être parcourue, dans les deux sens, par un temps-coordonnée mathématique, abstrait, à la limite non indispensable; le temps-moteur, lui qui, à chaque instant, fait passer du passé au présent puis à l'avenir a-t-il une direction, un sens unique, est-il irréversible?

La fête juive de *Hanoucca*, pendant laquelle on allume chaque jour une bougie en l'additionnant à celle du jour précédant, et cela pendant huit jours, *symbolise le temps-dual... comme multiplication du temps en succession, et étirement en durée*, M Israel

Appendice

Analyse du livre de D Sibony :
A la recherche de l'autre temps
2020   O Jacob

Ce livre m'a passionné comme le concept de temps lui-même ; or ici le temps est abordé de façon toute nouvelle pour moi !

 Il est vrai que la lecture du livre est souvent ardue. C'est avant tout un psychanalyste qui parle et le langage de Freud m'est difficilement accessible. Quelque fois les « preuves » freudiennes me semblent n'être que des illusions de langage ; néanmoins les œuvres du temps sur les maladies psychiques, et sur nos émotions, sont incontestables et les effets très bien décrits par D Sibony dont la compétence est bien reconnue et célébrée. Je ne commenterai donc pas ces aspects, vu ma nullité dans ce domaine.

D Sibony, DS dans la suite, ayant une formation scientifique d'abord mathématique, le livre traite, dans de nombreux passages, de l'utilisation du temps en Physique : j'ai essayé de réunir des éléments de ces évocations concernant les temps de Newton, Einstein et de la théorie quantique. Le temps de la science, du moins celui de la Physique classique, se veut indépendant de toute subjectivité.

Or le temps traité par DS est avant tout le temps vécu, et encore plus, le temps vécu, ressenti par l'homme : le temps humain. Quels sont les rapports entre le temps et la vie de l'homme ? Comment vivre son présent dans la durée vécue, riche de son passé et ébloui par les possibilités de son à-venir ? L'instant vécu n'est pas creux mais rempli d'autres temps ! Alors un lien, une relation est tentée avec le temps issu de concepts récents de la théorie quantique fondés sur la variabilité.

Dans l'analyse qui suit, j'ai d'abord annoté ce qui concerne les temps scientifiques, puis annoté les rapports de l'homme avec le temps, avant de conclure sur les notions d'instant, temps-moteur, temps-durée, l'existence et l'être.

Les annotations personnelles sont en calibri ; en italique sont ajoutés des mots de liaison pour rendre compréhensibles le reste en **bradley** : des citations du livre de D S. Les mots soulignés ou en gras sont de mon fait. Les citations non suivies de commentaires sont nombreuses et celles auxquelles j' adhère .

Temps scientifique

Le temps c'est la durée et l'événement. La durée, chacun en a l'intuition, et l'événement apparaît comme éclat du temps Ch1 .... L'événement n'est pas défini expressément par DS; est-ce un instant, l'éclat, là où quelque chose se manifeste ? Dans l'espace-temps, **ET,** c'est un simple point. *Le déroulement de la durée suppose un sens, le temps implique l'orientation ... Le temps est un déploiement ...de déroulements qui* s'ordonnent tout en laissant place au désordre comme pour permettre que d'autres temps apparaissent...tous les déroulements possibles Ch1 En fait le temps scientifique est surtout lié à la durée, ou **temps-durée** qui peut être parcouru par un curseur t dans les deux sens car c'est un temps mathématisé, une représentation abstraite issue des modélisations des phénomènes physiques, de Galilée-Newton à Einstein et même Schrödinger. Liée à l' ET de notre Univers, la durée s'accroit et permet les « déroulements » dans cet ordre.

Une loi (de la Physique) est la possibilité de passer, à partir de données initiales, vers une formule qui exprime l'évolution.... Pour un sujet la loi apparait dans la manière dont il « écrit » le livre de sa vie Ch24

Le temps scientifique ...ne dit rien du temps lui-même... Avec une simple notation t indiquant un point mobile sur la droite...il déploie des écritures qui collent aux lois de la physique...il indexe des dynamiques... et poursuit le long récit de l'univers. Le temps physique ... (durée, déroulement, récit) nous importe par ...ses résonnances avec notre vécu..... Le temps physique existe sans nous... les choses du monde se le partagent Ch1

Il n'y a pas de répétition qui ne révèle du temps Ch1... Une mesure du temps-durée est un dispositif (une comparaison réalisée, pas un dispositif) qui utilise dans un dispositif l'alternance, la répétition, un objet tiers qui porte une durée (et donc, ce qu'on mesure c'est une durée)....Nous voyons une découpe de ET selon un plan dont le mouvement n'est sensible que pour un événement intense, sinon les variations sont continues. Ch3

- D'après Aristote le temps est mouvement, ... changement... Non...: il n'y a pas, sans temps, de mouvement mesurable Ch7

- Pour Newton il y a un temps qui s'écoule même si rien ne change Ch7 *Il y a quatre propriétés du temps newtonien : datation, durée, chronologie, simultanéité (+ le temps-durée est absolu, linéaire, continu... avec origine arbitraire, instants ponctuels sans épaisseur ; durée= intervalle entre deux instants ; t est le curseur sur la durée qui permet la chronologie, la datation ; simultanéité et orientation du temps sont des axiomes). Ch 2*

- Einstein déplorait que la science ne disait rien du présent Ch1 *mais il promeut* des durées locales avec comme ordre celui de la causalité Ch2... La durée relativiste...torpille l'idée d'un temps pour tous... un « certain temps » n'a pas de sens précis car les temps vécus sont différents Ch1... Dire que le temps n'existe plus depuis la relativité restreinte, RR, est abusif ; c'est la comparaison de deux durées l'une ici, l'autre ailleurs qui ne va pas de soi... (la simultanéité est perdue mais pas la datation, la chronologie) ch7... Ce ne sont pas les mêmes maintenant ici et au bout de la galaxie ; il y a donc une différence de potentiel de temps. Il y a une différence, pas de potentiel mais, de temps chronologique cosmique ; il y a l'univers au temps cosmique t et l'univers observable ; l'univers au temps présent (à 14,5G.a.) existe mais n'est pas observable dans sa totalité; au bout de la galaxie on observe , à notre maintenant, ce qu'il s'y passait à un autre maintenant de la galaxie Ch10 Mais il y a du présent partout même s'il n'est pas le même présent... le monde est « présentable » Ch7... La relativité restreinte promeut le singulier et le subjectif dans l'histoire, et nous confirme qu'on ne peut rendre universel que le singulier.... Elle libère les individus Ch2... Derrière l'idée du temps il y a une dynamique de mémoire qui nous fait suivre son cours... On suit des lignes d'univers de ET... Il y a une résonance avec écriture, déroulement d'un récit Ch2 (le récit de ET).... ET ne permet pas la transmission de la lumière et de la gravité, il est lui-même cette transmission (?).... La gravitation est une propriété géométrique de ET Ch25... Les temps RR et RGénérale sont non humains...Einstein barre l'idée d'une grande horloge qui donnerait le temps partout (?) Ch24 .... La relativité : il n'y a pas de durée universelle est-ce vrai ? Ch18

La physique est une recherche non pas du temps perdu mais de la texture de ET dont nous faisons partie...et d'où émerge une notion de causalité Ch25... Sans cerveau il n'y aurait pas de pensée, mais la pensée n'est pas « dans » le cerveau ; sans subjectivité il n'y aurait pas d'ET, mais ET n'est pas dans la subjectivité Ch21... Sur terre le temps-**durée** que nous vivons existe, il synthétise les datations, durées, chronologies selon un ordre total que figure la ligne....Les heures indiquées sont pour nous presqu'identiques.... Ce qui s'écoule comme temps sur terre veut dire que chacun s'écoule et coule dans sa ligne d'univers Ch20

- Le passage du temps est la perte de chaleur ou l'accroissement de l'entropie…. Le présent peut « traîner » avant de passer…à une entropie supérieure…par des événements passeurs….Le désordre croissant crée des poches qui s'auto-structurent, qui accroissent l'ordre localement…Du temps s'accumule face au présent apparent et le fait basculer vers le passé Ch7

- Physique quantique

L'explication de l'expérience de Young me semble bizarre p73et p74 Ch11

Une fois que le passé a eu lieu, il dépend encore de la manière dont on le questionne Ch11…est-ce le « choix différé d'A Aspect » ?

Le temps de la Physique (établie par les hommes) suppose le silence des hommes (pas pour *le quantique*) mais il ne peut ignorer leur présence et leurs actions dans le réel (sauf en Physique classique qui le veut objectif) Ch18… Prétendre savoir ce qu'est le temps « objectivement » semble aussi abusif que de prétendre   connaître la réalité telle qu'elle est, objectivement Ch18… On ne peut pas regarder la réalité sans y être impliqué…d'autant que chacun a son temps propre Ch2 Néanmoins la réalité   aux niveaux macro et méso-scopique est bien décrite, prévisible par la Physique classique et c'est essentiellement au niveau microscopique, sub-nanométrique, que la physique quantique intervient. Et là, le quantum d'action de Planck implique des quanta de longueur et de durée ; $t_d < 10^{-43}$s au-dessous desquels rien n'a plus de sens !

Pour accéder à la connaissance d'un phénomène quantique, on se place dans le Hilbert, espace mathématique abstrait capable de coordonner le système et ses états...et dont les « observables » sont des opérateurs linéaires.... Y a-t-il un temps intrinsèque de Connes ?... le temps serait-il ce qui connecte les observables ? Ch24... D'après C Rovelli : le temps disparaît des équations décrivant la dynamique du système... qui produirait lui-même son temps...$e^{Bok.Ha}$ disparaît dans les calculs... mais on retrouve t en reliant une variable bien choisie à la durée définie par le champ thermodynamique venant du Big Bang (donc au temps-durée linéaire) ... Si on peut extraire le temps de la Théorie Quantique, TQ, c'est qu'en un sens il était là... L'univers des particules impose pour les coordonnées la non-commutativité, autrement dit, le temps Ch24... Le temps dérive de la variabilité et non l'inverse (comment peut-il y avoir variabilité sans temps ?)... la variabilité quantique est indépassable son essence c'est le phénomène non répétable... où l'imprévisible est souverain Ch25... Tout cela se retrouve dans le rapport entre le temps et les relations : une relation qui s'établit fait événement, crée l'instant et les durées qui s'y rattachent Ch25... Avant d'être une variable comme les autres, le temps émerge de la variabilité...des phénomènes physiques Ch25... Existence d'un <u>autre temps</u> qui émerge de la variabilité, de l'impossible répétition Ch25

Equation de Wheeler-DeWitt Ch32

Le big bang n'est qu'une concentration ponctuelle d'énergies multiples qui ont un avant(mais avant $t_d=10^{-45}$ s ça veut dire quoi ?) Ch34

Rapports de l'humain avec le temps

Le temps est une illusion...qui a des effets subjectifs et planétaires si violents qu'on doit la prendre en compte <u>comme une réalité</u> Ch8 ... *Mais il faut souligner qu'on ne connaît que nos rapports avec le temps, ou avec l'espace ou l'univers, avec Dieu ou avec l'être ; et seulement après on explore les idées qu'on s'en fait* Ch2

Si on colle au mot temps, on ne peut rien en dire ; si on l'embarque dans des circuits psychiques, poétiques, historiques ou scientifiques, on peut le faire parler... « dans » le temps que ça prend Ch18... : on ne peut pas définir le temps sans recourir au temps de même que pour définir l'être on se sert du verbe être Ch2 Alors devant la difficulté nous avons traité d'abord le temps scientifique qui se voudrait objectif, et reportons-nous maintenant aux seuls rapports que l'on a quotidiennement avec lui, donc au temps vécu.

Nos rapports avec le temps-vécu le révèlent comme un ensemble de rapports   entre « objets »...et dans cette approche la variable t disparaît Ch9... *La droite représentant le temps ne suffit pas pour penser nos rapports au temps... ; un point qui bouge sur la droite ne dit rien de l'épaisseur du* temps, de sa densité, de son passage au passé… Pour comprendre le temps de la droite il faut en chaque point ajouter des dimensions… Ch5. *Il faut « sortir » de la ligne du temps pauvre pour décrire nos rapports au temps* Ch1

Bien sûr il y avait du temps avant l'humain mais ça ne comptait pas parce qu'on ne savait pas le compter (le mesurer, le raconter) Ch1… *Le vécu c'est le temps humain* (ou l'inverse : le temps humain c'est le vécu, le temps vécu par l'Homme, c'est sa durée sur sa ligne d'univers depuis sa naissance)… *la philosophie le grignote pour voir de quoi il est fait* (le temps et le vécu). Ch1

Ce qui fait sentir le temps c'est la façon de s'arc-bouter entre une origine et une durée qui s'enfuit Ch1 (ou plutôt s'arc-bouter entre une origine de temps-durée et le temps qui s'enfuit ; une durée ne s'enfuit pas même si elle peut s'accroître).

Une histoire se passe ou s'est passée « à l'origine » et son récit retrouvé se déroule. L'origine est une histoire qui continue Ch1… *La fascination pour l'origine du temps est… pour la source, pour l'idée de se « ressourcer », de trouver de nouvelles forces… Dans la vie on est sous le coup de Conditions Initiales, CI, qui nous échappent, on travaille à dire la « suite »… et à trouver si on peut se créer de « bons » commencements… Qu'à partir de maintenant   ça va « compter »* Ch1

Une durée vécue c'est une origine et un comptage (qui dure une certaine durée mesurable sur sa ligne d'univers)... et la rencontre d'un <u>objet-temps</u> se donne comme nouvelle origine Ch1... Vivre une durée, c'est s'accrocher... et... « compter »... (penser, écrire, s'affirmer, jouir...,agir, vivre !) ..... Pendant que l'on compte (avec une chose)...on s'accroche à une autre et on ouvre un autre compte...jamais total et toujours en formation Ch1... *Il s'agit de faire d'une chose un objet porteur de temps-durée...pour faire des histoires..., un objet qui se projette avec sa temporalité.... Objets dont on peut extraire du temps* humain, d'où il émerge Ch1

Il y a du temps humain parce que deux sujets veulent parler et ne peuvent le faire à la fois, il faut un écart qui demande du temps-durée... on ne peut pas les superposer (ni dans le temps ni dans l'espace) Ils ne sont pas sur la même ligne d'univers Ch1.... *Une rencontre*, point de concourt de deux lignes d'univers, *est une promesse de temps* (c'est un exemple d'objet-temps) ;...*qu'il y ait vous et lui c'est une ouverture* sur le passé, l'avenir alors qu'on est au présent Ch1...

Vivre, c'est aussi *l'événement...le fait de le percuter..., et s'il se prolonge ...c'est une durée tout autre* Ch1... *Je consomme de la durée... soumis à un champ d'entropie... dans un bain thermique.... C'est une durée vécue qui n'est pas une illusion pour moi... mais c'est une illusion qu'elle soit la même pour l'univers....* Ch2... *En effet on ne consomme pas la même durée...en ayant deux histoires différentes qui ont le même début et la même fin* Ch2

Au quotidien nous avons non pas du temps-durée mais des possibilités de compter via l'événement et la durée, compter au sens de : penser, nombrer, nommer, s'inscrire dans une histoire, agir….La seule question importante dans la vie est : <u>qu'est-ce que je fais maintenant</u> Ch14… Quand on a le présent à vivre, on hérite du passé et on anticipe le futur Ch14… La tension inhérente au temps le relie à l'étendue… au passage du temps Ch4…

 Pour Supervielle le temps ce moustique entêtant…*passe par un temps silencieux …qu'on oublie,…un temps…qu'on ressent, …un temps événement,…puis c'est la suite de la piqure* Ch14

Le travail de passage et de connexion entre les <u>fibres</u> (des éléments constitutifs d'un instant) se fait pour chacun au niveau des instants vécus et des durées qui s'en suivent… (Aux trois temps t, t', t" les fibres se rencontrent et perturbent l'ordre)… L'ensemble des fibres *permet d'imager ce que pense un sujet au temps t, ou imager un vaste* « présent » *qui compte pour lui à cet instant et qui est connecté au passé proche ou lointain ainsi qu'à l'avenir….* Les fibrations perturbent, voire inversent le rapport au temps et non, bien sûr, le temps lui-même Ch2…. *« Une personne à l'instant t »* cela ne veut rien dire Ch2… *Il y a mouvement via les fibres… : vous pensez, associez, vous vous souvenez…des temps qui peuvent être isolés ou continus ce qui vous aura fait vibrer et fait vivre toutes sortes de temporalités.* (N'est-ce pas, à l'instant concerné, nos neurones, notre cerveau qui effectuent ce travail et non des *fibres* temporelles?) Ch8… Une fibre …est un espace d'états physiques ou psychiques, fantasmés ou réels, pensés ou mesurables… il y a du temps dans les fibres qui « attend » de se dérouler (le stock d'informations mémorisées dans nos neurones attend, et dans un grain d'univers il y a une ou plusieurs actions de Planck potentielles) Ch10… La répétition de deux maintenant connectés… fait un courant temporel… qui est l'effet de notre présent .Cette connexion se fait au niveau du temps lui-même (à un instant suit un instant), et au niveau de notre cerveau par nos neurones Ch10… Le temps passe parce qu'ils n'ont pas le même présent (ou plutôt le temps passe ; donc ils n'ont pas le même présent) Ch10… <u>Si rien ne passe, rien ne se passe, il n'y a pas d'événement et c'est absurde… le temps passe et nous passons avec.</u> **En fait le temps-moteur fait durer la durée, fait que la durée vécue augmente et que nous passons avec** Ch10… Savoir si le temps passe par lui-même ou si c'est nous qui créons l'impression de son passage est une fausse question…il passe pour nous qui le disons, qui avons pu dater l'histoire de l'univers Ch19… Dire que le passage du temps est une illusion implique de dire que la vie est une illusion Ch1

Propriétés intrinsèques du temps : il ne revient pas sur lui-même…est irréversible…Si une chose vient d'être dite il est impossible qu'elle ne l'ait pas été…le non-retour n'est pas une illusion…. Le temps de la durée vécue est orienté, il va vers la durée croissante Ch2…Notre mémoire oriente le temps Ch2…. Pourtant nous sommes tous décalés l'un par rapport à l'autre même quand on pense s'être mis en parfait accord…nous avons un temps propre, il n'y a pas de temps commun Ch2

Pendant que nous vivons les instants il y a dans notre tête .... des paquets d'objets et de liens associés à cet instant, qui ondulent dans <u>un autre temps</u> (passé ou futur, réel ou virtuel) mais qui restent indexés par le présent vécu..., cet autre temps peut être inconscient, mis en réserve dans notre mémoire ,... représenter du possible infini ? Ch1

Je pense donc je suis présent à ma pensée qui se déroule Ch8

Quand on vit le présent, il nous semble stable, il nous enveloppe le temps d'une scène, d'une journée, parfois d'une époque... le présent c'est ce à quoi nous sommes présents... À cause de notre inertie il met du temps à passer : il s'agit du présent vécu Ch3... Le présent... de notre présence... ne peut se permettre de changer toutes les secondes Ch8... Le présent reste stable tant qu'il n'est pas dérangé par une singularité inévitable et secrètement incessante Ch3... On fait exister ensemble dans un même présent des instants successifs qui ne peuvent pas être tous présents en même temps !Klein <u>Les plaques</u> (les pensées, les idées, les images ?) du présent qui vient de passer et celles du présent qui sont passées un peu avant *font* des va-et-vient avec celles du présent qui vient d'émerger venant du futur pour signaler au présent qu'elles sont là disponibles au présent , si par hasard il voulait les relier à ce qu'il traite à l'instant.... Il y a un <u>feuilletage</u> du présent à partir duquel on perçoit, « au-dessus » de lui, différents niveaux du passé Ch4... S'il (le temps) passe de $t1$ à $t2$, une <u>fibre</u> de $t1$ (un élément de l'instant $t1$?) peut croiser ou se connecter sur une fibre de $t2$....,(concernant les interactions des fibres du temps, il s'agirait plutôt de l'interaction de nos neurones et de nos mémoires et des interprétations et images que notre cerveau est capable de créer). *Dans le vécu on ne se contente pas du t qui varie car entre t1 et t2, on a dans la tête et devant soi, dans la réalité vécue, un écheveau de fibres indexées par ces instants pour peu qu'ils soient nommables .... Les fibres sont plus que des courtes durées...elles doivent avoir une dynamique et (des connections).* Ch5 *...(les fibres de l'instant, quel qu'il soit, seraient-elles des durées de Planck associées à des actions de Planck créant la dynamique ?) Pour chaque instant t, outre l'événement qui s'y produit et le fil du temps qui « passe » par lui, il y a tout un ensemble d' « objets » qui lui est associé (telles) les pensées du sujet autour de cet instant... ...Les fibres (métaphores) portent des bouts de feuillets qui s'écrivent ou s'ébauchent avec le temps (ça veut dire quoi ?...une écriture qui s'accomplit, une qui évoque mais ne dit pas et qu'on peut interpréter ?)* Ch5 *Le temps ne s'identifie pas aux différentes temporalités qu'il accueille... et n'a pas leurs attributs : vide quand il ne se passe rien, accéléré sous prétexte que le rythme de nos vies ne cesse d'augmenter,   cyclique, psychologique, biologique, géologique, cosmologique* Klein

Et si l'instant, point de la droite, n'avait pas de durée ? Le présent n'existerait pas ! *Refuser l'existence du présent ...à cause de sa fugacité...* (et) *de la relativité, puisqu'elle torpille la simultanéité* ne tient pas d'autant que la Relativité Restreinte impose un présent local Ch8. *En outre, deux personnes qui se téléphonent, l'une à Paris, l'autre à New York connaissent leur décalage horaire ; est-ce pour autant* qu'une peut dire : « maintenant j'en ai assez de cet échange » ?... Notre esprit (et la RR) accepte deux « maintenant » qui dans le temps sont différents vu la distance qui les sépare... : il y a du présent partout même s'il n'est pas le même présent... le monde est « présentable » Ch8....Le temps ordinaire ...serait une suite de maintenant qui passent, ce qui suppose déjà le temps ...et le continu et le discret Ch8 et le passage !.... Présent : un nœud où se nouent des fils venant du futur et du passé pour...le faire tenir « pendant » qu'il échange avec le passé et faire face au futur...: présent qui traîne... un peu trop Ch7...Tout ce que je vois est déjà du passé, mais un passé qui revient presque à l'identique se maintenir comme présent... (C'est mon présent) « ici et maintenant » sont tous deux approximatifs avec pourtant un <u>impact bien réel</u>... Mais dire que seul le « présentisme » existe serait abusif Ch9

C'est en dialoguant avec le passé qu'on le fait exister...l'écriture définitive du passé n'existe pas Ch11... Le passé (pensé par l'homme) est instable (pas le passé universel)... nul ne sait sur quel fragment de son passé il trébuchera dans l'avenir et de le savoir peut aussi bien l'enfermer dans ce passé que lui ouvrir un autre temps...Le passé existe sur un mode qui le transforme à mesure que des événements produisent leur effet... Le déterminisme (dans la vie d'un homme) est ébranlé car si le passé est fixé, l'avenir qui le suit l'est aussi ! Ch11... L'après-coup a lieu quand l'événement qui arrive donne au passé (à la mémoire imagée que l'on a du passé) un autre sens... Notre vision du passé peut changer au présent par l'effet sur lui d'un événement ultérieur Ch40

Les émotions sont des pensées déclenchées par des après-coups...pensée qui s'arrête en chemin, hésitant à mieux se comprendre ou n'ayant pas le temps de le faire Ch40....Le pourquoi de l'après-coup n'est pas évident (ce qui n'est pas évident c'est pourquoi la mémoire refait surface) Ch40... La souffrance modifie le rapport au temps... ; attendre, patienter.... Le patient....la souffrance ouvre une durée en forme d'attente ; ...la douleur est un bloc de temps absolu.... sans... espoir de soulagement... ; temps de deuil....fin des temps Ch1.... L'attente ... vive où l'on s'attend à ce qu'il arrive quelque chose...c'est l'espoir. Ch17

Le passé dit peu de chose de l'avenir...L'intérêt dans ce qui se répète c'est ce qui ne se répète pas Ch12... Il y a de la jeunesse dans tout corps vivant, mais faute de faire vibrer l'instant présent dans une rencontre, cette jeunesse tourne court Ch33

Le temps de l'échéance...ça a déjà compté, sans vous Ch14... C'est moins la vieillesse qui nous chasse de nous-mêmes que l'impuissance à trouver des sources temporelles conformes à nos désirs... la vieillesse n'est pas un rdv urgent avec la mort, et l'écart entre le présent et la fin a beau être petit il laisse ouverte la quête d'objets de désir Ch33....La mort de chacun est la fin de tous ses présents, mais c'est aussi ce qui peut inscrire sa présence dans le devenir humain Ch19

La vraie question touche à l'acte de prendre le temps et d'en donner, et au désir de temps dans l'infini des possibles Ch1

Comment « prendre » le temps à la fois pour le penser et pour le vivre ? Il y a déjà une prise de temps...par les horloges... pour marquer une durée et fixer des origines.... Et on le « réalise » (on le vit)...en le « prenant » Ch1... Comment prendre le temps ? Pour le passé et le futur on a l'imagination ; mais le présent pourquoi le prendre puisqu'on y est ? Reste à savoir si on est vraiment présent...question d'être. Ch14....

Commencer, c'est décider de prendre le temps à bras-le-corps. Ch1.... Prendre le temps, on le prend pour le consommer et le perdre... pour le passé comme pour le présent Ch18... Prendre le temps : rencontrer l'objet investi ou désiré et s'y accrocher puis compter, inscrire une valeur, jusqu'à ce qu'apparaisse un autre événement... on prend le temps à travers l'objet-événement et la durée qui s'ensuit pourvu que ça « compte » Ch45 6... <u>La prise de temps et de conscience</u> tient au nœud où s'entremêlent les trois temps...il y a une vive concertation dans le passage du temps... nœud qui sans cesse se transforme... Ch18

Chacun passe beaucoup de temps à intégrer des éléments de son origine compte tenu du présent et du futur qu'il anticipe Ch18... Le passé dépasse toute mémoire, comme le présent dépasse toute perception, et l'avenir toute prévision, mais c'est par la mémoire, la perception et la prévision que nous abordons le temps et les objets-temps Ch32... Notre temps ...est avant tout un temps de parole, d'écoute, d'action, de rencontre, de rêverie Ch19... Raconter compte plus que ce qui est raconté... par essence l'homme est un raconteur d'histoires... même un raisonnement sophistiqué est une histoire, c'est-à-dire une combinatoire entre le passé où l'on ramasse des acquis et le présent qui rassemble pour faire le point et anticiper l'"avenir...C'est trois présents qui s'articulent... récit, écriture et lecture possible restructurent le temps Ch21

Notre liberté suppose de percevoir un espace libre possible dans l'avenir Ch15

Si on ne sait rien faire du temps, on le tue...c'est ne voir que le temps où on est et renoncer à la recherche de l'autre temps Ch15...Une activité mécanique qu'on exécute sans y penser fait dire qu'on ne voit pas le temps passer Ch19... L'autre temps c'est le temps qu'on peut faire émerger... Le temps comme existence autonome ne compte pas....la succession ne compte pas... Il faut se déconnecter de la tyrannie du temps linéaire...L'émergence du temps ne ramène pas au point de vue classique mais à un questionnement sur <u>le temps intrinsèque des phénomènes plutôt que sur la mesure des phénomènes en fonction du temps...</u> Ch32.... L'intervalle (t_0, t) (la durée croissante) est implanté dans notre temporalité, celle que nous vivons non pas en fixant chaque instant mais en indexant par ces instants t les fibres qui défilent... Il y a temps donné et temps construit Ch32

Le Et biblique qui assure l'aller-retour passé-futur semble dire ou espérer que ce qui s'est passé puisse revenir et que ce qui s'annonce à venir croise le passé qu'on a connu, donc s'ajoute au présent Ch456

L'inconscient semble un chaos de temporalités virtuelles ou actuelles...mais on peut tirer du temps et des histoires par passage au conscient...en revenant de l'inconscient , en rentrant dans l'atmosphère du conscient, <u>on prend le temps : dans l'acte d'en prendre conscience</u> Ch26

Instant, temps-moteur, temps- durée, exister et être

Contrepoint au passage du temps, *il y a* l'instant.... « se tenir, arrêt du temps »... ; en hébreu l'instant renvoie au repos, *réga*, pose réelle et fictive puisqu'aussitôt posé, le temps s'en va... Ch7 (en hébreu l'instant c'est plutôt **shaah**, l'étincelle fulgurante mais pleine d'énergie, l'instant de la rencontre, l'heure).... L'instant est la clé du temps, le point-frontière entre lui et l'autre temps (les temps vécus) Ch7... Les instants portent des paquets de relations :... les « fibrations temporelles » Ch1... les paquets de relations portés par la mémoire, activés par la perception, ... accompagnent les événements donc des grains de temps que sont les instants (les instants sont bien des grains de durée, de la durée de Planck) Ch9...« Saisir l'instant présent » ce serait quoi ? L'instant présent vient de passer, mais il reste une instance assez présente Ch3

Au-dessus d'un point ou d'un instant il y a des fibres ou des feuilles qui lui sont associées de sorte que le passage du temps <u>fait changer</u> de feuille ou de fibre Ch7... Le temps est l'ordre local, voire infinitésimal (mais en infinitésimal de Planck il n'y a plus d'ordre ni de temps)... un instant peut être tout un espace-temps.... Un espace où le présent prend tout son temps avant de <u>laisser place</u> à l'avenir, et pour <u>négocier</u> le passage notamment avec le passé (ce serait plutôt des grains d'univers ETA espace-temps-action qui contiendraient de l'espace et du temps de dimensions inconnues mais surtout une dynamique qui permet le passage à l'avenir) Ch5... Les instants sont-ils à la fois particules et ondes qui se propagent ? Ch40.... L'essentiel du temps est dans l'écart entre les répétitions, dans ce qui ne se répète pas quand ça se répète (les instants, durées de Planck qui se juxtaposent) Ch20... La reproduction donne l'identique, la répétition fait de la place à la variabilité...fait le miracle de <u>produire le même et le différent</u>, l'identique et l'entre-deux... est la première impulsion intensive du **temps** (ce qui constitue **le temps-moteur**) Ch21... Bergson : comment du successif pourrait-il être engendré par du juxtaposé...se dynamiser pour figurer le passage du temps ? Ch18.... Le hasard objectif semble rompre la ligne du temps ou le lien de causalité et produire un nouvel éclat de temps... si A est la cause de B, alors A et B sont dans une ligne temporelle où A est avant B ; si les causes sont multiples ainsi que les effets, c'est un enchevêtrement de lignes Ch34.... Le bon sens tend à mêler hasard et nécessité : quand des choses arrivent selon leur nécessité, on dit « comme par hasard » ; et quand elles arrivent par hasard on dit « il n'y a pas de hasard » pour dire qu'on peut après coup trouver des nécessités Ch34.

La *variabilité connectée* qui empêche le chaos est un ressort du temps. La question qui se pose alors est de savoir si la connexion diminue le caractère aléatoire ou si elle est elle-même aléatoire Ch30... La variabilité, c'est l'impossible de reproduire à l'identique.... Il n'y a pas d'identité sans variabilité, d'où se dégagent des invariants, donc aussi des identités Ch17... Le futur dépasse tous les changements qu'on opère au présent, il semble d'abord s'occuper <u>à faire tourner la turbine</u> (le temps-moteur) qui puise en lui pour éjecter la durée de l'instant présent vers le passé. N'est-ce pas l'instant présent même qui a cette tâche ? Les horloges font l'inverse : elles indiquent ce qui va du passé au futur, et le présent, pour nous si stable, elles n'en font pas cas Ch40

Il y a quelque chose qui s'écoule, <u>La durée</u>... le temps-durée ; ce qui fait s'écouler, augmenter la durée c'est le temps-moteur : il fait durer la durée. La durée elle-même est mesurable et parcourable, dans l'esprit, en sens rétrograde ou direct. Il y a de la durée partout, même si partout elle n'a pas la même vitesse (la durée n'a pas de vitesse ; c'est son écoulement dans un repère qui a une vitesse ; celle-ci n'est pas liée à l'endroit mais à la vitesse de déplacement du repère par rapport à un autre ou à la présence de masses à son voisinage) Ch20... Tout objet a une place et une durée   dans l'univers, a sa propre   ligne d'univers ; nous vivons dans la durée.

Le temps déborde la durée et l'événement...il s'implique dans la relation Ch14... *Le devenir ne remplace pas le temps, il est lui-même pris dans le temps... Avoir du temps c'est avoir le contact avec* Ch19 Devenir c'est évoluer dans l'espace-temps-matière, c'est **exister** .... *La réalité existe hors de nous dans la mémoire qu'elle se fabrique elle-même...* (dans le récit de l'univers ETA où les choses <u>existent</u>) mais notre mémoire et notre pensée lui donnent forme et la déforme ch13... *Il s'agit de connaître les choses de la réalité...* non pas en les voyant réagir au devenir, mais en comprenant que chacune est l'ensemble des relations qu'elle entretient avec les autres... C'est la trame interactive qui est l'objet intéressant Ch32......*L'existence du temps se démontre dans l'acte objectif et subjectif de le « prendre »* Ch20.... Il n'y a pas de prise unique du temps, même sous le regard de « Dieu ».... *Nos prises de temps sont hétérogènes, au point qu'on se réfugie dans le seul temps des horloges* C18... ....Le cosmos est disposé au temps car soumis à l'espace-temps durée où espace et durée augmentent sous l'action du temps moteur...disposition de l'être de l'existant, ce qui a une ligne d'univers, *qui permet d'y prendre un bloc de présence orientée avec un avant et un après...Le relais principal de l'être l'existant , c'est l'espace où ça a lieu d'être* **d'exister** Ch19

Le silence comme durée qui fait événement et le cri comme événement qui fait durée ont dû trouver une intrication primitive... ; un point de silence sépare et relie deux parlants Ch20... La question n'est pas « comment l'existence vient à l'être » mais « comment l'être se déroule ou

s'enroule dans l'existence » Ch20... *La source du temps est :
variabilité unique et unicité variable... : il n'y a pas de lieu
sans le temps qui donne lieu ; le temps est un moteur, un
déplacement de lieu qui cherche à s'inscrire par des dates,
rites, textes, des objets qui accrochent L'événement d'être*
Ch43... *Le temps est dans la « lecture » de la loi qui déroule
l'origine, loi dont l'écriture est inachevée, dépendante de cette
lecture et de ses interprétations* Ch46... *Si on a du temps, c'est
que le temps dépasse l'avoir et est du côté de l'être (le « on »),
support de la temporalité disponible* Ch43... *Être et temps sont
intriqués ; ils forment un entre-deux dynamique en rapport
avec le possible* Ch43

*Le temps est la forme sous laquelle l'être, et non l'étant
personnel, se manifeste* Ch43... *Au fond, le temps émerge non
pas d'un monde sans temps mais d'un mode de la présence ;
ça émerge du présent, de la présence d'être* Ch46